中国轻工业"十三五"规划教材

无机及分析化学实验

张桂香　崔春仙　窦英　么敬霞　主编

天津大学出版社
TIANJIN UNIVERSITY PRESS

内容提要

本书是在《大学化学实验——无机及分析化学实验分册》第2版基础上修订而成的,是与化学、化工、海洋、食品、生物、环境、造纸等相关专业的基础课"无机与分析化学"课程配套使用的化学实验教材。本书包括绪论、实验中的数据处理、基本知识和基本操作、实验部分、附录和参考文献。实验部分分为七个类型,即基本操作实验、化学原理实验、化学元素实验、无机化合物提纯与制备实验、化学分析实验、仪器分析实验和综合设计实验,共计58个实验。

本书新增二维码数字内容资源两项:无机及分析化学实验报告和31个实验操作视频。

本书适合开设实验为60~120学时,可作为普通高等学校化学和化工类专业基础化学实验教材,同时也可作为无机化学和分析化学工作者的科研参考用书。

图书在版编目(CIP)数据

无机及分析化学实验 / 张桂香等主编. — 天津:
天津大学出版社,2019.8(2022.8重印)
中国轻工业"十三五"规划教材
ISBN 978-7-5618-6394-7

Ⅰ.①无… Ⅱ.①张… Ⅲ.①无机化学 – 化学实验 –
高等学校 – 教材 ②分析化学 – 化学实验 – 高等学校 – 教材
Ⅳ.①O61-33②O65-33

中国版本图书馆 CIP 数据核字(2019)第 083885 号

出版发行	天津大学出版社
地　　址	天津市卫津路 92 号天津大学内(邮编:300072)
电　　话	发行部:022-27403647
网　　址	www.tjupress.com.cn
印　　刷	廊坊市海涛印刷有限公司
经　　销	全国各地新华书店
开　　本	185mm×260mm
印　　张	14.5
字　　数	362 千
版　　次	2019 年 8 月第 1 版
印　　次	2022 年 8 月第 3 次
定　　价	38.00 元

前　言

　　"无机及分析化学实验"是天津科技大学材料、环境、食品、生物、造纸、制药、化工及海洋等专业非常重要的一门基础课。从 2011 年 2 月至 2015 年 8 月,根据我校实际情况和学生不同层次、不同专业的培养要求,我们建立和完善了无机及分析化学实验的教学内容,按照基本操作—基础实验—综合实验 3 个层次推进的教学模式,分两次编写并正式出版了《大学化学实验——无机及分析化学实验分册》。通过 8 年来的使用,特别是在参加每年天津市大学生化学实验技能大赛时,发现各专业学生存在的共性问题是:学生实验热情高涨,但自主学习的习惯缺失;由于实验学时较少,学生基本技能训练不足,因此出现了在实验操作过程中解决实验突发或异常现象能力不强的现象。

　　针对现有教学中存在的教学课时少、学生学习兴趣不高、师生课内外互动少、学生缺乏个性化学习与指导等问题,我们对实验教学进行了改革:在充分利用和挖掘微信公众平台的教学功能的基础上,建构了移动学习模式,探索实验教学中的移动学习路径,借鉴电子商务中同学们既感兴趣又熟悉的"线上线下"的概念,构建纸质版与电子版的移动网络学习相结合的教学模式;增加了实验操作视频、实验报告 PPT、实验设备及药品、学生预习提醒、实验中重点难点问题的解答及师生互动讨论专区等模块。因此,基于目前互联网＋教育大背景下实验教学改革的需要,重新编写了《无机及分析化学实验》教材。

　　本教材涵盖了无机化学实验、分析化学实验和仪器分析实验。全书共分为 4 个部分。第一部分为绪论,该部分除阐述了化学实验课的意义、学习方法、实验室安全,还增加了该课程的成绩评定方法,使学生对该课程的学习任务和要求做到心中有数。第二部分为实验中的数据处理,该部分除了对误差、有效数字的介绍,增加了计算机绘图技术,特别是增加了 Excel 图表处理方法的介绍,使大学一年级学生的实验数据处理技术得到了跨越式提升。第三部分为基本知识和基本操作,包括实验室基本知识、无机及定性分析基本操作、滴定分析基本操作、无机制备及重量分析基本操作。第四部分为实验部分,包括基本操作实验、化学原理实验、化学元素实验、无机化合物提纯与制备实验、化学分析实验、仪器分析实验和综合设计实验。本次编写教材内容齐全,适合工科、理科各类高等院校化学及化学相关专业的学生选用,一本教材在手,三门课程(无机化学实验、化学分析实验和仪器分析实验)共用,经济实用。同时,部分实验配有视频录像、实验报告等,通过扫描书中的二维码,可在移动终端上直接观看,利于学生课外自主学习。

　　本次教材的编写具有以下特点。

①模块设计的更新。一是增加了 31 个实验视频。传统实验教材中往往对实验原理、实验步骤和过程进行大篇幅文字描述,学生在预习过程中会觉得枯燥、抽象、难懂。本教材的实验视频,给学生提供了生动、具体的影像,提高了学生学习兴趣。二是提供了电子版实验报告。学生可以扫描书中二维码下载并打印,既方便了学生的使用,又能做到整齐规范。

②通过删减与重组,对实验内容进行绿色化改造。建立了"性质实验点滴化、制备实验小量化、分析实验减量化"原则。试剂用量大大减少,提高了实验的安全性,产生的"三废"量很少,改善了实验环境条件,极大地减少了对环境的污染。

③实现师生角色的互换。学生通过扫描教材中的二维码可以实现随时随地自主学习,达到实验教学中学生始终处于主体位置,教师处于为实验教学服务的主导位置的目的。作为主导的实验教师,在搞好实验教学引导工作的同时,应加强自身知识和技能的扩展和更新,达到知识丰富、技术熟练和教学方法科学实用的要求。

④多媒体辅助教学和开放实验室缓解了实验课时少、内容多的矛盾。利用制作的高清视频演示实验技术的操作要点,再现实验进程和结果,增强了学习效果。

参加本书编写的有张桂香、崔春仙、窦英、么敬霞、张瑞华、冀玲芳、迟玉中、安丽娟、周辰。具体分工是:张桂香编写实验 4.2 和实验 4.3、实验 4.19 ~ 实验 4.23、实验 4.25 ~ 实验 4.28、实验 4.36 ~ 实验 4.38;周辰编写实验 4.48 和实验 4.49;崔春仙编写实验 4.4、实验 4.5、实验 4.7 ~ 实验 4.11、实验 4.13、实验 4.15 和实验 4.16;窦英编写实验 4.24、实验 4.29 ~ 实验 4.35、实验 4.39、实验 4.46 和实验 4.47;么敬霞编写 3.2.2 ~ 3.4 和附录 11 ~ 19;张瑞华编写实验 4.1、实验 4.6、实验 4.12、实验 4.14、实验 4.17 和实验 4.18、实验 4.45;迟玉中编写 1.1、1.2 和实验 4.40 ~ 实验 4.43、实验 4.52 ~ 实验 4.56;冀玲芳编写 2.1 ~ 2.3 和实验 4.44、实验 4.50、实验 4.51、实验 4.57 和实验 4.58;安丽娟编写 3.1 ~ 3.2.1、附录 1 ~ 10。全书由张桂香负责统稿。

参加本书中实验视频的录制、剪辑与配音以及附录20编写工作的有张桂香、崔春仙、么敬霞、杨乾和梅桢。

本书在编写过程中得到了张淑娟、宋永年、张秀兰、张巧珍、赵彦丽、刁春华等的帮助,在此表示感谢!

由于编者水平有限,书中难免存在疏漏,恳请读者批评指正。

编者

2019 年 3 月

目　　录

第一部分　绪论

1.1　化学实验课的意义、开设目的和学习方法

1.1.1　化学实验课的意义

"无机及分析化学"是化学化工类专业学生所学的第一门专业基础课,而"无机及分析化学实验"则是一门与理论课程密切联系又相对独立的实验课程。众所周知,化学是一门实验科学,化学中的定律和学说都源于实验,同时又为实验所检验。化学实验在"无机及分析化学"的课程教学中占有极其重要的地位。基本原理实验与理论教材相联系,使学生的理论知识得到深化、巩固和发展;综合性实验培养学生科学的思维方式和正确的思想方法,培养独立观察现象、全面分析现象以及综合得出结论的能力;设计性实验培养学生的科学精神、创新思维习惯和创新能力。因此化学实验是培养学生分析问题、解决问题、获取知识能力的不可缺少的重要手段。

1.1.2　化学实验课的开设目的

通过实验课的学习达到如下目的。

①使学生通过实验获得感性知识,巩固和加深对无机及分析化学基本理论和基础知识的理解。化学实验不仅能使理论知识形象化,而且能生动地反映理论知识适用的条件和范围,能较全面地反映化学现象的复杂性。

②训练学生正确地掌握化学实验的基本操作技能。学生经过严格的训练,学会正确使用各种基本的化学仪器,掌握简单无机物的制备、分离、提纯方法,以及一些无机物的定性和定量的分析方法。

③通过实验,特别是一些综合设计性实验,使学生获得从查找资料、设计方案、动手实验、观察现象、测量数据、分析判断、推断结论到最后的文字表达等一整套训练,从而提高学生分析问题、解决问题的独立工作能力。

④在培养智力因素的同时,化学实验课又是对学生进行非智力因素素质教育的理想场所。

通过实验可培养学生的科学精神和科学品德,如勤奋不懈、谦虚好学、实事求是、乐于协作、勇于创新、大胆存疑等,也可以培养良好的实验习惯,如整洁、节约、准确、有条不紊等,而这些也都是每位科学工作者获得成功不可缺少的素养。

1.1.3　化学实验课的学习方法

要达到以上的实验目的,除了有正确的学习态度外,还需要有一个良好的学习方法。具体的学习方法归纳如下。

1. 预习

认真预习是做好实验的前提。实验前应仔细钻研本书有关内容，必要时还需要查阅其他参考资料，以明确实验要求，理解实验原理，熟悉实验步骤及有关的注意事项，了解该实验所涉及仪器的使用，掌握实验数据的处理方法，解答书上提出的思考题。另外，预习时应该对整个实验做到心中有数，哪些实验步骤应先做，哪些实验步骤应后做，哪些实验步骤可安排在其他实验步骤间隙中做，以便紧凑而又有条不紊地进行实验。

学生通过自己的思考，用自己的语言，简明扼要地把预习的内容记录下来，形成预习报告。学生应尽可能用反应式、流程图、表格等形式进行表达，并留出相应的空白，以备记录实验现象和数据。

2. 实验

按拟定的实验方案、步骤、试剂用量和实验操作规程进行操作，要求做到以下几点。

①既要大胆又要细心。要仔细观察实验现象，认真测定数据并把观察到的实验现象和实验数据如实、详细而又及时地记录在实验记录本上，原始数据不得涂改，培养自己严谨的科学态度和实事求是的科学作风。

②实验现象多种多样，化学工作者要对这些现象进行综合分析，得出确切结论。化学现象的基本特征有：反应前后颜色的变化，沉淀的生成或溶解，气体的产生或吸收，特殊气味的释放，热量的吸收或放出等。实验者要善于捕捉，深入思考。不要轻易放过"异常"现象，实验中如果发现观察到的实验现象和理论不符，先要尊重实验事实，同时要认真分析和检查原因，并仔细地重做实验，也可以通过对照实验、空白实验或自行设计实验进行核对，必要时应多次实验，从中得到有益的结论。

③要勤于思考。对实验中遇到的疑难问题和异常现象应仔细分析，尽可能通过查找资料解决，亦可与指导教师讨论得到指导。

④对实验中涉及的各类仪器的性能、使用方法、操作技巧等要认真仔细地学习。要注重动手能力的培养，在实验中遇到困难或偶尔出现故障时，不要慌乱，要设法弄清原因并及时排除，以培养自主负责精神。

⑤如实验失败，要检查原因，经实验指导教师同意，重做实验。

3. 实验报告

实验报告是实验的总结，实验后要及时分析实验现象，整理实验数据，把直接的感性认识提高到理性思维阶段。弄清实验现象发生的原因、条件和结果，解释实验现象并得出结论，或根据实验数据进行计算，完成实验报告并及时交给指导教师审阅。

实验报告要求按一定格式书写，字迹端正，叙述要简明扼要，实验记录、数据处理需使用表格形式，所作图形准确清楚，结论明确，报告整齐洁净。实验报告一般应包括下列内容：

①实验目的；

②实验原理，即化学实验的理论基础；

③实验内容，包括实验项目、实验步骤（简明）、实验现象、实验结果，即实验的原始记录。

1.1.4　无机及分析化学实验成绩评定办法

①实验成绩总分以 100 分计。

②实验平时成绩为 70 分。根据记录的平时成绩计算平均分（无故不参加实验者，当次实

验成绩以零分计）。

③实验操作考试成绩为 30 分。

在实验课结束后，实验操作考试前，任课教师要事先统计好平时成绩。凡平时无故旷课达 1/3 学时的学生取消操作考试资格。任课老师要填写取消考试资格申请表，交到学生所在学院办公室。

各任课教师对每一位学生的成绩要认真计算核实，并详细记录。各班成绩要先经教研室核定，然后填写成绩单，一式三份。每班的原始成绩记录交教研室保存。

1.2 化学实验室安全

1.2.1 化学实验室规则

进入化学实验室要遵守以下规则。

①实验前要认真预习，写出预习报告。

②实验时应遵守操作规程，保证实验安全。

③遵守纪律，不迟到早退，提前完成实验者必须经指导教师同意后方可离开实验室。实验室内保持安静，不要大声喧哗。

④要节约使用药品、水、电和煤气，要爱护仪器和实验室设备。在使用精密仪器时应填写使用记录，如发现仪器有故障，应立即停止使用并报告指导教师。

⑤实验过程中，随时注意保持工作区的整洁。火柴、纸屑等只能丢入废物缸内，不要丢入水槽中，以免水槽堵塞。有毒性或腐蚀性的化学废液和废物要分类收集在指定的容器中处理。实验完毕后，应将玻璃仪器洗净并有序地放入柜中锁好并擦干净实验台面。

⑥实验过程中要仔细观察，将观察到的现象和数据如实地记录在报告本上。根据原始记录，认真地分析问题，处理数据，写出实验报告。

⑦对实验内容和操作规程不合理的地方可提出改进的意见，但实施前一定要与指导教师商讨，经同意后方可进行。

⑧实验室实行轮流值日制度。实验结束后值日生负责打扫实验室，包括拖地，整理和擦干净试剂架、通风橱、公用台面，清理废物和废液，关闭水、电、煤气开关和实验室门窗。

1.2.2 实验室安全知识

在进行化学实验时，会经常使用水、电、煤气和各种药品、仪器，如果马马虎虎，不遵守操作规程，不但会造成实验失败，还可能发生事故（如失火、中毒、烫伤或烧伤等）。事故与安全是一对矛盾，它们在一定的条件下可以相互转化。只要在思想上重视安全工作，又遵守操作规程，事故则完全可以避免。

在实验室中，应遵循如下安全守则。

①浓酸、浓碱具有强腐蚀性，使用时要小心，不能让它溅在皮肤和衣服上。要把浓硫酸注入水中，而不可把水注入浓硫酸中。

②有机溶剂（如乙醇、乙醚、苯、丙酮等）易燃，使用时应放在阴凉的地方。

③下列实验应在通风橱内进行：

a. 制备具有刺激性的、恶臭的、有毒的气体（如 H_2S，Cl_2，SO_2，Br_2 等）或伴随产生这些气体的反应；

b. 加热或蒸发盐酸、硝酸、硫酸。

④氰化物剧毒，不得入口或接触伤口，且不能碰到酸（氰化物与酸作用放出 HCN 气体，使人中毒）。砷酸和可溶性钡盐也有较强的毒性，不得入口。

⑤用完煤气后或遇煤气临时中断供应时，应立即关闭煤气开关。煤气管道漏气时，应立即停止实验，进行检查。

⑥实验完毕，应将手洗干净后方可离开实验室。值日生和最后离开实验室的人员应负责检查水、电、煤气开关和门窗是否关好。

1.2.3 实验室一般伤害的救护

①割伤。先取出伤口内的异物，用蒸馏水洗净伤口，然后贴上"创可贴"，也可涂以红药水。若伤口过大，应立即送医院救治。

②烫伤。可用高锰酸钾或苦味酸溶液擦洗伤口，不要用水冲洗，也不要弄破水泡。在烫伤处涂烫伤膏或万花油，也可用风油精。

③酸腐伤。先用大量水冲洗，再用饱和的 $NaHCO_3$ 溶液或稀氨水冲洗，然后再用水冲洗。如果酸液溅入眼内，立即用大量水长时间冲洗，再用质量分数为 0.02 的硼砂溶液冲洗，然后再用水冲洗。

④碱腐伤。先用大量水冲洗，再用质量分数约为 0.02 的 HAc 溶液冲洗，然后再用水冲洗。如果碱液溅入眼内，立刻用大量水长时间冲洗，再用质量分数约为 0.03 的 H_3BO_3 溶液冲洗，然后再用水冲洗。

⑤吸入 H_2S 气体而感到不适时，应立即到室外呼吸新鲜空气。

1.2.4 灭火常识

实验过程中万一不慎起火，切不要惊慌，应立即采取如下灭火措施。

①关闭煤气阀门，切断电源，移走一切可燃物质（特别是有机溶剂和易燃易爆物质）。

②灭火。物质燃烧需要空气，要有一定的温度，所以灭火的方法一是降温，二是使燃烧物质与空气隔绝。灭火常用的物质是水，它使燃烧区的温度降低而灭火。但在化学实验室里常常不能用水灭火。例如，水能和某些化学药品（如金属钠）发生剧烈反应，会引起更大的火灾。又如，当有的有机溶剂（如苯、汽油）着火时，因水与它们互相不混溶，有机溶剂比水轻而浮在水面上，不仅不能灭火，反而使火场扩大。

下面介绍化学实验室常用的灭火方法。

①一般的小火可用湿布、石棉布或沙土覆盖在着火的物体上（实验室都应备有沙箱和石棉布）。

②火势较大时要用灭火器灭火。实验室常备的灭火器主要有泡沫灭火器，其药液成分为 $NaHCO_3$ 和 $Al_2(SO_4)_3$，它们相互作用产生 $Al(OH)_3$ 和 CO_2 泡沫。泡沫把燃烧物包住与空气隔

绝而灭火。泡沫灭火器可用于一般的起火,但不适用于电器和有机溶剂起火。CO_2泡沫灭火器内装有液态 CO_2,是实验室最常用的灭火器,适用于油类、电器及化学物质的起火,但不适用于一些轻金属(如 Na,K,Al 等)的起火。

③当身上衣服着火时,切勿惊慌乱跑,应赶快脱下衣服或就地卧倒打滚。

第二部分 实验中的数据处理

2.1 误差和数据处理

化学是一门实验科学,常进行许多定量的测定,然后由测得的数据经过计算得到分析结果。分析结果是否可靠是一个十分重要的问题,不准确的分析结果往往会导致错误的结论。但是在实际测定过程中,即使采用最可靠的分析方法,使用最精密的仪器,由技术很熟练的分析人员进行测定,也不可能得到绝对准确的结果。同一个人在相同的条件下对同一个试样进行多次测定,所得结果也不会完全相同。这表明,分析过程中的误差是客观存在的,应根据实际情况正确测定、记录并处理实验数据,使分析结果达到一定的准确度。所以树立正确的误差及有效数字的概念,掌握分析和处理实验数据的科学方法十分必要。

2.1.1 误差

1. 误差的种类

在定量分析中,按照产生误差的性质可将误差分为系统误差和偶然误差两类。

(1)系统误差(可测误差)

由实验方法、所用仪器、试剂及实验者本身的主观因素造成的误差,称为系统误差。系统误差的特点如下:

①对测定结果的影响比较恒定;

②在同一条件下的重复测定中会重复出现;

③使测定结果系统地偏高或偏低;

④它的大小和正负是可测的。

从系统误差的来源和特点不难看出:经过校正系统,误差可接近消除。

(2)偶然误差(未定误差)

由一些难以控制的偶然原因造成的误差,称为偶然误差。例如,测量时环境温度、气压的微小变化,实验者一时的辨别差异都可能造成偶然误差。偶然误差的特点如下:

①误差数值不定,时大,时小;

②误差方向不定,时正,时负。

偶然误差在实验中无法避免。从表面上看,偶然误差没有什么规律,但若用统计的方法去研究,可以从多次测量的数据中找到它的规律性。在实验多次重复后,可看出偶然误差的分布规律如下:

①大小相近的正负误差出现的概率相等;

②小误差出现的概率大,大误差出现的概率小,很大误差出现的概率近于零,误差的分布符合正态分布。

一般地说,适当增加测定次数,取多次测定结果的平均值作为分析结果,可以减小偶然误差的影响。

除了上述两类误差外,往往还可能由于工作上的粗心大意、不遵守操作规程等而造成过失误差,例如器皿不洁净,丢失试液,加错试剂,看错砝码,记录及计算错误等等,这些都属于不应有的过失,会对分析结果带来严重影响,必须注意避免。如果在实验中发现了过失误差,应及时纠正或将所得数据弃去。

2. 准确度和精密度

（1）准确度

准确度表示测定值与真实值的接近程度,说明测定的可靠性,常用误差来表示。误差分为绝对误差和相对误差两种。

绝对误差　　$E = x_i - x_t$

相对误差　　$E_r = \dfrac{x_i - x_t}{x_t} \times 100\%$

式中　x_i——测定值;

　　　x_t——真实值。

绝对误差具有与测定值相同的量纲,相对误差无量纲。绝对误差和相对误差都有正值和负值之分,正值表示测定值偏高,负值表示测定值偏低。

（2）精密度

精密度表示各次测定值相互接近的程度,说明测定数据的重现性,常用偏差来表示。偏差分为绝对偏差和相对偏差两种。

绝对偏差　　$d_i = x_i - \bar{x}$

相对偏差　　$d_r = \dfrac{x_i - \bar{x}}{\bar{x}} \times 100\%$

平均偏差　　$\bar{d} = \dfrac{\sum\limits_{i=1}^{n} |x_i - \bar{x}|}{n}$

相对平均偏差　　$\bar{d}_r = \dfrac{\bar{d}}{\bar{x}} \times 100\%$

标准偏差（均方根偏差）

对于有限次测定　　$S = \sqrt{\dfrac{\sum\limits_{i=1}^{n} (x_i - \bar{x})^2}{n-1}}$

相对标准偏差（变异系数）　　$CV = \dfrac{S}{\bar{x}} \times 100\%$

式中　x_i——测定值;

　　　$\bar{x}$——算术平均值。

准确度和精密度是两个不同的概念,它们是实验结果好坏的主要标志。精密度是保证准确度的先决条件,精密度差,所得结果不可靠。但是精密度高的测定结果不一定准确,这往往是由系统误差造成的,只有在消除了系统误差之后,精密度高的测定结果才是既精密又准确的。因此对初学者来说,在实验中首先要做到精密度达到规定的标准。

2.1.2 数据处理

本教材的定量分析实验,一般要求对试样进行 2 至 3 次重复测定,数据处理仅要求计算平均值 $\bar{x}$ 和测定值的相对平均偏差 $\bar{d}_r$。

当测定次数较多时,数据处理则要求包含以下内容:

①根据选定的置信度对可疑数据进行取舍;

②计算平均值 $\bar{x}$、平均偏差 $\bar{d}$ 和标准偏差 S;

③按置信度求出平均值的置信区间。

例 2.1 测定某一热交换器水垢中的 Fe_2O_3 百分含量,进行 7 次平行测定,经校正系统误差后,其数据为 79.58,79.45,79.47,79.50,79.62,79.38 和 79.80。求平均值、平均偏差和置信度分别为 90% 和 99% 时平均值的置信区间。

解

①首先对 7 个测定数据进行整理,其中 79.80 与其余 6 个数据相差较大,但又无明显的原因可将它剔除,现根据 Q 检验决定取舍。

$$Q = \frac{79.80 - 79.62}{79.80 - 79.38} = \frac{0.18}{0.42} = 0.43$$

查 Q 值表,置信度为 90%,$n = 7$ 时,$Q_{0.90} = 0.51$,所以 79.80 应予保留。

同理,置信度为 99%,$n = 7$ 时,$Q_{0.99} = 0.68$,所以 79.80 也应予保留。

②算术平均值

$$\bar{x} = \frac{\sum_{i=1}^{n} x_i}{n} = \frac{79.38 + 79.45 + 79.47 + 79.50 + 79.58 + 79.62 + 79.80}{7} = 79.54$$

③平均偏差

$$\bar{d} = \frac{\sum_{i=1}^{n} |x_i - \bar{x}|}{n} = \frac{0.16 + 0.09 + 0.07 + 0.04 + 0.04 + 0.08 + 0.26}{7} = 0.10$$

④标准偏差

$$S = \sqrt{\frac{\sum_{i=1}^{n} (x_i - \bar{x})^2}{n-1}} = \sqrt{\frac{0.16^2 + 0.09^2 + 0.07^2 + 0.04^2 + 0.04^2 + 0.08^2 + 0.26^2}{7-1}} = 0.14$$

查 t 值表,置信度为 90%,$n = 7$ 时,$t = 1.943$,则

$$\mu = \bar{x} \pm \frac{tS}{\sqrt{n}} = 79.54 \pm \frac{1.943 \times 0.14}{\sqrt{7}} = 79.54 \pm 0.10$$

同理,对于置信度为 99%,可得 $\mu = 79.54 \pm \dfrac{3.707 \times 0.14}{\sqrt{7}} = 79.54 \pm 0.20$

注 可疑数据的取舍(Q 检验、置信度与平均值的置信区间等)内容请参阅有关分析化学教材。

2.2 有效数字

在记录实验测量结果时,如何做到既合理又能反映实验误差的大小,这就需要了解有效数字的概念。

2.2.1 有效数字的概念

有效数字是指在具体工作中实际能测量到的数字。在有效数字中,除最后一位数是"可疑数字"(也是有效的)外,其余各位数字都是准确的。有效数字与数学上的数字含义不同。它不仅表示数量的大小,还表示测量结果的可靠程度以及所用仪器的精密度。

例如,将一蒸发皿用分析天平称量,称得质量为 30.510 9 g,这些数字都是有效数字,即有6 位有效数字。如改用台秤,则称得质量为 30.5 g,这样就仅有 3 位有效数字。可见有效数字随实际情况而定,不是由计算结果决定的。所以,记录数据时不能随便写,有效数字的位数必须与测量方法和仪器的精密度一致,不得随意增加或减少,否则就会夸大误差,降低精密度。值得说明的是,要根据仪器实际具有的精密度来正确地读数和记录实验结果的有效数字,即记录下准确数字后,一般再估读一位可疑数字就够了,多读或少读都是错误的。

如果数字中有"0",则要具体分析。"0"有两种用途,一是表示有效数字,二是决定小数点的位置。例如,21.30 mL 中的"0"是有效数字,这个容积的有效数字是 4 位。0.002 5 g 中的"0"只表示位数,不是有效数字,这个质量的有效数字仅有 2 位。0.010 0 g 中"1"左边的 2 个"0"不是有效数字,只起定位作用,而"1"右边的 2 个"0"是有效数字,这个质量的有效数字是3 位。对于很小或很大的数字,采用指数法表示更为合理,而"10"不包括在有效数字中。当需要在数的末尾加"0"作定位时,应采用指数形式表示,否则有效数字的位数含混不清。例如,质量为 25.0 g,若以毫克为单位,则表示为 2.50×10^4 mg,若表示为 25 000 mg,就易被误解为 5位有效数字。

2.2.2 有效数字的应用规则

①有效数字的最后一位数字一般是不定值,通常都有正负 1 个单位的误差。例如,使用最小刻度为 0.1 mL 的 50 mL 滴定管滴定,读数为 20.26 mL,前 3 位由滴定管的刻度直接读得,最后一位则是在 20.2~20.3 mL 的刻度中间估计得出,是一位不定值,它有 ±0.01 mL 的误差,真实体积应在 20.25~20.27 mL。

②进行加减运算时,它们的和或差有效数字的保留应以小数点后位数最少的数据为根据,即取决于绝对误差最大的那个数。例如,将 0.012 1,25.64 及 1.057 82 三数相加,其中 25.64为绝对误差最大的数据,所以应将计算器显示的相加结果 26.709 92 也取到小数点后的第 2位,修约成 26.71。

③进行乘除法运算时,所得结果的有效数字的位数取决于相对误差最大的那个数。例如

$$\frac{0.032\ 5 \times 5.103 \times 60.06}{139.8} = 0.071\ 2$$

各数的相对误差分别为

$$0.032\ 5 \ \text{——} \ \pm\frac{0.000\ 1}{0.032\ 5} \times 100\% \ = \ \pm 0.3\%$$

$$5.103 \longrightarrow \pm 0.02\% \qquad 60.06 \longrightarrow \pm 0.02\% \qquad 139.8 \longrightarrow \pm 0.07\%$$

可见,4 个数中相对误差最大即准确度最差的是 0.032 5,为 3 位有效数字,因此计算结果也应取 3 位有效数字,即 0.071 2。

④在化学计算中,经常会遇到算式中含有倍数或分数的情况。如 2 mol 铜的质量 = 2 mol ×63.54 g/mol,式中的 2 是个自然数,不是测量所得,不应看作 1 位有效数字,而应认为是无限多位的有效数字。再如,从 250 mL 容量瓶中吸取 25 mL 试液时,也不能根据 25 或 250 只有 2 位或 3 位数来确定分析结果的有效数字的位数。

⑤若某一数据第 1 位有效数字大于或等于 8,则有效数字的位数可多算一位,如 8.37 可看作 4 位有效数字。

⑥运算时,一般以"四舍五入"为原则弃去多余的数字。也可采用"四舍六入五留双"的原则处理数据的尾数,即当尾数 < 4 时舍去;当尾数 >6 时进位;而当尾数恰为 5 时,则看保留下来的末位数是奇数还是偶数,是奇数时就将 5 进位,是偶数时则将 5 弃去。总之,使得留下来的末位数为偶数。例如,根据此原则将 4.175 和 4.165 处理为 3 位数,则分别为 4.18 和 4.16。

⑦有关化学平衡的计算(如求平衡状态下某离子浓度),一般保留 2 位或 3 位有效数字。对于 pH、pM、lg $K^{\ominus}$ 等对数数值,一般取 1 位或 2 位有效数字,对数值有效数字的位数仅由小数部分的位数决定,首数(整数部分)只起定位作用,不是有效数字。如 pH = 5.30,其有效数字为 2,仅取决于尾数部分的位数而非 3 位有效数字,因整数部分是代表该数的方次,pH = 5.30,即 $c_{H^+} = 5.0 \times 10^{-6} \ mol \cdot L^{-1}$。

⑧大多数情况下,表示误差或偏差时,取 1 至 2 位有效数字。

目前,电子计算器的应用相当普遍,虽然在运算过程中不必对每一步计算结果都进行位数确定,但应注意正确保留最后计算结果的有效数字位数,不可全部照抄计算器显示的数字。

2.3 实验数据的表示

2.3.1 实验数据的表示方法

化学实验数据的表示方法主要有列表法、图解法和数学方程式 3 种。现将常用的列表法和图解法分述如下。

1. 列表法

把实验数据列入简明合理的表格中,使得全部数据一目了然,便于数据的处理、运算和检查。一张完整的表格应包含表的顺序号、名称、项目、说明及数据来源 5 项内容。作表格时应注意以下两点。

①表格的横排称为"行",竖排称为"列"。每个变量占表中一行,一般先列自变量,后列应变量。每一行的第 1 列应写出变量的名称和量纲。

②每一行所记数据应注意其有效数字的位数。同一列数据的小数点要对齐。数据应按自变量递增或递减的次序排列,以显示出变化规律。

2. 图解法

图解法通常是在直角坐标系中用图线表示实验数据,即用一种图线来描述所研究的变量间的关系。图解法颇为直观,并可由线图求算变量的中间值,确定经验方程中的常数等。现举例说明图解法在实验中的作用。

（1）表示变量间的定量依赖关系

将主变量作横轴，应变量作纵轴，所得曲线表示两变量间的定量关系。在曲线所示范围内，对应于任意主变量的应变量值均可方便地从曲线上读得。如温度计校正曲线、吸光度－浓度曲线等。

（2）求外推值

对一些不能或不易直接测定的数据，在适当的条件下，可用作图外推的方法取得。所谓外推法，就是将测量数据间的函数关系外推至测量范围以外，以求得测量范围以外的函数值。但必须指出，只有在有充分理由确信外推所得结果可靠时，外推法才有实际价值，即外推的那段范围与实测的范围不能相距太远，且在此范围内被测变量间的函数关系应呈线性或可认为是线性，外推值与已有的正确经验不能相抵触。例如，测定反应热时，两种溶液刚混合时的最高温度不易直接测得，但可测得混合后随时间变化的温度值，通过作温度－时间图，外推得最高温度时的值。

（3）求直线的斜率和截距

两变量间的关系如符合 $y = mx + b$，则 y 对 x 作图是一条直线，用作图法可求得直线的斜率 m 和截距 b。如一级反应速率公式是 $\lg c = \lg c_0 - \dfrac{k}{2.303} t$，以 $\lg c$ 对 t 作图，得一直线，其斜率是 $-k/2.303$，即可求出反应速率常数 k。又如电极电势与活度及温度间的关系可用能斯特方程表示为

$$\varphi = \varphi^{\ominus} + \frac{RT}{nF} \ln \frac{\alpha_{氧化型}}{\alpha_{还原型}}$$

同样 φ 对 $\ln \dfrac{\alpha_{氧化型}}{\alpha_{还原型}}$ 作图也是一条直线，其截距就是该电对的标准电极电势 $\varphi^{\ominus}$，从斜率可求出得失电子数 n。

若测量数据间的函数关系不符合线性关系，则可改换变量，使新的函数关系符合线性关系。如反应速率常数 k 与活化能 E_a 的关系为

$$k = A e^{-E_a/RT}$$

对两边取对数，则可使其线性化，作 $\lg k - 1/T$ 图，由直线的斜率可求出活化能 E_a。

2.3.2　作图技术简介

利用图解法能否得到良好的结果，这与作图技术的高低密切相关。下面介绍用直角坐标纸作图的要点。

①一般以主变量作横轴，因变量作纵轴。

②坐标轴比例选择非常重要，要遵守以下各点：

a. 要充分利用图纸，不一定所有的图均要把坐标原点作为 0，应视实验具体数值的范围而定；

b. 坐标纸标度要能表示出全部有效数字，使从图中得到的精密度与测量的精密度相当；

c. 所选定的坐标标度应便于从图上读出任一点的坐标值，通常使用单位坐标格所代表的变量为 1，2，5 的倍数，不用 3，7，9 的倍数。

③把所测的数值画在图上就是代表点，这些点要能表示正确的数值。若在同一图纸上画几条直(曲)线时，则每条线的代表点需用不同的符号表示。

④在图纸上画好代表点后，根据代表点的分布情况作出直线或曲线。这些直线或曲线描述了代表点的变化情况，不必要求它们通过全部代表点，而是能使代表点均匀地分布在线的两边。

⑤图作好后，要写上图的名称，注明坐标轴代表的量的名称、所用单位、数值大小以及主要的测量条件。

随着计算机应用的普及，可利用各种绘图软件作图，作图时也应遵循上述原则。

2.3.3 实验数据的 Excel 图表处理

用计算机进行实验数据的处理、画图已经成为一门比较成熟的技术，其快速、准确的特点无法用其他方法替代，如今已广泛地应用在科研、教学中。本节介绍 Excel 软件在处理化学实验数据和画图中的应用。

1. 创建 Excel 数据表

将实验得到的两组数据输入 Excel 电子表格中，使之成为两列，一列为所消耗的 NaOH 的体积(以 mL 为单位)，另一列为溶液的 pH 值，如图 2.1 所示。

2. 图表的建立

①Excel 具有强大而灵活的图表功能，可以使枯燥乏味的数据形象化。利用 Excel 的图表向导可以轻松地创建图表。方法是：在数据范围的左上角按下鼠标左键并移动鼠标至数据范围的右下角，松开鼠标，数据区域显示为有边框和底纹的式样，如图 2.2 所示。

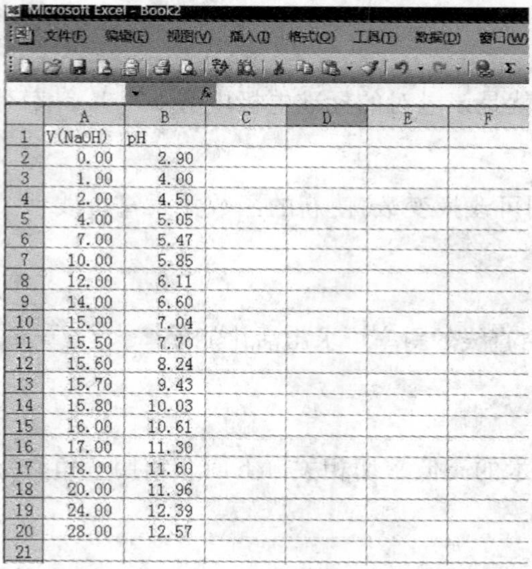

	A	B
1	V(NaOH)	pH
2	0.00	2.90
3	1.00	4.00
4	2.00	4.50
5	4.00	5.05
6	7.00	5.47
7	10.00	5.85
8	12.00	6.11
9	14.00	6.60
10	15.00	7.04
11	15.50	7.70
12	15.60	8.24
13	15.70	9.43
14	15.80	10.03
15	16.00	10.61
16	17.00	11.30
17	18.00	11.60
18	20.00	11.96
19	24.00	12.39
20	28.00	12.57

图 2.1 数据表

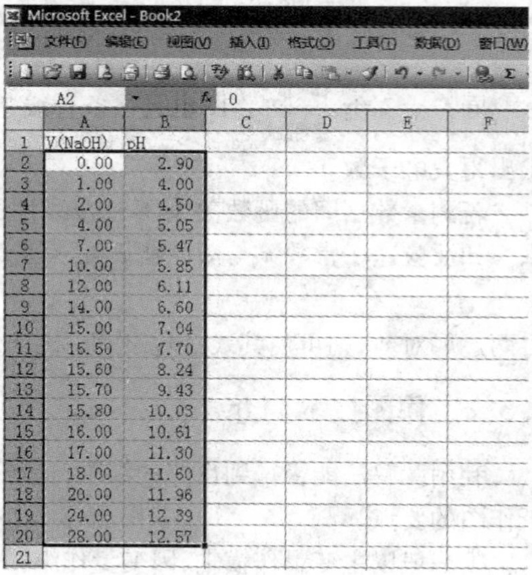

	A	B
1	V(NaOH)	pH
2	0.00	2.90
3	1.00	4.00
4	2.00	4.50
5	4.00	5.05
6	7.00	5.47
7	10.00	5.85
8	12.00	6.11
9	14.00	6.60
10	15.00	7.04
11	15.50	7.70
12	15.60	8.24
13	15.70	9.43
14	15.80	10.03
15	16.00	10.61
16	17.00	11.30
17	18.00	11.60
18	20.00	11.96
19	24.00	12.39
20	28.00	12.57

图 2.2 数据范围选取

②选择菜单栏中的[插入]→[图表]命令，或直接在常用工具栏中单击[图表向导]图标，在弹出的“图表向导－4 步骤之 1－图表类型”对话框中选择所需的图表类型，如图 2.3 所示。Excel 提供了柱形图、条形图等 14 种标准类型，用户还可以自己定义图表类型。单击[按下不放可查看示例]按钮，观察曲线的大体形状。

③单击 下一步 按钮,弹出"图表向导－4 步骤之 2－图表源数据"对话框,如图 2.4 所示。

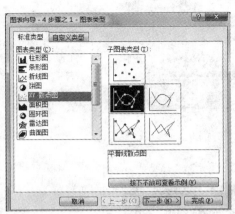

图 2.3　图表类型

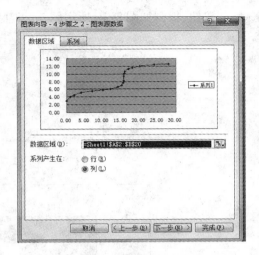

图 2.4　图表源数据

④单击 下一步 按钮,弹出"图表向导－4 步骤之 3－图表选项"对话框,如图 2.5 所示。

⑤根据提示添加标题、分类轴和数值轴的名称等,如图 2.6 所示。去除网格线,如图 2.7 所示。不显示图例,如图 2.8 所示。

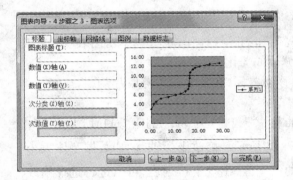

图 2.5　图表选项

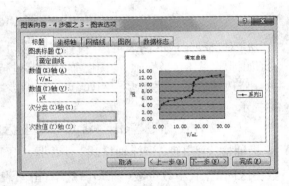

图 2.6　添加标题

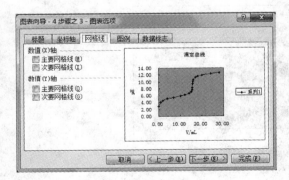

图 2.7　去除网格线

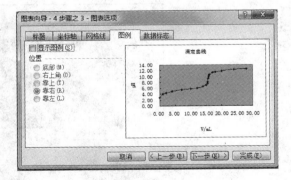

图 2.8　不显示图例

⑥单击 下一步 按钮,弹出"图表向导－4步骤之4－图表位置"对话框,如图2.9所示,单击 完成 按钮,得到如图2.10所示图表,即生成所需的统计图表。

图2.9　图表位置

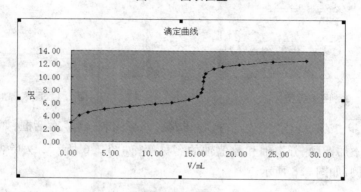

图2.10　图表

⑦对自动生成的图表可以进行缩放、移动、复制和删除等操作,也可以单击图表的任一部分(如标题、图例、坐标轴、绘图区等),对其进行修改或美化。

修改图表的方法很多。例如,可以在图表内移动鼠标,在各个位置停留片刻,将显示出名称提示。

双击或右击标题"pH",将出现"坐标轴格式"下拉列表,如图2.11所示。单击 坐标轴格式 ,出现"坐标轴格式"对话框,如图2.12所示。修改坐标轴,例如数据字体大小、数据区间范围、小数位数(图2.13)。右击图表的绘图区,出现下拉列表,可以进行选择修改,如图2.14所示。

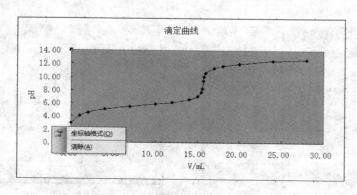

图2.11　"坐标轴格式"下拉列表

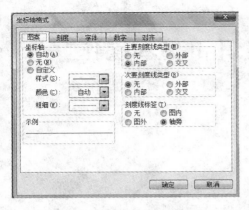

图 2.12 "坐标轴格式"对话框

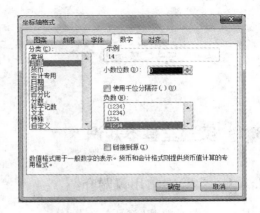

图 2.13 修改小数位数

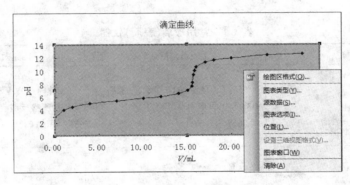

图 2.14 绘图区下拉列表

如果双击或右击绘图区,将出现"绘图区格式"对话框,如图 2.15 所示。修改边框和底纹,例如无边框、无底纹,单击 确定 按钮,修改后的结果如图 2.16 所示。

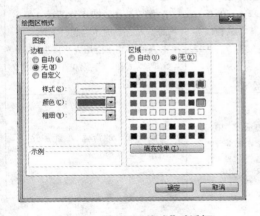

图 2.15 "绘图区格式"对话框

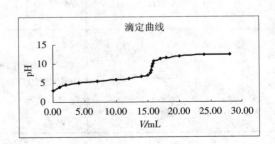

图 2.16 滴定曲线

其他技术可以参考相关书籍学习。

第三部分　基本知识和基本操作

3.1　实验室基本知识

3.1.1　实验室常用仪器介绍

3.1.1.1　常用玻璃(瓷质)仪器

常用玻璃(瓷质)仪器见表 3.1。

表 3.1　常用玻璃(瓷质)仪器

仪器名称	规　格	用途及注意事项
烧杯　锥形瓶(磨口)	以容积(单位:mL)表示,一般有 5, 100,150,200,400,500,1 000,2 000 等规格	加热时应置于石棉网上,使其受热均匀,所盛反应液体一般不能超过烧杯容积的 2/3
碘量瓶	—	用于碘量法或其他生成挥发性物质的定量分析
试管　离心试管	普通试管是以管外径 × 长度(单位:mm)表示,一般有 12 × 150、15 × 100、30 × 200 等规格;离心试管以容积(单位:mL)表示,一般有 5,10,15 等规格	1. 防止振荡或受热时液体溅出; 2. 加热后不能骤冷,以防炸裂; 3. 反应液体一般不能超过试管容积的 1/2,加热时不能超过 1/3; 4. 离心试管不能用火直接加热; 5. 普通试管可直接加热,加热时应用试管夹夹持
量筒　量杯	以容积(单位:mL)表示,有 10,20, 50,100,200 等规格;精密度约为容积的 1%	不能量取热的液体,不能加热,不可用作反应容器

仪器名称	规　　格	用途及注意事项
吸量管　移液管	以容积(单位:mL)表示,有1,2,5,10,25,50等规格;精密度一般约为容积的0.2%	1.管口上无"吹出"字样者,使用时末端的溶液不允许吹出; 2.不能加热
容量瓶	以容积(单位:mL)表示,有50,100,250,1 000等规格;精密度一般约为容积的0.2%	1.不能加热,不能量热的液体; 2.瓶的磨口瓶塞配套使用,不能互换
碱式滴定管　酸式滴定管	以容积(单位:mL)表示,常用酸、碱滴定管的容积为50 mL;精密度一般约为容积的0.2%	1.量取溶液时应先排除滴定管尖端的气泡; 2.不能加热以及量取热的液体,酸、碱滴定管不能互换使用
漏斗	以口径(单位:mm)表示	1.不能用火加热; 2.过滤用
点滴板	材质有透明玻璃和瓷质	不能加热
(a)布氏漏斗　(b)吸滤瓶	吸滤瓶以容积(单位:mL)表示;布氏漏斗或玻璃砂芯漏斗以容积(单位:mL)或口径(单位:mm)表示	1.不能用火加热; 2.抽气过滤
蒸发皿	以口径(单位:mm)或容积(单位:mL)表示,材质有瓷质、石英或金属	1.能耐高温,但不能骤冷; 2.蒸发溶液时一般放在石棉网上,也可直接用火加热

仪器名称	规　格	用途及注意事项
表面皿	以口径(单位:mm)表示,材质为玻璃、塑料	盖在烧杯上,防止液体迸溅,或用于其他用途,直径要略大于所盖容器,不能用火直接加热
泥三角　坩埚　坩埚盖	以容积(单位:mL)表示,材质有瓷、石英、铁、铂、镍等;泥三角有大小之分,用铁丝弯成后套上瓷管	1.依试样性质选用不同材料的坩埚; 2.瓷坩埚加热后不能骤冷; 3.已断裂的泥三角铁丝不能再使用
干燥器	以外径(单位:mm)表示	底部放变色硅胶或其他干燥剂,盖子的磨口处涂适量凡士林;不得放入过热的物体,放入温度较高的物体后,在短时间内应把干燥器盖打开一两次,以免干燥器内造成负压
研钵	以口径(单位:mm)表示,材质有瓷、玻璃、玛瑙等	1.视固体性质选用不同材质的研钵; 2.不能用火加热; 3.不能研磨易爆物质
简易水浴锅	一般用400 mL烧杯制作	烧杯水不能烧干
滴管	由尖嘴玻璃管与橡皮乳头构成	1.滴液时保持垂直,避免倾斜,尤忌倒立; 2.尖管不可接触试管壁和其他物体,以免沾污
滴瓶	有无色、棕色之分,以容积(单位:mL)表示,如60 mL,125 mL	1.见光易分解的试剂用棕色瓶; 2.碱性试剂用带橡皮塞的滴瓶; 3.使用时切忌张冠李戴; 4.其他注意事项同滴管

仪器名称	规　　格	用途及注意事项
洗瓶	多为 500 mL	1. 用于盛装蒸馏水或去离子水,洗涤沉淀和容器时用; 2. 不能盛装自来水
（a）　（b） 称量瓶	分扁形(图(a))和高形(图(b)),以外径 × 高(单位:mm)表示,如 25 ×40 和 50 ×30	1. 不能用火直接加热; 2. 盖与瓶体配套,不能互换; 3. 要求准确称取一定量的固体样品时用
分液漏斗	以容积(单位:mL)表示	1. 不能加热,玻璃活塞不能互换; 2. 用于分离和滴加

3.1.1.2　实验室公用设备

1. 托盘天平及其应用

托盘天平(又称台秤)的构造如图 3.1 所示。一般用于精确度要求不高的称量,可称准至 0.1 g。使用方法如下。

（1）零点调整

称量前应首先检查天平的零点。将游码拨到游码标尺的"0"处,检查天平的指针是否指在刻度盘的中间位置,将此中间位置称为天平的零点,如果不在中间位置,可用平衡调节螺丝调节。

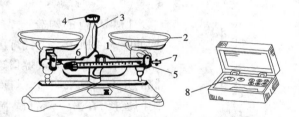

图 3.1　托盘天平
1—横梁;2—天平盘;3—指针;4—刻度尺;5—游码标尺;
6—游码;7—平衡调节螺丝;8—砝码

（2）称量

称量物不直接放在天平盘上进行称量(避免天平盘受腐蚀),而应放在已称过质量的表面皿上,或放在称量纸上(左、右各放一张质量相等的称量纸)。潮湿的或具有腐蚀性的药品应放在玻璃容器内称量。

称量物放在左盘,砝码放在右盘,如添加 10 g 或 5 g 以下的砝码时,可以移动游码,直至指针与刻度盘的零点相符(允许偏差在一小格以内),记下砝码质量,砝码质量和游码位置数字之和即为物体质量。

称量时必须注意以下几点:

①不能称量热的物体;

②称量完毕,天平与砝码恢复原状;

③要保持天平清洁;

④要用镊子取砝码,不能用手拿。

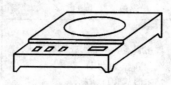

图3.2 普通电子天平

现在实验室也常用普通电子天平(图3.2)代替台秤。电子天平的最小分度为0.01 g,即称量时可以精确到0.01 g。与普通托盘天平相比,它具有称量准确、操作简单、方便快捷的特点,能满足一般化学实验的称量要求。进行化合物杂质的限量分析时,称样量要求精确到0.01 g,因普通托盘天平的精确度达不到,而用1/10 000的分析天平会使操作太复杂,这时普通电子天平就非常合适。

2. 常用加热仪器及其用法

许多化学实验的基本操作(如溶解、蒸发、灼烧、回流等过程)都需要加热,加热在化学实验中经常遇到的,这里主要介绍几种常用的加热仪器。

(1)酒精灯

酒精灯是使用酒精燃烧发热的加热装置,结构如图3.3所示。先检查灯芯是否需要修正(灯芯不齐或烧焦时)或更换(灯芯太短时),再看看灯壶是否需要添加酒精(加入的酒精量是灯壶容积的1/2～2/3,不可加多。注意酒精灯燃着时不能添加酒精)。点燃酒精灯时要用火柴,切勿用已经点燃的酒精灯直接去点燃别的酒精灯,以免着火。熄灭火焰时,只要将灯帽盖上,切勿用嘴吹。不用时,应及时盖好灯帽,以免酒精挥发。

图3.3 酒精灯构造
1—灯帽;2—灯芯;
3—灯壶

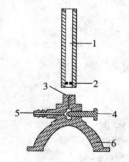

图3.4 煤气灯的构造
1—灯管;2—空气入口;
3—煤气出口;4—螺旋针;
5—煤气入口;6—灯座

(2)煤气灯

1)煤气灯的构造 煤气灯是利用煤气燃烧发热的加热装置,其结构如图3.4所示。煤气灯由灯座和灯管组成。灯座由铁铸成,灯管一般是铜管。灯管通过螺口连接在灯座上。空气的进入量可通过灯管下部的几个圆孔来调节。灯座的侧面有煤气入口,用胶管与煤气管道的阀门连接,在另一侧有调节煤气进入量的螺旋阀(针),可根据煤气的需要量顺时针来旋转螺旋阀。

2)煤气灯的使用 使用方法如下。

煤气灯的点燃:向下旋转灯管,关闭空气入口;先擦燃火柴,后打开煤气灯开关,将煤气灯点燃。

煤气灯火焰的调节:调节煤气的开关或螺旋针,使火焰保持适当的高度。这时煤气燃烧不完全并且产生炭粒,火焰呈黄色,温度不高。向上旋转灯管以调节空气进入量,使煤气燃烧完全,这时火焰由黄变蓝,直至分为3层,称为正常火焰,如图3.5所示,其结构分述如下。

①焰心(内层)。煤气和空气混合但并未燃烧,颜色灰黑,温度低,约为300 ℃。

②还原焰(中层)。煤气燃烧不完全,火焰含有炭粒,具有还原性,称为还原焰。还原焰火焰呈淡蓝色,温度较高。

③氧化焰(外层)。煤气完全燃烧,过剩的空气使火焰只有氧化性,称为氧化焰。氧化焰火焰呈淡紫色,温度可高达800～900 ℃。

煤气灯火焰的最高温度处在氧化焰顶端的上部。实验时,一般用氧化焰来加热,根据需要可调节火焰的大小。当空气或煤气的进入量调节不合适时,会产生不正常火焰,如图 3.6 所示。当空气和煤气进入量都很大时,火焰离开灯管燃烧,称为凌空火焰,当火柴熄灭时,火焰也立即熄灭。当空气进入量很大而煤气量很小时,煤气在灯管内燃烧,管口上有细长火焰,这种火焰称为侵入火焰。侵入火焰会把灯管烧得很热,应注意安全,以免烫手。遇到不正常火焰,要关闭煤气开关,待灯管冷却后重新调节再点燃。

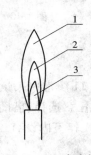

图 3.5　正常火焰

1—氧化焰;2—还原焰;3—焰心

(a)　　　(b)

图 3.6　不正常火焰

(a)凌空火焰　(b)侵入火焰

3)煤气灯加热　加热方法如下。

煤气灯直接加热试管中液体或固体时,用试管夹夹在试管的中部偏上的位置,试管略倾斜,管口不要对着人,小火缓慢加热,注意安全。

用煤气灯加热烧杯、锥形瓶、烧瓶等玻璃器皿中的液体时,必须将玻璃器皿放在石棉网上,所盛液体不应超过烧杯的 1/2 或锥形瓶、烧瓶的 1/3。

蒸发皿加热时应放在石棉网或泥三角上,所盛液体不要超过其容积的 2/3。

用煤气灯灼烧坩埚或加热固体时,坩埚要放在泥三角上,用氧化焰灼烧。先用小火加热,然后逐渐加大火焰灼烧。注意不要让还原焰接触坩埚底部,以防结炭导致坩埚破裂。高温下取坩埚时要用坩埚钳。先将坩埚钳预热再去夹取坩埚,用后要将坩埚钳的尖端向上平放在实验台上。

(3)电加热炉

实验室常用电炉、电加热套、管式炉和马弗炉等(图 3.7～图 3.10)进行电加热。

电炉和电加热套可通过外接变压器来调节加热的温度,可以代替煤气灯加热容器中的液体。如果电炉是非封闭式的,应在容器和电炉之间垫一块石棉网,以便溶液受热均匀和保护电热丝。对于存有易燃易爆物品的实验室禁止使用明火,如需加热可使用封闭电炉。

管式炉利用电热丝或硅碳棒加热,温度可分别达到 950 ℃ 和 1 300 ℃。在炉膛中放一根耐高温的石英玻璃管或瓷管,管中再放入盛有反应物的瓷舟,使反应物在空气或其他气氛中受热。

马弗炉也是利用电热丝或硅碳棒加热的高温炉,炉膛呈长方体,很容易放入要加热的坩埚或其他耐高温的容器。

管式炉和马弗炉的温度用温度控制仪连接热电偶来控制。热电偶是将两根不同的金属丝一端焊接在一起制成的,使用时把未焊接的一端连接在毫伏计正负极上,焊接端伸入炉膛内。温度愈高,热电偶热电势愈大,由毫伏计指针偏离零点远近指示出温度的高低。

   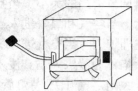

图 3.7　封闭电炉　　图 3.8　电加热套　　　　图 3.9　管式炉　　　　图 3.10　马弗炉

3. 实验室常用电器及其使用

（1）电热恒温干燥箱

电热恒温干燥箱(简称烘箱)是化学实验室常备的设备(图 3.11),常用来烘干玻璃仪器和固体试剂。工作温度从室温起至最高温度。在此温度范围内可任意选择,借助自动控制系统使温度恒定。箱内装有鼓风机,促使箱内空气对流,温度均匀。工作室内设有二层网状搁板以放置被干燥物。

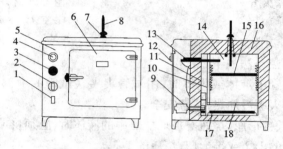

图 3.11　电热恒温干燥箱

1—鼓风开关;2—加热开关;3—指示灯;4—温度控制器旋钮;
5—箱体;6—箱门;7—排气阀;8—温度计;9—鼓风电动机;
10—搁板支架;11—风道;12—侧门;13—温度控制器;14—工
作室;15—搁板;16—保温层;17—电热器;18—散热板

使用时注意以下两点。

①洗净的仪器尽量把水沥干后放入,并使口朝下,烘箱底部放有搪瓷盘承接从仪器上洒下的水,使水不能滴到电热丝上。一般在 105 ℃加热 15 min 左右即可干燥。升温时应定时检查烘箱的自动控温系统,如自动控温系统失效,会造成箱内温度过高,导致水银温度计炸裂。

②挥发性易燃品或刚用酒精、丙酮淋洗过的仪器切勿放入烘箱,以免发生爆炸。

（2）磁力加热搅拌器及其使用

79-1 型磁力加热搅拌器(图 3.12)的性能如下:

①在环境温度为 293 K 时,用最高挡加热 100 mL 溶液,可达 386 K;

②无级调速 0~2 000 r/min;

③有级调速分四挡:300 r/min、800 r/min、1 500 r/min 和 2 000 r/min。

79-1 型磁力加热搅拌器的使用方法如下:

①在需搅拌的玻璃容器中放入磁子,将容器放在镀铬盘正中;

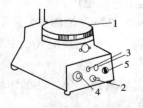

图 3.12　磁力加热搅拌器

1—加热盘;2—电源开关;3—指示灯;4—调速旋钮;5—加热调节旋钮

22

②打开电源开关,旋转调速旋钮,使电机从慢到快带动磁钢,由永磁钢的磁力线带动玻璃容器中的磁子转动,起到搅拌作用;

③调节加热调节旋钮,利用镍铬丝加热并保温溶液。一般有三组镍铬丝能同时加热,升至所需温度后,可适当关闭几组加热丝。不能自动控温,必须由人工管理。

79-1型磁力加热搅拌器使用注意事项如下:

①为了确保安全,该搅拌器使用时要接地;

②搅拌开始时,需慢慢旋转调速器,否则会使磁子磁力脱落,不能旋转,不允许高速挡直接启动,以免磁子不同步,引起跳动;

③搅拌时,如发现磁子跳动或不搅拌时,则应切断电源,检查容器底部是否平整放正;

④连续加热时间不宜过长,间歇使用能延长搅拌器的寿命;

⑤搅拌器应保持清洁干燥,严禁溶液进入机内,以免损坏机件。

（3）离心机的使用

分离少量沉淀物与溶液时,可使用离心机(图3.13)。离心机是利用离心沉降原理,使溶液中密度不同的细胞(粒子)实现分离、浓缩或提纯的。

使用离心机应注意以下几点。

①将离心管放入转子试管孔内,位置要对称,质量要平衡,否则易损坏离心机的轴。如果只有一支试管中的沉淀需要分离,则可取一支空的试管盛上相应质量的水,以维持平衡。

②运行过程中不得移动离心机,在电机及转子未完全停止的情况下不得打开门盖,不得用手(或其他物品)强迫转子减缓旋转提前停止。

③离心时间与转速应根据沉淀的性质来决定。

与离心机配套使用的是离心试管(图3.14),其下端为锥形,便于少量沉淀的辨认和分离。

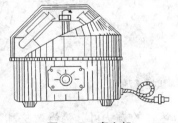

图 3.13　离心机

图 3.14　离心试管

3.1.2　玻璃加工操作和塞子钻孔

玻璃硬而脆,没有固定的熔点,加热到一定温度开始发红变软。玻璃的热导率小,冷却速度慢,因而便于加工。

在化学实验中经常自制一些滴管、搅拌棒、弯管等,以进行玻璃管的截断、拉细、弯曲和圆口操作。所以,学会玻璃管的简单加工和塞子钻孔等基本操作是非常必要的。

1. 玻璃管的简单加工

1)锉痕　将所要裁断的玻璃管平放在实验台上,左手按住要截断处的左侧,右手用锉刀的棱在要截断的位置锉出一道凹痕(图3.15)。注意锉刀应向一个方向锉,不能来回拉,以免锉刀磨损和锉痕不平整。锉痕应与玻璃管垂直,这样才能保证断后的玻璃管截面平整。

2）截断　手持玻璃管凹痕向外,用拇指在凹痕后面轻轻加压,同时食指向内拉,使玻璃管断开(图 3.16)。

图 3.15　锉痕　　　　　　　　　　　　　图 3.16　截断

3）圆口　玻璃管和玻璃棒的断面很锋利,容易把手划破。锋利断面的玻璃管也难于插入塞子的圆孔内。所以,必须把玻璃管和玻璃棒的断面磨圆滑。操作时,把截面斜插入煤气灯氧化焰中,缓慢转动玻璃管,使熔烧均匀,直到圆滑为止。

热的玻璃管和玻璃棒应按顺序放在石棉网上进行冷却,不要用手触摸玻璃管热的部位,避免烫伤。

4）拉细　如图 3.17 所示,双手持玻璃管,把要拉的位置平放入氧化焰中,尽量增大玻璃管的受热面积,缓慢转动玻璃管。当玻璃管被烧到足够红软时,离开火焰稍停 1~2 s,沿着水平方向边拉边旋转,拉到所需的细度时,一手持玻璃管使其竖直下垂冷却,然后按顺序放在石棉网上冷却至室温。待玻璃管冷却后,在拉细部分截断,即得到带有尖头的玻璃管。圆口时,粗的一端烧熔后立刻垂直在石棉网上轻轻按压出沿状,冷却后安上胶头即成滴管;细的一端要熔光,小心加热圆口,避免熔封。

图 3.17　加热玻璃管和拉玻璃管

5）弯曲　根据需要玻璃管可弯成不同的角度,弯管的方法可分为慢弯法和快弯法。

①慢弯法。玻璃管在氧化焰上加热(与拉玻璃管加热操作相同),当被烧到刚发黄变软能弯时,离开火焰,弯成一定角度。弯管时两手向上,将玻璃管弯成 V 形(图 3.18)。120°以上的角度可一次弯成,较小的角可分几次弯成。先弯成一个较大的角,以后的加热和弯曲都要在前次加热部位稍偏左或偏右处进行,直到弯成所需的角度,不要把玻璃管烧得太软,能弯就弯,一次不要弯得角度太大。

②快弯法。先将玻璃管拉成尖头并烧结封死,冷却后在氧化焰中将玻璃管欲弯曲部位加热到足够红软时离开火焰。如图 3.19 所示操作,左手拿玻璃管从未封口一端用嘴吹气,右手持尖头的一端向上弯管,一次弯成所需的角度。这种方法要求煤气的火焰宽些,加热温度要高,弯成的角比较圆滑。注意吹的时候用力不要过大,以免将玻璃管吹漏气或吹变形。

2. 塞子钻孔

实验室常用的塞子有玻璃塞、橡胶塞、软木塞、塑料塞。玻璃塞一般是磨口的,与瓶配合紧

24

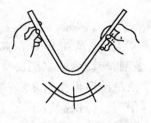

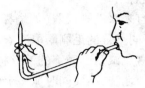

图 3.18　慢弯法　　　　　　　　　　　　　　图 3.19　快弯法

密,但带有磨口塞的玻璃瓶不适合装碱性物质。软木塞不易与有机物质作用,但易被碱腐蚀。胶塞可以把瓶塞紧又可以耐碱腐蚀,但易被强酸和某些有机物质所侵蚀。

　　当塞子上需要插入温度计或玻璃管时,就需要钻孔。实验室常用的钻孔工具是钻孔器,它是一组粗细不同的金属管。钻孔器前端很锋利,后端有柄可用手捏,钻孔后进入管内的橡胶或软木用带柄的铁条捅出。具体操作步骤如下。

　　(1)钻孔

　　在胶塞上钻孔,要选择一个比欲插入的玻璃管稍粗的钻孔器(若软木塞则要用略细的钻孔器)。先将塞子面积大的一面放在实验台上,用一只手按住塞子,另一只手握钻孔器的柄,在要求钻孔的位置上用力向下压并向同一方向旋转钻孔器。当钻孔器进入塞子的深度大于塞子厚度一半时,将钻孔器反向旋转拔出,再把塞子翻过来,在大面的同一位置上,用钻孔器钻到两面相通为止。

　　钻孔时钻孔器必须保持与塞子的底面垂直,以免将孔钻斜,为了减少摩擦力可在钻孔器上涂上甘油。对于软木塞,需先用压塞机压实,或用木板在实验台上压实,其余操作如前所述。

　　橡胶的摩擦力较大,为胶塞钻孔时一般用力较大,应注意安全,避免受伤。

　　(2)安装玻璃管

　　孔钻好后,将玻璃管前端用水润湿,转动下把管插入塞中合适的位置。注意手握管的位置应靠近塞子,不要用力过猛,以免折断玻璃管把手扎伤。可用毛巾等把玻璃管包上,防止扎伤。如果玻璃管很容易插入,说明塞子的孔过松不能用。若塞子的孔过小时可先用圆锉将孔锉大,然后再插入玻璃管。

3.1.3　常用玻璃仪器的洗涤和干燥

1.常用玻璃仪器的洗涤

　　化学实验中经常使用玻璃仪器和瓷器,洗涤仪器不仅是一项必须做的实验前的准备工作,也是一项技术性的工作。仪器洗涤是否符合要求,对检验结果的准确度和精密度均有影响。常常由于污物和杂质的存在,而得不出正确的结果,严重时可导致实验失败。实验后要及时清洗仪器,不清洁的仪器长期放置后,会使以后的洗涤工作更加困难。

　　玻璃仪器清洗干净的标准是用水冲洗后,仪器内壁能均匀地被水润湿而不沾附水珠。如果仍有水珠沾附内壁,说明仪器还未洗净,需要进一步进行清洗。

　　洗涤仪器的方法很多,一般应根据实验的要求、污物的性质和沾污的程度以及仪器的类型和形状来选择合适的洗涤方法。

　　一般来说,污物主要有灰尘、可溶性物质和不溶性物质、有机物及油污等。洗涤方法可分为以下几种。

（1）一般洗涤

一般先用自来水洗刷仪器(如烧杯、试管、量筒、漏斗等)上的灰尘和易溶物,再选用粗细、大小、长短等不同型号的毛刷蘸取洗衣粉或各种合成洗涤剂,转动毛刷刷洗仪器的内壁。洗涤试管时要注意避免试管刷底部的铁丝将试管捅破。用清洁剂洗后再用自来水冲洗。洗涤仪器时应该一个一个地洗,不要同时抓多个仪器一起洗,这样很容易将仪器碰坏或摔坏。

一般用自来水洗净的仪器往往还残留着一些 Ca^{2+},Mg^{2+},Cl^- 等离子,如果实验中不允许这些离子存在,就要再用蒸馏水漂洗几次。用蒸馏水洗涤仪器的方法应采用"少量多次"法,为此常使用洗瓶。挤压洗瓶使其喷出一细股蒸馏水,使其均匀地喷射在仪器内壁上,不断转动仪器再将水倒掉,如此重复几次即可。这样既可提高效率,又可节约蒸馏水。

（2）铬酸洗液洗涤

对一些形状特殊的容积精确的容量仪器(如滴定管、移液管、容量瓶等),不宜用毛刷蘸洗涤剂洗,常用洗液洗涤。

铬酸洗液可按下述方法配制:称取 50 g $K_2Cr_2O_7$ 置于 100 mL 水中,加热溶解,冷却后慢慢加入浓 H_2SO_4 450 mL,边倒边用玻璃棒搅拌,并注意不要溅出,切勿将 $K_2Cr_2O_7$ 溶液加到浓 H_2SO_4 中,冷却后装瓶备用。

新配制的洗液呈红褐色,具有强酸性、强腐蚀性和强氧化性,对具有还原性的污物(如有机物、油污)去污能力特别强。装洗液的瓶子应盖好盖以防潮。洗液在洗涤仪器后应保留,多次使用后当颜色变绿时[Cr(Ⅵ)变为Cr(Ⅲ)]就丧失了去污能力,不能继续使用。

用洗液洗涤仪器的一般步骤如下。

①仪器先用水洗并尽量把仪器中的残留水倒净,避免浪费和稀释洗液。

②向容器中加入少许洗液,倾斜仪器并使其慢慢转动,使仪器的内壁全部被洗液润湿,重复 2~3 次即可。如果能用洗液将仪器浸泡一段时间,或者用热的洗液洗,则洗涤效果更佳。用完的洗液应倒回洗液瓶。洗液使用时要注意不能溅到身上,以防"烧"破衣服和损伤皮肤。

③仪器用洗液洗过后再用自来水冲洗,最后用蒸馏水淋洗几次。

（3）特殊污垢的洗涤

一些仪器,尤其是原来未清洗而长期放置的仪器上常常有不溶于水的污垢。这时就需要视污垢的性质选用合适的试剂,使其经化学作用而除去。几种常见污垢的处理方法见表 3.2。

除了上述清洗方法外,现在还有先进的超声波清洗器。只要把用过的仪器放在配有合适洗涤剂的溶液中,接通电源,利用声波的能量和振动,就可将仪器清洗干净,既省时又方便。

2. 玻璃仪器的干燥

做实验经常要用到的仪器应在每次实验完毕后洗净干燥备用。不同实验对干燥的要求不同,应根据不同要求选用干燥仪器。

（1）晾干

不急等用的仪器,可在蒸馏水冲洗后在无尘处倒置控去水分,然后自然干燥。可用安有木钉的架子或带有透气孔的玻璃柜放置仪器。

（2）烘干

洗净的仪器控去水分放在烘箱内烘干。烘箱温度为 105~110 ℃,烘 1 h 左右,也可放在红外灯干燥箱中烘干。此法适用于一般仪器。称量瓶等在烘干后要放在干燥器中冷却和保存。带实心玻璃塞及厚壁仪器,烘干时要注意慢慢升温并且温度不可过高,以免破裂。量器不可放于烘箱中烘干,如移液管、滴定管、容量瓶、量筒等,一律不能加热。

硬质试管可用酒精灯加热烘干,要从底部烤起,把管口向下,以免水珠倒流把试管炸裂,烘到无水珠后把试管口向上赶净水气。

表 3.2　常见污垢的处理方法

污垢	处理方法
碱金属的碳酸盐,$Fe(OH)_3$,一些氧化剂(如 MnO_2)等	用稀 HCl 处理,MnO_2 需要用 $6.0 \ mol \cdot L^{-1}$ 的 HCl
沉积的金属,如银、铜	用 HNO_3 处理
沉积的难溶性银盐	用 $Na_2S_2O_3$ 洗涤,Ag_2S 则用热、浓 HNO_3 处理
沾附的硫黄	用煮沸的石灰水处理
高锰酸钾污垢	草酸溶液(沾附在手上也用此法)
残留的 Na_2SO_4,$NaHSO_4$ 固体	用沸水使其溶解后趁热倒掉
沾有碘迹	可用 KI 溶液浸泡,或用温热的稀 NaOH,$Na_2S_2O_3$ 溶液处理
瓷研钵内的污迹	用少量食盐在研钵内研磨后倒掉,再用水洗
有机反应残留的胶状或焦油状有机物	视情况用低规格或回收的有机溶剂(如乙醇、丙酮、苯、乙醚等浸泡)及 NaOH、浓 HNO_3 煮沸处理
一般油污及有机物	用含 $KMnO_4$ 的 NaOH 溶液处理
被有机试剂染色的比色皿	可用体积比为 1:2 的盐酸-酒精液处理

(3)热、冷风吹干

对于急于干燥的仪器或不适于放入烘箱的较大仪器可用吹干的办法。通常用少量乙醇、丙酮(或最后再用乙醚)倒入已控去水分的仪器中摇洗,然后用电吹风机吹,开始用冷风吹 1~2 min,当大部分溶剂挥发后吹入热风至完全干燥,再用冷风吹去残余蒸气,不使其又冷凝在容器内。

3.1.4　实验室用水

1.技术指标

化学实验对实验用水的质量要求较高,除初洗玻璃器皿或某些仪器外,不能直接使用自来水,而应根据所做实验对水质量的要求合理选用不同规格的纯水。

我国已建立了实验室用水规格的国家标准(GB/T 6682—2008),GB/T 6682—2008 中规定了实验室用水的技术指标、制备方法及检验方法,其主要指标如表 3.3 所示。

1)一级水　用于有严格要求的分析实验,包括对颗粒有要求的实验,如高效液相色谱分析用水。用二级水经过石英设备蒸馏或离子交换混合床处理后,再经 $0.2 \ \mu m$ 微孔滤膜过滤来制取,处理后的水基本上不含有溶解离子杂质或胶态离子杂质及有机物。

2)二级水　用于无机痕量分析实验,如原子吸收光谱分析、电化学分析实验等。可用离子交换法或三级水再次蒸馏法制取,可含有微量的无机、有机或胶态杂质。

3)三级水　用于一般化学分析实验,可以用蒸馏、离子交换等方法制取。

表 3.3　实验室用水的级别及主要技术指标（引自 GB/T 6682—2008）

指标名称	一级水	二级水	三级水
pH 值范围（25 ℃）	—	—	5.0～7.5
电导率（25 ℃）（mS/m）	≤0.01	≤0.10	≤0.50
可氧化物（以 O 计）（mg/L）	—	<0.08	<0.40
吸光度（254 nm，1 cm 光程）	≤0.001	≤0.01	—
蒸发残渣（105±2 ℃）（mg/L）	—	≤1.0	≤2.0
可溶性硅（以 SiO_2 计）（mg/L）	<0.01	<0.02	—

注：①由于在一级水、二级水的纯度下难于测定其真实的 pH 值，因此对一级水和二级水的 pH 值不作规定。

②一级水和二级水的电导率必须用新制备的水"在线"测定。否则，水一经储存，由于容器中可溶成分的溶解，或由于吸收空气中的二氧化碳以及其他杂质而引起电导率改变。对于最后一步是采用蒸馏方法制得的一级水，由于在蒸馏过程中水与空气直接接触，其电导率会增高。因此，可根据其他指标及制备工艺来确定其级别。

③由于在一级水的纯度下难于测定可氧化物和蒸发残渣，对其限量不作规定，可用其他条件和制备方法来保证一级水的质量。

各级用水的储存均使用密闭的、专用聚乙烯容器。三级水也可使用密闭的、专用玻璃容器，新容器在使用前需用盐酸溶液（20%）浸泡 2～3 天后再用待测水反复冲洗，并注满待测水浸泡 6 h 以上。

各级用水在储存期间，其沾污的主要来源是容器可溶成分的溶解、空气中二氧化碳和其他杂质。因此，一级水不可储存，使用前制备。二级水、三级水可适量制备，分别储存在预先经同级水清洗过的相应容器中。各级用水在运输过程中应避免沾污。

2. 制备方法

实验室中所用的纯水常用以下三种方法制备。

（1）离子交换法

离子交换法是将自来水通过装有阳离子交换树脂和阴离子交换树脂的离子交换柱，利用交换树脂中的活性基团与水中杂质离子的交换作用，除去水中的杂质离子，实现水的净化。用此法制得的纯水通常称为"去离子水"，其纯度较高。此法不能除去水中的非离子型杂质，去离子水中也常含有微量的有机物，25 ℃时其电阻率一般在 5 $M\Omega \cdot cm$ 以上。

（2）蒸馏法

将自来水在蒸馏装置中加热汽化，将水蒸气冷凝后即可得到蒸馏水。

此法能除去水中的不挥发性杂质及微生物等，但不能除去易溶于水的气体。

通常使用的蒸馏装置由玻璃和石英等材料制成。由于蒸馏装置的腐蚀，故蒸馏水仍含有微量杂质。尽管如此，蒸馏水仍是化学实验中常用的较纯净的廉价溶剂和洗涤剂。25 ℃时蒸馏水的电阻率为 10^5 $M\Omega \cdot cm$。

蒸馏法制取纯水的成本低，操作简单，但能源消耗大。

（3）电渗析法

将自来水通过阴、阳离子交换膜组成的电渗析器在外电场的作用下，利用阴、阳离子交换膜对水中的阴、阳离子的选择透过性使杂质离子自水中分离出来，从而达到净化水的目的。此法不能除去非离子型杂质。

电渗析水的电阻率一般为 $10^4 \sim 10^5\ M\Omega \cdot cm$，比蒸馏水的纯度略低。

3. 检验方法

制备出的纯水水质一般依其电导率为主要质量指标。一般如 pH、重金属离子、Cl^- 和 SO_4^{2-} 等的检验也可进行。此外，根据实际工作的需要及生化、医药化学等方面的特殊要求，有时还要进行一些特殊项目的检验。

3.1.5 化学试剂的规格

化学试剂的规格是以其中所含杂质的多少来划分的，一般分为四个等级，表3.4 是我国化学试剂等级标志对照表。

表3.4 化学试剂等级对照表

级别	一级试剂	二级试剂	三级试剂	四级试剂
中文标志	优级纯试剂	分析纯试剂	化学纯试剂	实验试剂
符号	GR	AR	CP	LR
瓶签颜色	绿色	红色	蓝色	橙色或黄色

①优级纯试剂亦称保证试剂，为一级品，纯度高，杂质极少，主要用于精密分析和科学研究，常以 GR 表示。

②分析纯试剂亦称分析试剂，为二级品，纯度略低于优级纯试剂，杂质含量略高于优级纯试剂，适用于重要分析和一般性研究工作，常以 AR 表示。

③化学纯试剂为三级品，纯度较分析纯试剂差，但高于实验试剂，适用于工厂、学校一般性的分析工作，常以 CP 表示。

④实验试剂为四级品，纯度比化学纯试剂差，但比工业品纯度高，主要用于一般化学实验，不能用于分析工作，常以 LR 表示。

此外，还有基准试剂、光谱纯试剂、色谱纯试剂、放射化学纯试剂等。应该根据节约的原则，按实验的要求分别选用不同规格的试剂。因同一化学试剂由于规格不同，价格差别很大。不要认为试剂越纯越好，超越具体实验条件去选用高纯试剂，会造成浪费。

固体试剂装在广口瓶内，液体试剂则盛在细口瓶或滴瓶内，见光易分解的试剂（如硝酸银）应放在棕色瓶内，盛碱液的细口瓶应用橡皮塞。每一个试剂瓶上都应贴有标签，以标明试剂的名称、浓度和纯度等。

3.1.6 气体钢瓶

实验室使用大量气体时，常常采用商品供应的气体。进入实验室的人员必须熟知气体钢瓶的标识及使用，以免错误地使用气体，导致实验失败，甚至造成事故。

灌装气体的钢瓶由无缝碳素钢或合金钢制成。气体经压缩储存在专用的气体钢瓶中，一般最大压力为 $15 \times 10^5\ Pa$。在各种高压气体钢瓶的外壳瓶肩部打有钢印，其内容有制造单位、日期、型号、工作压力等。国家有统一规定的标识，如表3.5 所示。

使用气体钢瓶时，通过减压阀（气压表）有控制地放出气体。由于钢瓶的内压很大，而且有些气体易燃或有毒,所以在使用钢瓶时要注意安全。

使用钢瓶的注意事项如下:

①钢瓶应存放在阴凉、干燥、远离热源(如阳光、暖气、炉火)处,可燃性气体钢瓶必须与氧气钢瓶分开存放;

②绝不可使油或其他易燃性有机物沾在气瓶上(特别是气门嘴和减压阀),也不得用棉、麻等物堵漏,以防燃烧引起事故;

③使用钢瓶中的气体时,要用减压阀(气压表),各种气体的气压表不得混用,以防爆炸;

④不可将钢瓶内的气体全部用完,一定要保留 0.05 MPa 以上的残留压力(减压阀表压),可燃性气体(如 C_2H_2)应剩余 0.2 ~ 0.3 MPa;

⑤为了避免各种气瓶混淆而用错气体,通常在气瓶外面涂以特定的颜色以便区别,并在瓶上写明瓶内气体的名称。

表 3.5 实验室常用高压气体钢瓶的标识

气体名称	字样	字色	钢瓶外壳颜色	钢瓶内气体状态
氮气	氮	黄	黑	压缩气体
氧气	氧	黑	天蓝	压缩气体
氢气	氢	红	深绿	压缩气体
二氧化碳	二氧化碳	黄	黑	液态
压缩空气	空气	白	黑	压缩气体
乙炔	乙炔	红	白	乙炔溶解在活性丙酮中
乙烯	乙烯	红	紫	—
环丙烷	环丙烷	黑	橙黄	—
氯气	氯	白	草绿	液态
氨气	氨	黑	黄	液态
氦气	氦	白	棕	压缩气体
纯氩气	纯氩	绿	灰	压缩气体
硫化氢	硫化氢	红	白	
光气	光气	红	草绿	—
其他可燃气体	(气体名称)	白	红	液态
其他不可燃气体	(气体名称)	黄	黑	压缩气体

3.2 无机及定性分析基本操作

3.2.1 化学试剂的取用

1. 液体试剂的取用

①从试剂瓶中倾出液体试剂时,把瓶塞倒放在桌上,右手拿起试剂瓶,并注意使试剂瓶上

的标签对着手心。用一根玻璃棒靠在瓶口,使液体顺着玻璃棒流入容器中或把试剂瓶口靠在容器边沿慢慢注入液体,使其沿着容器壁流下,如图 3.20 所示。倒出所需液体后,应该将试剂瓶口在玻璃棒或容器上靠一下,再将试剂瓶竖直,这样可以避免遗留在瓶口的试剂从瓶口流到试剂瓶外壁。同时必须注意,倒出试剂后,瓶塞要立刻盖在原来的试剂瓶上,决不许张冠李戴,并将试剂瓶放回原处,瓶上的标签朝外。

②从滴瓶中取用试剂的正确操作如图 3.21(a)所示。应先提起滴管离开液面,捏瘪胶帽赶出空气,再插入溶液中吸取试剂。滴加溶液时滴管要垂直,此时滴入液滴的体积才能准确;滴管口应距接收容器口(如试管口)5 mm 左右,以免与器壁接触沾染其他试剂,使滴瓶内试剂受到污染。滴管用过后,应立即放回滴瓶,不得随意乱放,滴管不能平握或倒置(以免药液倒流入橡皮帽)。不能用自己的滴管取公用试剂,如试剂瓶不带滴管又需取少量试剂,则可把试剂按需要量倒入小试管中,再用自己的滴管取用。如要从滴瓶取出较多溶液时,可直接倾倒。先排除滴管内的液体,然后把滴管夹在中指和无名指间倒出所需量的试剂。

图 3.20　从试剂瓶中倾出液体

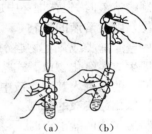
图 3.21　用滴管加入液体试剂
(a)正确　(b)错误

③在试管实验中经常要取"少量"溶液,这是一种估计体积,常量实验是指 0.5 ~ 1.0 mL,微型实验一般指 3 ~ 5 滴,根据实验的要求灵活掌握。要会估计 1 mL 溶液在试管中占的体积和由滴管加的滴数相当的毫升数。

要准确量取溶液,则根据准确度和量的要求选用量筒、移液管或滴定管。

2. 固体试剂的取用

固体试剂要用干净的药匙取用。药匙的两端分别为大小两个匙。取较多的试剂时用大匙,取少量试剂时用小匙(取用的试剂加入小试管时,应用小匙)。用过的药匙必须立即洗净擦干,以备取用其他试剂。

不要超过指定用量取药,多取的药品不能倒回原瓶,可放在指定容器中供他人使用。

往试管(特别是湿试管)中加入固体试剂时,可用药匙伸入试管约 2/3 处,或将药品放在一张对折的纸条上,再伸入试管中(图 3.22)。块状固体则应沿管壁慢慢滑入。

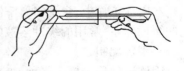
图 3.22　固体试剂的取用

3.2.2　溶液的配制

根据所配制溶液的用途及溶质的特性,溶液的配制可以分为粗配和精配。粗配是指配制溶液时所使用的仪器(如台秤和量筒)准确度较低,精配是指配制溶液时所使用的仪器(如分析天平、移液管和容量瓶)准确度较高。

一般的定性反应、调节溶液 pH 值、分离或掩蔽离子、显色等使用的溶液,对浓度的准确度要求不高(浓度的有效数字为 1 到 2 位),可以采用粗配。

某些溶液对浓度的准确度要求较高,但由于溶质本身的性质,无法直接配出准确浓度的溶液,例如固体 NaOH 易吸收空气中的 CO_2 和水分,称量的质量不能代表纯 NaOH 的质量,浓 HCl 中的氯化氢很容易挥发,这些溶液也先采用粗配的方法,其准确浓度要通过标定得到。

在滴定分析或某些物理化学常数测定的实验中,对溶液浓度要求较高(浓度的有效数字为 3 到 4 位),而且溶质也符合纯度和稳定性的要求,可以采用精确配制的方法。

1. 常规溶液的配制

配制溶液时,首先根据所配制试剂纯度的要求选用不同等级试剂,再根据配制溶液的浓度和体积计算出试剂的用量。经称量后的试剂置于烧杯中,加少量水搅拌溶解,必要时可加热促使其溶解,再加水至所需的体积混合均匀,即得所配制的溶液。用液态试剂或浓溶液稀释成稀溶液时,需先计算试剂或浓溶液的密度,再量取体积,加入所需的水搅拌均匀即成。

配制酸溶液时,先在烧杯中加适量水,然后再把浓酸逐渐注入水中,最后稀释至所需浓度。

2. 易水解盐溶液的配制

一些金属盐类或氧化物遇水易水解,例如氯化锡(Ⅱ)、硝酸铋(Ⅲ)、氯化锑(Ⅲ)等盐,一旦遇水即生成氢氧化物或碱式盐,所以要配制它们的溶液时,先将这些物质用少量浓酸溶解,再将需要量的水倒入其酸溶液中以抑制水解,这样才能得到透明的溶液。

3. 易氧化盐溶液的配制

配制易氧化的盐溶液时,不仅需要酸化溶液,还需加入相应的金属元素单质,使溶液稳定。例如配制 $FeSO_4$、$SnCl_2$ 溶液时,需分别加入铁单质、锡单质。

4. 饱和溶液的配制

配制某固体试剂的饱和溶液时,应先按该试剂的溶解度数据计算出所需的试剂量和蒸馏水量,称量出比计算量稍多的固体试剂,磨碎后放入水中,长时间搅动到固体不再溶解为止,这样制得的溶液就可以认为是饱和溶液。对于溶解度随温度升高而增大的固体,可加热至高于室温(同时搅动),再让其溶液冷却下来,多余的固体析出后所得到的溶液便是饱和溶液。

在配制溶液的过程中,加热和搅动都可以加速固体的溶解。搅动不宜太剧烈。搅拌棒不要触及容器底部及器壁。

若配制硫化氢和氯水等的饱和溶液,只要在常温下把产生的硫化氢、氯气等气体通入蒸馏水中一段时间即可。

5. 缓冲溶液的配制

在实际工作中,常常需要配制一定 pH 值的缓冲溶液。根据不同需要和要求,可以选择不同的缓冲体系,常用的缓冲溶液的配制方法见附录 8。

6. 精确配制

固体试剂用分析天平称取,在小烧杯中溶解后转移至容量瓶中定容;若是已知准确浓度溶液的稀释,则用吸管准确量取一定体积的溶液至容量瓶中,然后定容。有关分析天平、吸管和容量瓶的使用详见 3.3.2 及 3.3.3。

3.2.3 试管和离心试管的使用

1. 试管的使用

对于不需分离的少量反应可在试管中进行,观察反应现象。试管的振荡和搅拌操作都是为了使试管中的反应物充分接触,混合均匀,以便充分反应。

试管振荡的操作方法是用拇指、食指和中指持住试管的中上部,试管略微倾斜,手腕用力左右振荡,或用中指轻轻敲打试管。

试管搅拌的操作方法是一手持试管,另一手持玻璃棒插入试管的试液中,并用微力旋转,不要碰试管的内壁而使反应试液搅动。注意不要上下来回搅动,更不要用力过猛,否则会将试管击破。

试管反应也可以加热进行,但必须注意以下几点。

①用试管夹夹住试管的中上部。

②加热液体时,试管口稍微向上倾斜,管口不要对着自己或旁人(图3.23),以防液体喷出将人灼伤。加热时,先加热液体的上中部,再慢慢往下移动,然后不时地摇动试管,以免液体局部受热骤然产生蒸汽,将液体冲出管外,或因受热不均使试管炸裂。

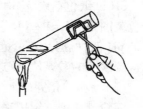

图 3.23　液体的加热

③加热固体时,通常要将试管固定在铁架台上加热,试管口稍微向下倾斜,以免凝结在试管口上的水珠流到灼热的试管底部,使试管破裂。

2. 离心试管的使用

需要分离少量物质的反应可在离心管中进行,观察反应情况。离心管不能直接加热,可水浴加热。

在离心管中进行沉淀时,用滴管吸取试剂滴入盛有被检测离子试液的离心试管中,每加一滴试剂均应充分振荡。为了检查沉淀是否完全,可将加过试剂的离心管先离心沉降,然后沿管壁滴加试剂,仔细观察上层清液中有无浑浊现象,如无浑浊,表示沉淀完全。否则需继续滴加试剂,再离心沉降,直到沉淀完全。

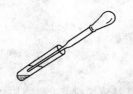

图 3.24　沉淀与溶液的分离

经过离心沉降后,离心管的下端为沉淀物,上端为溶液,此时可用毛细吸管吸取上层清液注入另一离心管中,使沉淀和溶液分离。注意:用毛细吸管吸溶液时,必须在插入溶液之前捏瘪橡皮乳头,切不可在插入溶液后捏瘪橡皮乳头,因为这样就会搅浑清液。毛细吸管插入溶液后,应慢慢地放松橡皮乳头,使溶液慢慢吸入管中。必要时重复几次,就可把沉淀和溶液分离,如图3.24 所示。

在离心管中还可以洗涤沉淀。在装有沉淀的离心管中加入适量去离子水或适宜的电解质溶液,用搅拌棒充分搅动,然后离心分离。洗涤时,每次用等于沉淀体积2~3 倍的洗涤液洗涤1~3 次。每次洗涤前,尽可能把溶液除尽。洗涤时,尽量将离心管倾斜,并充分搅动,使沉淀颗粒与大量洗涤液接触。

3.2.4　点滴板的使用

点滴板是带有凹穴的黑色、白色及透明的瓷板。按凹穴的多少分为 4 穴、6 穴、12 穴等。它可以用作同时进行多个不需分离的少量沉淀反应的容器,特别适用于白色或有色沉淀及溶液颜色发生改变的定性点滴反应。具有快捷、方便和节省材料的特点。

使用时,要根据沉淀或溶液的颜色选择黑、白或透明的点滴板。

3.2.5 试纸的使用

1. 试纸的种类

（1）石蕊试纸和酚酞试纸

石蕊试纸有红色和蓝色两种。石蕊试纸、酚酞试纸用来定性检验溶液的酸碱性。

（2）pH 试纸

pH 试纸包括广泛 pH 试纸和精密 pH 试纸两类，用来检验溶液的 pH 值。广泛 pH 试纸的变色范围是 pH = 1 ~ 14，它只能粗略地估计溶液的 pH 值。精密 pH 试纸可以较精确地估计溶液的 pH 值，根据其变色范围可分为多种。如变色范围为 pH = 3.8 ~ 5.4，pH = 8.2 ~ 10 等。根据待测溶液的酸碱性，可选用某一变色范围的试纸。

（3）淀粉碘化钾试纸

淀粉碘化钾试纸用来定性检验氧化性气体（如 Cl_2、Br_2），反应原理是

$$2I^- + Cl_2 = 2Cl^- + I_2$$

I_2 和淀粉作用呈蓝色。如气体氧化性强，而且浓度大时，还可以进一步将 I_2 氧化成无色 IO_3^-，使蓝色褪去，反应原理是

$$I_2 + 5Cl_2 + 6H_2O = 2HIO_3 + 10HCl$$

可见，使用时必须仔细观察试纸颜色的变化，否则会得出错误的结论。

（4）醋酸铅试纸

醋酸铅试纸用来定性检验硫化氢气体。当含有 S^{2-} 的溶液被酸化时，逸出的硫化氢气体遇到试纸后，即与纸上的醋酸铅反应，生成黑色的硫化铅沉淀，使试纸呈黑褐色，并有金属光泽。反应原理是

$$Pb(Ac)_2 + H_2S = PbS\downarrow + 2HAc$$

当溶液中 S^{2-} 浓度较小时，则不易检验出。

2. 试纸的使用

（1）石蕊试纸和酚酞试纸

用镊子取小块试纸放在表面皿边缘或点滴板上，用玻璃棒将待测溶液搅拌均匀，然后用玻璃棒末端蘸少许溶液接触试纸，观察试纸的颜色变化，确定溶液的酸碱性。切勿将试纸浸入溶液中，以免弄脏溶液。

（2）pH 试纸

pH 试纸用法同石蕊试纸，待试纸变色后，与色阶板比较，确定 pH 值或 pH 值的范围。

（3）淀粉碘化钾试纸和醋酸铅试纸

将小块试纸用蒸馏水润湿后放在试管口，必须注意不要使试纸直接接触溶液。

使用试纸时，要注意节约，除把试纸剪成小块外，用时不要多取。取用后，马上盖好瓶盖，以免试纸沾污。用后的试纸丢弃在垃圾桶内，不能丢在水槽中。

3.3 滴定分析基本操作

3.3.1 试样的前处理

1. 分析试样的准备

在采取和制备分析试样的过程中,必须保证所取试样具有代表性,即分析试样的组成能代表整批材料的平均组成,否则,所得测定结果不仅毫无实际意义,而且会给以后的工作造成严重的混乱。慎重地审查试样的来源,根据试样的类型,使用正确的取样方法是保证分析试样具有代表性的关键。

(1)气体试样的采取

1)常压下取样　用吸筒或抽气泵等一般的吸气装置取样。

2)气体压力高于常压的情况下取样　用球胆、盛气瓶直接盛取试样。

3)气体压力低于常压的情况下取样　先将取样器抽成真空,然后再用取样管接通进行取样。

(2)液体样品的采取

1)装在大容器中的液体试样的采取　充分搅拌后,在容器的各个不同深度和不同部位取样,经混合后供分析使用。

2)密封式容器中液体试样的采取　从密封式容器中放出试样,弃去开始放出的部分,再提取供分析使用的试样。

3)分装于几个小容器中的同批液体试样的采取　先分别将各容器中的试样摇匀,然后从各容器中取接近等量试样于一个试样瓶中,混匀后供分析使用。

4)水管中试样的采取　先放去管内静水,取一根橡皮管,其一端套在水管上,另一端插入取样瓶底部,在瓶中装满水后,使其溢出瓶口少许即可。

5)河、池等水源中采样　在尽可能背阴的地方,离岸 $1 \sim 2$ m,水深 0.5 m 处采取。

(3)固体试样的采取

1)粉状或松散试样的采取　如精矿、石英砂、化工产品的组成较均匀,可用探料钻插入包内钻取。

2)金属锭块或制件试样的采取　一般可用钻、刨、切削、击碎等方法,从锭块或制件的纵横各部位采取。

3)大块物料试样的采取　如矿石、焦炭、块煤等,不但组分不均匀,而且其大小相差很大。所以,采样时应以适当的间距,从各个不同部分采取小样,原始试样一般按全部物料的千分之一至万分之三采集小样,对极不均匀的物料,有时取五百分之一,取样深度为 $0.3 \sim 0.5$ m。

实际上不可能把全部试样都加工成分析试样,因此在处理过程中要不断进行缩分。具有足够代表性的试样的最低可靠质量与试样的均匀度、粒度、易破碎度有关,可按切乔特采样公式估算:

$$Q = kd^2$$

式中　Q——采取试样的最低可靠质量(kg);

　　　k——根据物料特性确定的缩分系数,由实验求得,一般为 $0.1 \sim 1$;

d——试样中最大颗粒的直径(mm),一般以破碎后试样能全部通过的孔径最小的筛号孔径为准。

例如,有一铁矿石最大颗粒直径为 10 mm,$k = 0.1$,则应采集的原始试样的最低质量为: $Q = 0.1 \times 10^2 = 10$ kg。显然此试样不仅量大,而且颗粒极不均匀,必须通过多次破碎、过筛、混匀、缩分等手续才能制成分析试样。

缩分采用四分法,即将试样混匀后堆成锥状,然后略为压平,通过中心分成四等份,弃去任意对角的两份,收集留下的两份混匀。缩分的次数不是任意的。每次缩分时,试样的粒度与保留的试样之间都应符合切乔特公式,否则就应进一步破碎才能缩分。如此反复,经过多次破碎缩分,直到试样质量减至供分析用的数量为止。然后放入玛瑙研钵中磨到规定的细度,根据试样的分解难易,一般要求分析试样通过 100 ~ 200 号筛。

固体试样的制备流程如下:

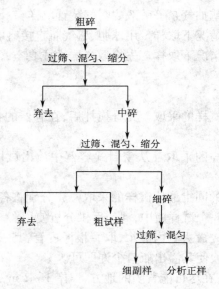

2. 试样的分解

在一般的分析工作中,除干法分析(如光谱分析、差热分析等)外,通常都用湿法分析,即先将试样分解制成溶液再进行分析。因此试样的分解是分析工作的重要步骤之一。它不仅直接关系到待测组分转变为适合的测定形态,而且关系到以后的分离和测定。如果分解方法选择不当,就会增加不必要的分离手续,给测定造成困难并增大误差,有时甚至使测定无法进行。

分解试样的要求是:分解完全,在分解过程中不能引入待测组分,也不能使待测组分有所损失,所用试剂及反应产物对后续测定应无干扰。

常用的分解方法有溶解法和熔融法两类(见附录13)。分解试样时要根据试样的性质、分析项目要求及上述原则,选择一种合适的分解方法。

3.3.2 分析天平的结构及使用

分析天平是进行精确称量的精密仪器,它的种类很多,如空气阻尼天平、半自动电光天平、全自动电光天平、单盘电光天平、微量天平等。最新一代的分析天平是电子天平,目前电子天平已基本取代了上述各类天平,所以本节仅以 FA/JA 系列上的电子天平为例作简单介绍。

1. 天平的主要性能

FA/JA 系列天平是采用 MCS—51 系列单片机的多功能电子天平,具有称量自动校准、积分时间可调、灵敏度可适当选择等性能。它有克、米制克拉、金盎司三种称量单位可供选择,还有数据接口装置,可与微机和打印机相接。

2. 外形构造

FA/JA 系列电子天平的外观如图 3.25 所示。

3. 键盘的操作功能

(1)ON 开启显示器键

只要轻按一下 ON 键,显示器全亮,显示

$\pm\begin{array}{c}8888888\\0\end{array}\begin{array}{c}\%\\g\end{array}$,对显示器的功能进行检查,约过 2 s 后显

示天平的型号,例如: $\boxed{-1604-}$,然后是称量模式:

$\boxed{0.0000\ g}$ 或 $\boxed{0000\ g}$。

(2)OFF 关闭显示器键

轻按 OFF 键,显示器熄灭。该天平电源插上即已通电,面板开关只对显示起作用,若较长时间不使用天平,应切断电源。

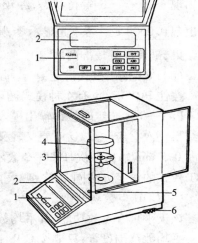

图 3.25　电子天平外观

1— 键盘(控制板);2—显示器;3—盘托;
4—秤盘;5—水平仪;6—水平调节脚

(3)TAR 清零、去皮键

置容器于秤盘上,显示出容器质量,如 $\boxed{+18.9001\ g}$,

然后轻按 TAR 键,显示消隐,随即出现全零状态,即 $\boxed{0.0000\ g}$,容器质量显示值已去除,即去皮重。当取出容器时,显示器显示容器质量的负值,如 $\boxed{-18.9001\ g}$,再轻按 TAR 键,显示为全零,即天平清零。

(4)UNT 量制单位转换键

按住 UNT 键不松手,显示器不断循环显示 $\boxed{-Unt-g}\rightarrow\boxed{-Unt-\sim}\rightarrow\boxed{-Unt-y}\rightarrow$ 。当显示所需量值单位时,松手即可。"g"表示单位克," ~ "表示米制克拉,"y"表示金盎司。

(5)INT 积分时间调整键

积分时间有 4 个依次循环的模式可供选择,其对应的积分时间长短为:INT—0,快速;INT—1,短;INT—2,较短;INT—3,较长。当显示器显示所需模式时,松手即可。

(6)ASD 灵敏度调整键

灵敏度也有依次循环的 4 种模式:ASD—0,最高;ASD—1,高;ASD—2,较高;ASD—3,低。其中 ASD—0 是生产调试时用,平时使用时不宜用此模式,选定方法如 UNT 键。

现将 ASD 与 INT 两种模式的配合使用情况列出,供使用者参考。

最快称量速度:INT—1;ASD—3。

通常情况:INT—3;ASD—2。

环境不理想时:INT—3;ASD—3。

(7)CAL 天平校准键

因存放时间较长、位置移动、环境变化等,为获得精确称量,一般都应对天平进行校准。

37

1)校准天平的准备 取下秤盘上所有被称物,天平设置为 RNG—30(见(10)RNG 称量范围转换键)、INT—3、ASD—2、Unt—g 模式,轻按 TAR 键清零。

2)校准天平 轻按 CAL 键,当显示 $\boxed{\text{CAL}-}$ 时即松手,显示器出现 $\boxed{\text{CAL}-100}$,其中"100"为闪烁码,表示校准砝码要用 100 g 的校准砝码,此时,应把 100 g 标准砝码放上称盘,显示器应出现 $\boxed{\text{-----------------}}$ 等待状态,经较长时间后,显示器显示 $\boxed{100.0000\ \text{g}}$,取下标准砝码,显示器应出现 $\boxed{0.0000\ \text{g}}$ 。若不是显示零,则要再次清尽,再重复以上校准操作。为了得到准确的校准结果,最好反复校准两次。

(8)PRT 输出模式设定键

按住 PRT 键,也有 4 种模式循环出现,可随意选择。

PRT—0 为非定时按键输出模式,此时只要轻按一下 PRT 键,输出接口上就输出当时的称量结果一次。应注意,这时要又轻又快地按此键,否则会出现下一个输出模式。PRT—1 表示定时 0.5 min 输出一次;PRT—2 表示定时 1 min 输出一次;PRT—3 表示定时 2 min 输出一次。PRT 模式的设定方法同 UNT 键。

(9)COU 点数功能键

该天平具有点数功能,其平均数设有 5、10、25、50 四种。

平均数范围设置:只要按 COU 键不松手,显示器会不断循环出现以下显示。

$$\boxed{-\text{COU}-0} \rightarrow \boxed{-\text{COU}-1} \rightarrow \boxed{-\text{COU}-2} \rightarrow \boxed{-\text{COU}-3} \rightarrow \boxed{-\text{COU}-4}$$

如需要一般称量功能,当显示器出现 $\boxed{-\text{COU}-0}$ 时即松手,随即出现等待状态 $\boxed{\text{-----------------}}$,最后出现称量状态 $\boxed{0.0000\ \text{g}}$ 。如需要进入点数状态,当显示器出现 $\boxed{-\text{COU}-1}$,—COU—2,—COU—3,—COU—4 的任意一种状态时,即松手,显示器出现相应的显示状态 $\boxed{-\text{COU}-05-}$,—COU—10—,—COU—25—,—COU—50— ,分别代表 5,10,25,50 只的平均值。例如,当显示器出现 $\boxed{-\text{COU}-1}$ 时松手,显示器立即显示出 $\boxed{-\text{COU}-05-}$,其中 $\boxed{-05-}$ 为闪烁状态,表示称盘上应放 5 只被称物,再按一下 CAL 键,随即出现 $\boxed{\text{-----------------}}$ 等待状态,8 s 后,显示器显示 5,取下被称物,显示器显示 0,这时就可对与被称物相同的物体进行点数工作。应注意,被称物体的质量不能大于天平的最大称量量。

由于该天平具有断电记忆功能,所以,若认为原有的平均数是正确的,就可以免去平均功能操作步骤。操作如下:按住 COU 键,显示器出现 —COU—1,—COU—2,……中任意一种状态即松手,按去皮键 TAR,显示器显示 0,即可进行点数工作。

(10)RNG 称量范围转换键

在 FA/JA 系列天平中,有部分天平有两个称量范围,不同称量范围的精度也不同。这类天平在键盘上有 RNG 键,但没有 COU 键,无点数功能。

例如,FA/1604S 型天平具有两个称量范围,即 0 ~ 30 g 和 0 ~ 160 g。在 0 ~ 30 g 范围内,其读数精度为 0.1 mg,若总量超过 30 g,天平就自动转为 1 mg 读数精度。

只要按住 RNG 键,显示器不断循环显示 $\boxed{\text{mg}-30} \rightleftharpoons \boxed{\text{mg}-160}$,当显示所需范围时即松手,

随即出现等待状态,最后出现称量状态。

4. 电子天平的使用步骤

①查看水平仪,如不水平,要通过水平调节脚调至水平。

②接通电源,预热 60 min 后方可开启显示器进行操作使用。

③轻按 ON 显示器键,等出现 0.0000 g 称量模式后方可称量。

④将称量物轻放在秤盘上,这时显示器上数字不断变化,待数字稳定并出现"g"后即可读数,并记录称量结果。

5. 称量方法

(1)直接称量法

先称出干燥洁净的表面皿或油光纸的质量,按去皮键 TAR,显示 0.0000 g 后,打开天平门,缓缓往表面皿中加入试样,当达到所需质量时停止加样,关上天平门,显示平衡后即可记录所称试样的净质量。

(2)减量法

称出装有试样的称量瓶的质量后,按去皮键 TAR,取出称量瓶,向容器中敲出一定量的试样,再将称量瓶放在天平上称量。如果所示质量(是"－"号)达到要求范围,即可记录数据。再按去皮键 TAR,称取第二份试样。

称量时,不可用手直接接触称量瓶,应用纸条叠成宽度适中的两三层纸带,毛边朝下套在称量瓶上,用左手拇指与食指拿住纸带夹紧称量瓶,将称量瓶放入秤盘上。倾倒试样时,仍用纸带把称量瓶取出,放在容器上方,右手用另一小纸片衬垫打开瓶盖,慢慢倾斜瓶身至接近水平,瓶底要略低于瓶口,以防试样冲出。用瓶盖轻轻敲瓶口上部,使试样落入接收的容器内(图 3.26)。倒出试样后,把称量瓶轻轻竖起,同时用瓶盖敲打瓶口上部,使粘在瓶口处的试样落入称量瓶,盖好瓶盖,放回秤盘上称量。倾倒试样很难一次倒准,需要重复上述操作若干次,直至显示器显示的称量的量达到规定的范围为止。

图 3.26 倾倒试样的方法

6. 使用注意事项

①电子天平的开机、通电预热、校准均由实验室技术人员负责完成,学生称量时只需按 ON 键、TAR 键及 OFF 键就可使用,其他键不允许乱按。

②电子天平自重较轻,容易被碰撞移位,造成不水平,从而影响称量结果。所以在使用时要特别注意,动作要轻、缓,并要经常看水平仪。

③粉末状、潮湿、有腐蚀性的物质绝对不能直接放在秤盘上,必须用干燥、洁净的容器(称量瓶、坩埚等)盛好,才能称量。

④称量结束时关闭天平,取出称量物,关好天平门,罩好天平罩,填写使用登记卡,经教师同意后,方可离开天平室。

3.3.3 容量瓶及吸管的使用

1. 容量瓶

容量瓶是一种细颈梨形的平底瓶,具有磨口塞或塑料塞,瓶颈上刻有标线。瓶上标有它的容积和标定时的温度。当液体充满至标线时,瓶内溶液的体积等于瓶上标示的体积。

使用容量瓶的步骤如下。

①容量瓶的洗涤。根据容量瓶的污染程度,可依次用洗液洗,自来水冲洗,蒸馏水淋洗,直至细长颈内壁不挂水珠为止。

②检查是否漏水。瓶中加自来水至刻度线,盖好瓶塞后,左手按住瓶塞,右手用指尖托住瓶底边缘,如图 3.27 所示,然后将瓶倒立 2 min,观察瓶塞周围是否渗漏。若不漏则将瓶放正,将瓶塞转动 180°后,再试一次,如不漏,即可使用。为了避免打破磨口玻璃塞,应用线绳把塞子系在瓶颈上,平头玻璃塞可倒立于桌面上。

③直接法配制标准溶液。称取一定量固体试样溶解在烧杯中,冷至室温后定量地转移到容量瓶中。转移时,要顺着玻璃棒加入。玻璃棒的顶端靠近瓶颈内壁,使溶液顺壁流下,如图 3.28 所示,待溶液全部流完后,将烧杯轻轻向上提,同时直立,使附着在玻璃棒和烧杯嘴之间的 1 滴溶液收回到烧杯中。然后洗涤烧杯和玻璃棒,将洗涤液也全部转移到容量瓶中,如此几次,保证转移完全。用洗瓶向容量瓶中加蒸馏水稀释,至接近标线 1 cm 左右等待 1 ~ 2 min,使沾附在瓶颈上的水流下,改用滴管加水,一滴一滴地加,使水顺容量瓶内壁流下,直到凹液面最低点和标线相切为止,盖上盖摇匀。

图 3.27　容量瓶的拿法

图 3.28　溶液的转移

④用容量瓶稀释溶液。用吸管吸取一定体积的溶液放入容量瓶中,按上述方法稀释至标线。

⑤容量瓶用毕即用水洗净。若长期不用,磨口处应洗净擦干,并用纸片将磨口隔开。

2. 吸管

要准确移取一定体积的液体时,常使用吸管。吸管分无分度吸管(又称移液管)和有分度吸管(又称吸量管)两种。移液管是一根细长而中间膨大的玻璃管,在管的上端有一环形标线。将溶液吸入管内,使凹液面与标线相切,再让溶液自由流出,则流出液体的体积等于管上标的容积。常用的移液管有 5 mL,10 mL,25 mL 和 50 mL 规格。吸量管是带有刻度的玻璃管。使用时,令液面从某一分度(通常为最高标线)降到另一分度,两分度间的体积刚好等于所需量取的体积。在同一实验中尽可能使用同一吸量管的同一段,而且尽可能使用吸量管上面的部分。

(1)吸管的洗涤

依次用洗液、自来水、蒸馏水洗涤,直至管内壁不挂水珠为止。洗净后用滤纸擦干管外面的水,尽量使管内的水沥干,然后用待吸溶液淋洗 3 次。

（2）吸管的操作方法

右手拇指和中指拿住吸管上端，将吸管插入待吸溶液的液面下 1~2 cm 处，左手拿洗耳球，先排除球中的空气，将洗耳球对准吸管的上口，按紧，切勿漏气，如图 3.29 所示。然后慢慢松开洗耳球，吸管中液面上升，待液面上升到标线以上时，迅速移去洗耳球，并用右手食指按紧吸管上口，将吸管提出液面，擦去管外的溶液，使管的嘴尖靠着一容器的壁（如烧杯）稍稍转动吸管，使其溶液缓缓下降，至凹液面与环线相切，立即以食指按紧吸管上口，使溶液不再流出。将吸管移入接收溶液的容器中，使嘴尖与器壁接触，接收器倾斜，吸管保持垂直状态，松开食指，使溶液自由地顺器壁流下，如图 3.30 所示。流净后再停留 15 s，取出吸管。

吸管使用完毕后，用自来水洗净，再以蒸馏水淋洗，然后妥善保存。

图 3.29　吸管吸取溶液

图 3.30　从吸管中放出溶液

3.3.4　滴定管的使用

滴定管是滴定时用来准确测量流出的操作溶液体积的量器。滴定管分酸式滴定管（简称酸管）和碱式滴定管（简称碱管）。酸式滴定管下端具有玻璃旋塞，开启旋塞，溶液自管内流出。酸式滴定管用来装酸性及氧化性溶液，但不适于装碱性溶液。碱式滴定管的一端连接乳胶管，管内装有玻璃珠，以控制溶液的流出，橡皮管或乳胶管下面接一尖嘴玻璃管。碱式滴定管用来装碱性及无氧化性溶液。凡是能与乳胶管起反应的溶液（如高锰酸钾、碘和硝酸银等溶液），都不能装入碱式滴定管。

1. 滴定管的洗涤

当滴定管没有明显污物时，可以直接用自来水清洗，或用肥皂水、洗涤剂清洗。如果用肥皂水或洗涤剂不能洗干净，则可用洗液洗（注意：洗液切勿溅到皮肤和衣物上）。洗涤酸管时，在无水的滴定管中加入 5~10 mL 洗液，边转动边将滴定管放平，并将滴定管口对着洗液瓶口，以防洗液流出。洗净后将一部分洗液从管口放回原瓶，最后打开旋塞，将剩余的洗液从出口管放回原瓶。若滴定管油污较多，必要时可用温热洗液加满滴定管浸泡一段时间。将洗液从滴定管彻底放净。用自来水冲洗时要注意，最初的刷洗液应倒入废酸缸中，以免腐蚀下水管道。有时，需根据具体情况采用针对性洗涤液进行清洗。例如，装过 $KMnO_4$ 的滴定管内壁常有残存的二氧化锰，可用草酸加硫酸溶液进行清洗。用各种洗涤剂清洗后，都必须用自来水充分洗净，并将管外壁擦干，以便观察内壁是否挂水珠，然后用蒸馏水洗 3 次，最后，将管的外壁擦干。洗涤碱管时，方法与酸管相同。在需要用铬酸洗液洗涤时，需将玻璃球往上捏，使其紧贴在碱管的下端，以防止洗液腐蚀乳胶管。在用自来水或蒸馏水清洗碱管时，应特别注意玻璃球下方死角处的清洗。为此,在捏乳胶管时应不断改变方位,使玻璃球的四周都洗到。

滴定管用自来水冲洗后都要检查是否漏水。对于酸管,先关闭活塞,装水至"0"线以上,直立约 2 min,仔细观察有无水滴滴下,然后将活塞转 180°,再直立 2 min,观察有无水滴滴下。如果发现有漏水或酸管活塞转动不灵活的现象,则需将活塞拆下重涂凡士林。将滴定管平放在桌面上,取下活塞,将活塞和活塞槽用滤纸擦干,用手指沾上少量凡士林涂在活塞大头处和塞槽的小头处(凡士林不宜涂得太多,尤其是孔的两边,以免堵塞小孔),然后把活塞插入槽中,向同一方向转动活塞,直到从外面观察时全部透明为止。如果发现旋转不灵活或出现纹路,表示凡士林涂得不够;如果有凡士林从活塞隙缝溢出或被挤入活塞孔,表示凡士林涂得太多。凡出现上述情况,都必须重新涂凡士林,最后还应检查活塞是否漏水。对于碱管,装水后直立 2 min,观察是否漏水即可。如漏水,需要更换玻璃珠和橡皮管。

2. 滴定管中操作溶液的装入

装入操作溶液前,先将试剂瓶中的溶液摇匀,并将操作溶液直接倒入滴定管中。应用操作液润洗滴定管 3 次(第 1 次 10 mL,大部分溶液可由上口放出,第 2 次、第 3 次各 5 mL,可以从出口管放出)。特别注意的是,一定要使操作溶液洗遍滴定管全部内壁,并使溶液接触管壁 1~2 min,以便刷洗掉原来残留液。对于碱管,仍应注意玻璃球下方的洗涤。最后,将操作溶液倒入滴定管,直到充满至"0"刻度以上为止。

注意:检查滴定管的出口管是否充满溶液,酸管出口管及旋塞是否透明(有时旋塞孔中暗藏着的气泡,需要从出口管放出溶液时才能看见)。碱管则需对光检查乳胶管内及出口管内是否有气泡或有未充满的地方。要排除酸管中的气泡,需右手拿滴定管上部无刻度处,并使滴定管稍微倾斜,左手迅速打开旋塞使溶液冲出,将气泡赶出。在使用碱管时,装满溶液后可一手持滴定管成倾斜状态,另一手捏住玻璃球附近的橡皮管,并使尖嘴稍向上翘,这时用手捏住玻璃珠并撑出一个缝隙,气泡比水轻,随着液体流出,气泡也随之逸出,参见图 3.31。

3. 滴定管操作

(1)酸式滴定管

将酸式滴定管夹在滴定管架上,用左手控制活塞,拇指在前,中指和食指在后,轻轻捏住活塞柄,无名指和小手指向手心弯曲,并顶住滴嘴,如图 3.32 所示。注意不要向外拉旋塞,也不要使手心顶着旋塞末端向前推动旋塞,以免使旋塞移位而造成漏液。

(2)碱式滴定管

用左手轻轻捏住玻璃球,往一个方向用力,使橡胶管撑出一个缝隙,溶液从缝隙流出,如图 3.33 所示。注意,不要使玻璃球上下移动,更不要捏玻璃球下部的乳胶管,以免空气进入形成气泡。

无论使用哪种滴定管,都要用左手来控制滴定的开始和停止及液体流出速度,右手则用来摇动三角瓶作圆周运动,边滴边摇,使三角瓶内溶液混合均匀,如图 3.34 所示。

每次滴定最好都从 0 刻度开始,也可用 1 或 2 等作初始刻度,总之要以一整数刻度为初始刻度,以避免估计误差。在滴定刚开始时,速度可以快些,临近终点时速度要减慢,速度从连续加几滴,渐渐减至每加一滴摇几下,滴定时要注意观察标准溶液滴落点颜色的变化,开始时颜色不明显,接近等当点时,滴落点处有颜色出现,但消失速度快。愈接近等当点,滴落处颜色消失得愈慢,甚至扩散范围很大,摇动几下才能消失,此时只能滴一滴摇一摇,或滴半滴摇一摇,直到终点颜色出现,停止滴定。

图 3.31　碱管赶走气泡的方法　　图 3.32　酸式滴定管的操作　　图 3.33　碱式滴定管的操作

滴定也可在烧杯中进行,操作方法与上述相同。烧杯置于滴定尖嘴下方,左手滴加溶液,右手持玻璃棒沿烧杯壁作圆周搅拌,如图 3.35 所示。

滴定全部结束后,滴定管内剩余的液体应弃去,不可倒回原试剂瓶中,以免污染标准溶液。随后用自来水冲洗滴定管,蒸馏水淋洗滴定管,洗净后倒放在滴定管架上。

4. 滴定管读数

滴定管读数时,用右手大拇指和食指捏住滴定管上部无刻度处,使滴定管保持自由下垂状态。同时,要注意以下几点。

①装满溶液或放出溶液后,必须等 1 ~ 2 min,使附着在内壁上的溶液流下后读数。当放出溶液相当慢时(如滴定到最后阶段),标准溶液每次只加 1 滴,则等 0.5 ~ 1 min 即可。

②对无色或浅色溶液,读数时视线应在凹液面的最低点处,而且要与液面成水平,如图 3.36 所示。若溶液颜色太深时,读液面两侧的最高点。初读数与终读数应取同一标准。

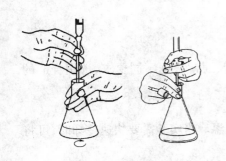  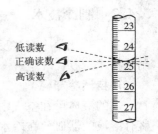

图 3.34　滴定　　　　　　图 3.35　在烧杯中的滴定操作　　图 3.36　读数视线的位置

③背景不同所得的读数也有差异,所以应保持每次读数的背景一致。

3.4　无机制备及重量分析基本操作

3.4.1　加热

1. 直接加热

实验室常用的可直接加热的玻璃器皿有试管、烧杯、锥形瓶、烧瓶等,这些仪器能承受一定的温度,但不能骤冷骤热,因此在加热前必须将仪器外面的水擦干,加热后也不能立即与冷物体接触。

用烧杯、烧瓶和锥形瓶等玻璃器皿加热液体时,器皿要放在石棉网上,否则会因受热不均而破裂。

图 3.37　水浴加热

2. 热浴间接加热

（1）水浴加热

当实验要求被加热物质受热均匀而温度又不能超过 373 K 时,可采用水浴加热（图 3.37）。若把水浴锅中的水煮沸,用水蒸气来加热,即成蒸汽浴。水浴锅上放置一组铜质或铝质的大小

不等的同心圈,以承受各种器皿。根据器皿的大小选用铜圈,尽可能使器皿底部的受热面积最大。水浴锅内盛放水量不超过其总容量的 2/3,在加热过程中要随时补充水以保持原体积,切不可烧干。不能把烧杯直接放在水浴中加热,这样烧杯底会碰到高温的锅底,因受热不均匀而使烧杯破裂,同时烧杯也容易翻倒。

实验室中也可用较大的烧杯代替水浴锅。

（2）沙浴和油浴加热

当要求被加热物质受热均匀而温度又需要高于 373 K 时,可用沙浴或油浴。

沙浴是将细沙均匀地铺在一只铁盘内,被加热的器皿放在沙上,底部插入沙中,用煤气灯加热铁盘。若要测量温度,可将温度计插入沙中。沙浴的特点是升温比较缓慢,停止加热后,散热也比较缓慢。

用油代替水浴中的水即是油浴。例如甘油浴可用于 150 ℃ 以下的加热,石蜡油浴可用于 200 ℃ 以下温度的加热。

3.4.2　制冷技术

在实验化学中有些反应、分离及提纯要求在低温下进行,通常根据不同要求,选用合适的制冷技术。

1. 自然冷却

热的液体可在空气中放置一定时间,任其自然冷却至室温。当实验需要快速冷却时,可将盛有溶液的器皿放在冷水流中冲淋或用鼓风机吹风冷却。

2. 冰水冷却

将需冷却的物品直接放在冰水中。

3. 冷冻剂冷却

要使溶液的温度低于室温时,可使用冷冻剂冷却。最简单的冷冻剂是冰盐溶液。所能达到的温度由冰盐的比例决定,干冰和有机溶剂混合时,其温度更低。为了保持冰盐浴的效率,要选择绝热较好的容器（如杜瓦瓶）。

表 3.6 是常用制冷剂及其达到的温度。必须指出,温度低于 -38 ℃ 时,不能用水银温度计,应改用内装有机液体的低温温度计。

表 3.6　常用制冷剂及其达到的温度

制冷剂	$T(K)$	制冷剂	$T(K)$
30 份 NH_4Cl + 100 份水	270	125 份 $CaCl_2 \cdot 6H_2O$ + 100 份碎冰	233
4 份 $CaCl_2 \cdot 6H_2O$ + 100 份碎冰	264	150 份 $CaCl_2 \cdot 6H_2O$ + 100 份碎冰	224
29 g NH_4Cl + 18 g KNO_3 + 冰水	263	5 份 $CaCl_2 \cdot 6H_2O$ + 4 冰块	218
100 份 NH_4NO_3 + 100 份水	261	干冰 + 二氯乙烯	213
75 g NH_4SCN + 15 g KNO_3 + 冰水	253	干冰 + 乙醇	201
1 份 $NaCl$(细) + 3 份冰水	250	干冰 + 乙醚	196
100 份 NH_4NO_3 + 100 份 KNO_3 + 冰水	238	干冰 + 丙酮	195

3.4.3　溶解

1. 固体的研磨

若固体物质颗粒较大,溶解或化学反应前往往需要进行粉碎。实验室中固体粉碎方法一般在研钵中进行。用研杵在研钵中将固体物质磨成细小颗粒或粉末,能使固体加速溶解,增大反应颗粒间的接触面,提高反应速率。

研磨操作必须注意以下几点:

①研磨物质的体积不超过钵体容量的 1/3;

②研磨时用研杵将固体颗粒挤压到研钵内壁进行转圈研磨,不能用研杵敲击固体;

③易燃、易爆和易分解的物质不能用研磨的方法粉碎。

实验室中的研磨设备,除了研钵以外,还有较高级的小型球磨机和胶体磨等,可以将固体物质颗粒直径磨细到 5 μm 或 1 μm 左右。

2. 溶解

固体物质溶解成为所需要的溶液状态是常见的基本实验操作之一。固体溶解时,常用搅拌、加热等方法促其加快溶解。加热时,应注意被加热物质的热稳定性,选择适当的加热方法。

3.4.4　沉淀

在重量分析法中,为了得到纯净、易于过滤和洗涤的沉淀,对于不同类型的沉淀,应采取不同的沉淀条件和操作方法。

1. 晶形沉淀

晶形沉淀一般是在热的稀溶液中进行。沉淀时,左手拿滴管逐滴加入沉淀剂,右手持玻璃棒不断搅拌。滴加时,滴管口应接近液面,避免溶液溅出,滴加速度要慢;搅拌时勿使玻璃棒碰烧杯壁和烧杯底。沉淀后检查沉淀是否完全,方法是:将溶液静置,待沉淀物下沉后,加一滴沉淀剂于上清液中,观察是否有浑浊出现。沉淀完全后,盖上表面皿,必要时加热或静置陈化。

2. 无定形沉淀

无定形沉淀一般是在较浓的热溶液中,搅拌时较快地加入沉淀剂。沉淀要在大量电解质存在的情况下进行,沉淀完全后立即用热的蒸馏水稀释。不必进行陈化,待沉淀物下沉后立即趁热过滤。

3.4.5 过滤

1. 滤纸及其使用

化学实验室中常用的有定性滤纸和定量滤纸两种,按过滤速度和分离性能的不同,又分为快速、中速和慢速3种。在实验过程中,应当根据沉淀的性质和数量合理地选用滤纸。定量滤纸又称为无灰滤纸。以ϕ12.5 cm 定量滤纸为例,每张滤纸的质量约1 g,在灼烧后其灰分的质量不超过0.1 mg,已小于分析天平的感量,在质量分析中可忽略不计。而定性滤纸灼烧后有相当多的灰分,不适于质量分析。

我国国家标准 GB 1514 和 GB 1515 对定量滤纸和定性滤纸产品的分类、型号和技术指标以及实验方法都有规定(见表3.7 和表3.8)。

表3.7 定量滤纸

项目	规定		
	快速	中速	慢速
	201	202	203
面质量($g \cdot m^{-2}$)	80 ±4.0	80 ±4.0	80 ±4.0
分离性能(沉淀物)	氢氧化铁	碳酸锌	硫酸钡
过滤速度($g \cdot s^{-1}$)	≤30	≤60	≤120
湿耐破度(水柱 mm)	≥120	≥140	≥160
灰分(%)	≤0.01	≤0.01	≤0.01
标志(盒外纸条)	白色	蓝色	红色
圆形纸直径(mm)	55,70,90,110,125,180,230,270		

表3.8 定性滤纸

项目	规定		
	快速	中速	慢速
	101	102	103
面质量($g \cdot m^{-2}$)	80 ±4.0	80 ±4.0	80 ±4.0
分离性能(沉淀物)	氢氧化铁	碳酸锌	硫酸钡
过滤速度($g \cdot s^{-1}$)	≤30	≤60	≤120
灰分(%)	≤0.15	≤0.15	≤0.15
水溶性氯化物(%)	≤0.02	≤0.02	≤0.02
含铁量(质量分数)(%)	≤0.003	≤0.003	≤0.003
标志(盒外纸条)	白色	蓝色	红色
圆形纸直径(mm)	55,70,90,110,125,150,180,230,270		
方形纸尺寸(mm)	600×600,300×300		

2. 普通过滤（常压过滤）

过滤前,如果滤纸是圆形的,只需对折两次即可。将滤纸按图3.38中的虚线对折两次;如果滤纸是方形的,则对折两次后剪成扇形。将滤纸打开成圆锥形,放入玻璃漏斗中。滤纸边沿应略低于漏斗边沿3～5 mm。用手按住滤纸,以少量去离子水润湿,轻压四周,使其紧贴在漏斗上(标准漏斗的内角是60°,能与上法折叠的滤纸密合。若漏斗的内角略大于或小于60°,则应适当改变滤纸折叠成的角度,才能使两者密合)。将贴好滤纸的漏斗放在漏斗架上,并使漏斗管末端与容器内壁接触,如图3.39所示。将烧杯中的溶液和沉淀沿着竖立的玻璃棒缓缓倒入漏斗中。

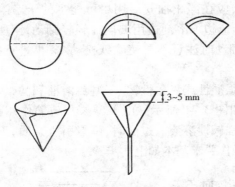

图3.38　滤纸的叠法

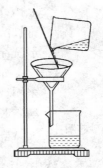

图3.39　普通过滤

过滤时应注意以下几点。

①漏斗放在漏斗架上,调整漏斗架的高度,使漏斗的出口靠在接收容器的内壁上,以便使溶液顺着容器壁流下,减少空气阻力,加速滤程,且防滤液溅出。

②将溶液转移到漏斗中时要采用倾析法。先倾倒溶液,后转移沉淀,这样就不会因为沉淀物堵塞滤纸的孔隙而减慢过滤速度。

③转移溶液时,应使用玻璃棒,让溶液顺其缓慢倾入漏斗中,玻璃棒下端轻轻触在三层滤纸处,以免把单层滤纸冲破。

④过滤过程中,溶液的转移要渐续进行,漏斗中的溶液不能太多,液面应低于滤纸上沿3～5 mm,以防过多的溶液沿滤纸和漏斗内壁的隙缝流入接收器,失去滤纸的过滤作用。

溶液滤完后,以少量去离子水洗涤烧杯和玻璃棒,并将此洗涤液也过滤,最后用少量去离子水冲洗沉淀物和滤纸。

3. 减压过滤（抽滤、吸滤或真空过滤）

减压过滤法可加速过滤,并能使沉淀物抽得较干燥。减压过滤装置如图3.40所示,由吸滤瓶、布氏漏斗、安全瓶和真空泵(与安全瓶上耐压橡皮管相连)组成。因为真空泵能使吸滤瓶内减压,造成吸滤瓶内与布氏漏斗表面上的压力差,所以过滤速度快。

布氏漏斗是瓷质的,中间有许多小孔的瓷

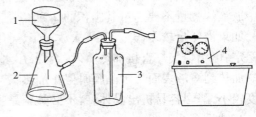

图3.40　吸滤
1—布氏漏斗;2—吸滤瓶;3—安全瓶;4—真空泵

板使滤液通过滤纸从小孔流出,以橡皮塞将布氏漏斗与吸滤瓶相连接。安装时布氏漏斗下端斜口正对吸滤瓶支管。吸滤瓶用来盛装过滤下来的溶液(也称母液),用耐压橡皮管把吸滤瓶与安全瓶连接上(为防止倒吸,在吸滤瓶和真空泵之间装一个安全瓶),再与真空泵相连。

过滤前,先剪好一张圆形滤纸,滤纸应比漏斗内径略小(但能盖严全部小孔),用少量水润湿滤纸,打开真空泵,减压使滤纸与漏斗贴紧,然后开始抽滤。先用倾析法将溶液沿玻璃棒倒入漏斗中,加入量不要超过漏斗容量的2/3,最后将沉淀转移至布氏漏斗中。待抽至无液滴滴下时,停止抽滤。这时应先拔下连接吸滤瓶和真空泵的橡皮管,再关闭抽气系统,以防止倒吸。取下漏斗倒扣在滤纸或表面皿上,用洗耳球吹漏斗下口,使滤纸和沉淀脱离漏斗,溶液应从吸滤瓶上口倾出,不能从支管倒出。

图 3.41　玻璃砂芯漏斗

如需洗涤沉淀物,应在停止抽气后用尽可能少的干净溶剂洗涤晶体,减少溶解损失。应边加溶剂边用玻璃棒轻轻翻动,至所有晶体都被溶剂浸润为止(翻动时注意不要使滤纸松动)。再进行抽气,一般洗涤1~2遍即可。

如过滤的溶液有强酸性或氧化性,为了避免溶液和滤纸作用,应采用玻璃砂芯漏斗,如图 3.41 所示。由于碱易与玻璃作用,所以玻璃砂芯漏斗不宜过滤强碱性溶液。过滤时,不能引入杂质,不能用瓶盖挤压沉淀物,其他操作要求基本如上述步骤。

4. 热过滤

如果在室温下溶液中的溶质便能结晶析出,而在实验中又不希望发生此现象时就要趁热过滤。图 3.42 的常压热过滤漏斗是由铜质夹套和普通玻璃漏斗组成的。铜质夹套里可装热水,用煤气灯(或酒精灯)可加热,等夹套内的水温升到所需温度便可过滤热溶液。过滤操作与常压过滤相同。若采用减压过滤,过滤前应将布氏漏斗放在水浴中预热,这样在热溶液趁热过滤时,才不至于因冷却而在漏斗中析出固体。

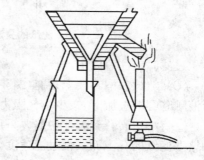

图 3.42　热过滤

3.4.6　蒸发(浓缩)、结晶与重结晶

1. 蒸发(浓缩)

在化学实验中,蒸发专指含有不挥发性溶质的溶液受热沸腾、蒸去溶剂而浓缩的一种操作技术。在一般实验中,蒸发是在蒸发皿中进行的,蒸发皿的面积较大,有利于快速蒸发。蒸发皿中放液体的量不要超过其容积的2/3,以防止溅出。

如果液体量较多,蒸发皿一次放不下,可以随水分的蒸发逐渐添加被蒸发液。若无机物受热稳定,可用煤气灯直接加热蒸发,否则,用水浴间接加热。若物质的溶解度随温度变化较小,则应加热到溶液表面出现晶膜时停止加热,若物质的溶解度较小或高温溶解度虽大但室温溶解度较小,降温容易析出晶体,就不必蒸至晶膜出现。

2. 结晶

当溶液蒸发到一定浓度后冷却,就会从中析出溶质的晶体。析出晶体的颗粒大小与结晶条件有关,如果溶液的浓度较高,溶质在水中的溶解度随温度下降而显著下降,冷却得越快,则析出的晶体就越细小,否则就得到较大颗粒的结晶。搅拌溶液有利于细小晶体的生成,而静置溶液则有利于大晶体的生成。

为了获得纯净的结晶,应该在结晶前先将溶液过滤除去杂质。如果冷却后析不出晶体,可以振荡结晶器皿,或用玻璃棒小心地摩擦器壁,可以促进晶核的生成,也可以投入晶种,结晶就会逐渐增多。

3. 重结晶

为了提高产品的纯度,可以把第一次得到的晶体重新溶入少量溶剂中并加热溶解,然后再结晶,这样反复进行的过程叫作重结晶。

重结晶是提纯固体物质常用的方法之一。选择合适的溶剂,使被提纯固体物质在该溶剂中较高温度时溶解度较大,温度下降时溶解度较小;而一些杂质在这种溶剂中有较大的溶解度,而另外一些杂质的溶解度则很小。这样,加热时,被精制的固体和溶解度较大的杂质就溶解,趁热过滤,可除去其中不溶杂质;待滤液冷却后,被精制的物质从过饱和溶液中结晶析出,而把溶解度较大的其他杂质留在溶液中。如一次重结晶后所得到的产物仍不够纯净,可重复几次,最后得到高纯度的产物。

正确地选择溶剂对于重结晶操作很重要,所用溶剂必须符合下列条件:

①不与被重结晶物质发生反应;

②加热时,重结晶物质的溶解度较大,冷却后,溶解度很小;

③杂质在该溶剂中溶解度较大或较小;

④溶剂的沸点不宜太高,易除去。

如果单一溶剂均不适合该物质的重结晶时,则可使用混合溶剂进行重结晶。混合溶剂是由对该物质溶解度很大的(良溶剂)和溶解度很小的(不良溶剂)且又能互溶的两种溶剂混合组成。一般常用的混合溶剂有乙醇与水,乙醇与乙醚,乙醇与丙酮,醋酸与水,苯与石油醚等。使用时可以将被重结晶的物质溶解在适量的良溶剂中制成热饱和溶液,趁热过滤以除去不溶的杂质,然后逐渐滴加不良溶剂,直至出现混浊并不再消失为止,再加热或加入少量良溶剂使其刚好澄清,将此溶液慢慢冷却,即析出晶体;也可以先试出混合溶剂的适当比例,配好后,像单一溶剂那样配制热的饱和溶液。

如果用水做溶剂,可以用烧杯进行操作。如果用有机溶剂或混合溶剂时,就要用烧瓶或锥形瓶装上回流冷凝管进行操作。把要重结晶的物质放入烧瓶中,加入适量的溶剂(比需要量少),装上回流冷凝管,加热到沸腾。如不能完全溶解,再从冷凝管的上口分批加入少量溶剂(每加入一些溶剂后都要煮沸),直到物质全部溶解,然后稍微多加入一些(一般多加 20%)。在加入可燃性溶剂时,应把火源移开或熄灭。

3.4.7 固体物质的干燥和灼烧

1. 固体物质的干燥

干燥是指除去吸附在固体、气体或混在液体中的少量的水分和溶剂。

固体最简单的干燥方法是把它摊开,在空气中晾干。固体也可在红外灯或烘箱中干燥。对于热稳定并且蒸气没有腐蚀性的固体,可以在电热恒温干燥箱中进行干燥(干燥箱的温度调节到低于该物质的熔点约 20 ℃进行干燥)。

对于极易吸潮的化合物,可置于干燥器或真空干燥器中干燥。

普通干燥器盖与缸之间的接触面经过磨砂并在磨砂处涂上凡士林使其紧密吻合,缸中有多孔瓷板，下面放干燥剂，上面放被干燥的物质。根据固体表面所带的溶剂来选择干燥剂。如氧化钙（生石灰）用于吸收水或酸，无水氯化钙吸收水和醇，氢氧化钠吸收水和酸，石蜡吸收石油醚等，所选用的干燥剂不能与被干燥的物质反应。为了更好地干燥，也可用浓硫酸或五氧化二磷作为干燥剂。

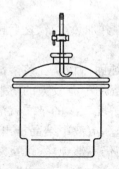

图 3.43　真空干燥器

真空干燥器的形状与普通干燥器相同，只是盖上带有活塞，可以和真空泵相连，以降低干燥器内的压力。在减压情况下干燥，可以提高干燥效率。活塞下端呈弯钩状，口向上，防止和大气相通时因空气流入太快将固体冲散。开启盖前，必须先旋开活塞，使内外压力相等方可打开，如图 3.43 所示。

2. 固体物质的灼烧

将固体物质加热到高温以达到脱水、分解或除去挥发性杂质、烧去有机物等目的的操作称为灼烧。

灼烧的方法是将固体放在坩埚中，直接用煤气灯或电炉（图 3.7）加热，或置于高温电炉中按要求温度进行加热。例如重量分析法中灼烧硫酸钡晶体，分解矿石（煅烧石灰石为氧化钙和二氧化碳）的反应；高岭土熔烧脱水使其结构疏松多孔，进一步加工生产氧化铝；焙烧二氧化钛使其改变晶型和性质等，都是高温灼烧固体的实例。实验室中常用的电加热器有电炉、电加热套、管式炉和马弗炉等。加热温度的高低可通过调节外电阻来控制。管式炉和马弗炉的温度达 1 000 ℃ 左右，炉孔内插入热电偶以指示炉内温度并加以控制。

第四部分　实验部分

4.1　基本操作实验

实验要求

通过基本操作、基本技能的训练,要求学生能规范掌握下列操作和方法:玻璃仪器的洗涤和干燥,固、液试剂的取用,台秤的使用,分析天平的使用,量筒、吸量管、移液管、容量瓶、滴定管的使用,直接称量,减量法称量,数据记录,有效数字的正确表示,数据处理,误差的表示等。要求学生自觉地重视化学素质和能力的培养,并将此贯穿到整个实验课程。

实验方法提要

基本操作参见第三部分。

实验 4.1　无机化学实验基本操作练习

实验目的

①学会普通玻璃仪器的洗涤和使用方法。
②学会近似浓度和精确浓度溶液的配制方法。
③认识并学会密度计的使用方法。

硫酸铜溶液的配制

盐酸溶液的配制

预习提示

①常见玻璃仪器的洗涤和使用方法,普通玻璃仪器和精密玻璃仪器的洗涤方法是否相同?
②配制 $BiCl_3$、$SnCl_2$ 等溶液时,为什么先将其溶于稀盐酸中?
③如何配制准确浓度的溶液?
④使用台秤、密度计应注意什么?
⑤如何理解在洗涤仪器时,用蒸馏水和操作液均采用"少量多次"的原则?

实验原理

在实验室中常因为实验要求的不同而需配制不同的溶液。在一般定性反应的实验中,配制近似浓度溶液就能满足需要;在定量测定的实验中,要求则比较严格,需要配制准确浓度的溶液。在溶液的配制过程中,首先是根据所需溶液浓度的准确程度,计算出所需称量的溶质和溶剂具体数量,然后选择能满足此称量要求的工具(如台秤、分析天平、量筒、容量瓶等)称量之,最后选用适当的容器、适当的方法将溶质溶解于溶剂即可。

配制近似浓度的溶液时,称量固体可用台秤,量取液体可用量筒;配制准确浓度溶液时,称量固体则用分析天平,量取液体则要用移液管(吸量管)、滴定管或容量瓶。

由固体试剂配制溶液时,一般是先将固体试剂放入烧杯,然后加适量的水使之溶解,最后再转移至量器中加水稀释到所需体积;如是配制准确浓度,则应转移完全。配制酸液时必须养成先在烧杯中加适量水,然后再把酸液逐渐注入水中的习惯。

p 区金属的盐大多易发生水解产生沉淀,如

$$BiCl_3 + H_2O \rightleftharpoons BiOCl\downarrow(白) + 2HCl$$

显酸性,为抑制水解,可加入相应的酸,使平衡左移,沉淀溶解。但由于生成的碱式盐沉淀难溶于酸,所以配制时是先将 $BiCl_3$ 溶于 6.0 mol·L^{-1} 盐酸中,然后稀释至刻度。

仪器与试剂

仪器:台秤(100 g,公用),移液管(10 mL),容量瓶(100 mL),密度计(公用),量筒(500 mL,10 mL,公用),烧杯(100 mL)。

试剂:HCl(6.0 mol·L^{-1},稀,测密度用),H$_2$SO$_4$(稀,测密度用),BiCl$_3$(s)或 CuSO$_4$·5H$_2$O(s)或 NaCl(s),HAc(1.0 mol·L^{-1},精确到 0.000 1)。

实验步骤

1. 清点和认识实验室配给的仪器

认识和清点实验仪器。

2. 洗涤本次实验中使用的玻璃仪器

清洗使用过的仪器。

准确浓度醋酸
溶液的配制

移液管的使用

3. 练习使用容量瓶和移液管

取容量瓶(100 mL)检查是否漏水,并练习振荡操作;取移液管(10.00 mL)反复练习吸液、准确体积放液与移液,至练熟为止。

4. 常规溶液的配制

(1)配制 0.1 mol·L^{-1} CuSO$_4$ 溶液 40 mL

用台秤称取 CuSO$_4$·5H$_2$O(s)(事先计算好所需质量)置于 100 mL 烧杯(有刻度)中,加 10 mL 稀 H$_2$SO$_4$,加蒸馏水至 40 mL 刻度处,搅拌均匀,即得到 0.1 mol·L^{-1} CuSO$_4$ 溶液。

(2)配制浓度为 2 mol·L^{-1} HCl 溶液 60 mL

用量筒量取所需体积的 6.0 mol·L^{-1} HCl 溶液于 100 mL 烧杯(有刻度)中,加蒸馏水至 60 mL 刻度处,搅拌均匀。

5. 准确浓度溶液的配制

配制浓度约为 0.1 mol·L^{-1} 的醋酸溶液 100.00 mL。用 10 mL 移液管量取实验室已标定的 1.0 mol·L^{-1} 左右的 HAc(精确到 0.000 1)10.00 mL,移至 100 mL 容量瓶中,用蒸馏水稀释至刻度,摇匀。

6. 由溶液的密度确定溶液的物质的量浓度

用密度计测量未知浓度的稀 H$_2$SO$_4$ 和稀 HCl 的密度,查表得到稀 H$_2$SO$_4$ 和稀 HCl 的质量分数,再计算稀 H$_2$SO$_4$ 和稀 HCl 的物质的量浓度,测得的密度数据记入表 4.1 中。

表 4.1　测量的密度数据记录

试剂	密度(g·mL^{-1})	质量分数(%)	物质的量浓度(mol·L^{-1})
稀 H$_2$SO$_4$			
稀 HCl			

思考题

1. 本实验所练习的溶液配制在步骤和方法上有何不同?原因何在?

2.配制溶液为何要用蒸馏水,而不用自来水,为什么?

实验4.2 分析化学实验基本操作练习

实验目的

①了解分析天平的构造,学会分析天平的基本操作和正确的称量方法,做到熟练地使用分析天平。

②培养准确、整齐、简明地记录实验原始数据的习惯,学会正确运用有效数字。

③练习并掌握滴定管、容量瓶和移液管的使用方法。

④练习滴定操作,初步掌握滴定过程中左右手配合使用的技巧。

滴定管的使用

预习提示

①观看分析天平及称量方法教学录像。

②预先阅读本教材的3.3.2节内容,重点阅读"称量方法"。

③复习本教材的3.3.3、3.3.4节内容,重点阅读"滴定管、移液管和容量瓶的使用"。

④观看滴定分析基本操作录像。

仪器与试剂

仪器:分析天平,锥形瓶(250 mL),称量瓶,表面皿,酸式滴定管(50 mL),碱式滴定管(50 mL),容量瓶(250 mL),移液管(25 mL),试剂瓶(100 mL),烧杯(100 mL)。

试剂:试样(因初次称量,宜采用不易吸潮的结晶状试样或试剂),$K_2Cr_2O_7$(AR),浓H_2SO_4(98%)。

实验步骤

1.分析天平的称量练习

分析天平的使用　　容量瓶的使用

(1)直接称量法

①调水平。揭开电子天平罩,查看水平仪,如不水平,调节地脚螺栓高度,使水平仪内空气泡位于圆环中央。

②开机自检。接通电源,按开关键 ON/OFF ,预热10 min左右,等待天平自检,直至天平自检完成,屏幕显示0.000 0 g称量模式后方可称样。

③称样。依次将称量瓶和称量瓶盖子(均已洗净并干燥)放在天平秤盘中央,天平分别显示出称量瓶和称量瓶盖子的质量,并正确记录其质量。然后再将称量瓶盖子盖在称量瓶上,称出总质量并正确记录下来。比较总质量与前两次称量的质量之和。

(2)递减称量法(又称减量法称样)

此法用于称量易吸水、易与CO_2反应的试样。

按照直接称量方法准确称出称量瓶和试样的总质量,待天平稳定后按下 TAR 键。取出称量瓶,在锥形瓶上方倾斜,用称量瓶盖子轻敲瓶口上部,使试样慢慢落入锥形瓶中。当转移的试样接近所需质量时,用称量瓶盖子轻敲瓶口上部并使瓶口上的试样落下,同时慢慢将称量瓶竖起,盖好盖子,将称量瓶放回天平秤盘中央,此时显示屏显示的即为转移出来的试样量。若转移量太少,再按上述方法继续转移试样,直至达到称量范围。

(3)固定质量称量法

此法用于称量没有吸湿性且不与空气中各种组分发生作用的、性质稳定的粉末状物质,不适于块状物质的称量。

取一洁净、干燥的表面皿，按照直接称量法称出其质量后，按去皮键 $\boxed{\text{TAR}}$，等天平显示屏出现 0.000 0 g 后，将待称量试样慢慢加到表面皿上，直至天平显示屏上显示的质量刚好为所要质量。

2. 铬酸洗液的配制及滴定分析常用玻璃仪器的洗涤

（1）铬酸洗液的配制

用台秤称量 2.5 g $K_2Cr_2O_7$ 固体于 100 mL 小烧杯中，加入 5 mL 水，然后向溶液中加入 45 mL 浓 H_2SO_4，边加边搅拌。将配好的铬酸洗液转移至试剂瓶中保存，供今后在分析化学实验中使用。

（2）滴定分析常用玻璃仪器的洗涤

①玻璃计量仪器的洗涤。用铬酸洗液分别洗涤滴定管、移液管和容量瓶，洗后将铬酸洗液倒回洗液瓶中。滴定管、移液管和容量瓶分别用自来水和蒸馏水洗涤干净，直至玻璃内壁完全被蒸馏水润湿，不挂水珠为止。

②普通玻璃仪器的洗涤。烧杯、量筒、试剂瓶和锥形瓶等玻璃仪器用毛刷沾去污粉刷洗后，用自来水和蒸馏水冲洗至玻璃内壁完全被蒸馏水润湿，不挂水珠为止。

3. 滴定管使用练习

（1）酸式滴定管的使用

①准备。取 50 mL 酸式滴定管一支，其旋塞涂以凡士林，检漏、洗净后，按照"少量多次"的原则，依次用自来水、蒸馏水、操作溶液分别洗涤 3 次（每次用 10 mL，5 mL，5 mL），再将操作溶液装入滴定管中直至液面超过"0.00"刻度以上，静置片刻，排赶出口管内气泡，调节管内液面至 0.00 mL 处。

②滴定练习。左手控制滴定管活塞，使滴定溶液逐滴并连续滴出；右手握持锥形瓶，边滴边向一个方向做圆周旋转，两手配合动作要协调，防止滴定管漏液和锥形瓶中溶液的溅失。反复练习滴定操作，学会连续、一滴、半滴溶液的滴定方法，并准确读数和正确记录滴定剂消耗的体积。注意每次滴定结束后，滴定管内剩余的溶液应弃去，不得将其倒回原试剂瓶中，以免污染整瓶的操作溶液，随即洗净滴定管，夹在滴定台上备用。

（2）碱式滴定管的使用

①准备。碱式滴定管经安装橡皮管和玻璃珠、检漏、洗净后，按照"少量多次"的原则，依次用自来水、蒸馏水、操作溶液分别洗涤 3 次（每次用 10 mL，5 mL，5 mL），再将操作溶液装入滴定管中直至液面超过"0.00"刻度以上，静置片刻，排赶出口管内气泡，调节管内液面至 0.00 mL 处。

②滴定练习。左手控制滴定管末端连接处橡皮管中的玻璃珠，使滴定溶液逐滴并连续滴出；右手握持锥形瓶，边滴边向一个方向做圆周旋转，两手配合动作要协调，防止滴定管漏液和锥形瓶中溶液的溅失。反复练习滴定操作，学会连续、一滴、半滴溶液的滴定方法，并准确读数和正确记录滴定剂消耗的体积。注意每次滴定结束后，滴定管内剩余的溶液应弃去，不得将其倒回原试剂瓶中，以免污染整瓶的操作溶液，随即洗净滴定管，夹在滴定台上备用。

4. 容量瓶和移液管使用练习

（1）容量瓶使用练习

将指定溶液自小烧杯中全部并定量转移至已洗净的容量瓶中，用蒸馏水稀释至凹液面刚好与刻线相切,盖好瓶塞,充分摇匀。

（2）移液管使用练习

正确吸放一定体积的指定溶液,学会并熟练掌握用食指灵活控制移液管液面高度。

提示与备注

①减量法称样中每人称量 3 份试样,每份质量为 0.10~0.15 g。如不符合要求,分析原因并继续称量直至符合要求。

②经过 3 次称量练习后,要求达到:利用固定质量称量法称取一个试样的时间在 3 min 内完成;利用减量法称样称取一个试样的时间在 5 min 内完成,同时倾倒试样次数不超过 3 次,连续称取两个试样的时间不超过 8 min,并做到称取两份试样的质量均为 0.10~0.15 g。

③天平出现故障时应及时报告指导教师,不得擅自处理,以免损坏天平。

④分析天平称量结束后,检查天平是否关闭,天平盘上的物品是否取出,天平的左、右边门是否关好,天平罩是否罩好,并将自己的物品及时带出实验室。

⑤玻璃仪器使用后洗净并放置整齐。实验中如有破损,及时找指导教师登记并配置新的玻璃仪器。

⑥每次结束实验,待指导教师检查完仪器设备和实验数据并签字后方可离开实验室。

思考题

1.试样的称量方法有几种? 各种称量方法的优缺点是什么?

2.在减量法称样中,最容易出错的地方在哪里?

3.在称量的记录和计算中,如何正确运用有效数字?

4.减量法称样是如何进行的? 有何优缺点? 宜在何种情况下采用?

5.在减量法称样中,若称量瓶内的试样吸湿,对称量结果有何影响?若试样倒入锥形瓶后再吸湿,对称量结果有无影响?

6.滴定管、容量瓶、移液管和锥形瓶都需要操作溶液润洗吗? 哪些不用,为什么?

7.滴定分析用的玻璃仪器洗净的标准是什么?

8.用容量瓶配制溶液时,当加入蒸馏水稀释时不小心超出刻线,能否用洁净的吸管将多余部分吸出?

9.操作溶液倒入滴定管时,能否借助烧杯或漏斗等玻璃仪器转移? 为什么?

10.用移液管移取溶液时,最后残留在管口内部的少量溶液能否用洗耳球吹出来?

实验 4.3　容量仪器的校正

实验目的

①学会滴定管、移液管和容量瓶的使用方法。

②了解容量器皿校准的意义,学习容量器皿的校准方法。

③进一步熟悉分析天平的称量操作及有效数字的运算规则。

预习提示

①分析天平的使用。

②滴定管、移液管和容量瓶的使用。

实验原理

测量容积的基本单位是升(L)。1 L是指真空中1 kg的水在最大密度(3.98 ℃)时所占的体积,即在3.98 ℃和真空中称得的水重克数,数值上等于它的体积毫升数。

滴定管、移液管和容量瓶是分析实验室常用的玻璃容量仪器,这些容量器皿都具有刻度和标称容量,此标称容量是20 ℃时以水体积来标定的。合格产品的容量误差应小于或等于国家标准规定的容量允差。但由于不合格产品的流入、温度的变化、试剂的腐蚀等原因,容量器皿的实际容积与它所标称的容积往往不完全相符,有时甚至会超过分析所允许的误差范围,若不进行容量校准就会引起分析结果的系统误差。因此,在准确度要求较高的分析工作中,必须对容量器皿进行校准。

特别值得一提的是,校准是技术性很强的工作,操作要正确、规范。校准不当和使用不当都是产生容量误差的主要原因,其误差可能超过允差或量器本身固有误差,而且校准不当的影响将更有害。所以,校准时必须仔细、正确地进行操作,使校准误差减至最小。凡是使用校正值的,其校准次数不可少于2次,两次校准数据的偏差应不超过该量器容量允差的1/4,并以其平均值为校准结果。由于玻璃具有热胀冷缩的特性,在不同的温度下容量器皿的体积也有所不同。因此,校准玻璃容量器皿时,必须规定一个共同的温度值,这一规定温度值为标准温度。国际标准和我国标准都规定以20 ℃为标准温度,即在校准时都将玻璃容量器皿的容积校准到20 ℃时的实际容积,或者说,量器的标称容量都是指20 ℃时的实际容积。

容量器皿常采用相对校准(相对法)和绝对校准(称量法)两种校准方法。

1. 相对校准

在分析化学实验中,经常利用容量瓶配制溶液,用移液管取出其中一部分进行测定,最后分析结果的计算并不需要知道容量瓶和移液管的准确体积数值,只需知道二者的体积比是否为准确的整数,即要求两种容器体积之间有一定的比例关系。此时对容量瓶和移液管可采用相对校准法进行校准。例如,25 mL移液管量取液体的体积应等于250 mL容量瓶量取体积的10%。此法简单易行,应用较多,但必须在这两件仪器配套使用时才有意义。

2. 绝对校准

绝对校准是测定容量器皿的实际容积。常用的校准方法为衡量法,又叫称量法。即用天平称量被校准的容量器皿量入或量出纯水的表观质量,再根据当时水温下的表观密度计算出该量器在20 ℃时的实际容量。

由质量换算成容积时,需考虑以下影响:

①温度对水的密度的影响;

②温度对玻璃器皿容积胀缩的影响;

③在空气中称量时空气浮力对质量的影响。

在不同的温度下查得的水的密度均为真空中水的密度,而实际称量水的质量是在空气中进行的,因此必须进行空气浮力的校正。由于玻璃容器的容积亦随着温度的变化而变化,如果校正不在20 ℃时进行,还必须加上玻璃容器随温度变化的校正值。此外,还应对称量的砝码进行温度校正。

为了工作方便起见,将20 ℃下容积为1 L的玻璃容器在不同温度时所盛水的质量列于表4.2。

根据表4.2可计算出任意温度下一定质量的纯水所占的实际容积。例如,25 ℃时由滴定管放出 10.10 mL 水,其质量为 10.08 g,由表 4.2 可知,25 ℃时水的密度为 0.996 12 g/mL,故这一段滴定管在 20 ℃时的实际容积为

$$V_{20} = \frac{10.08}{0.996\ 1} = 10.12\ \text{mL}$$

滴定管这段容积的校准值为 10.12 − 10.10 = +0.02 mL。

移液管、滴定管、容量瓶等的实际容积都可应用表 4.2 中的数据通过称量法进行校正。

表 4.2 不同温度下充满 1 L(20 ℃)玻璃容器中的纯水质量

温度(℃)	1 L 水的质量(g)	温度(℃)	1 L 水的质量(g)	温度(℃)	1 L 水的质量(g)
0	998.24	14	998.04	28	995.44
1	998.32	15	997.93	29	995.18
2	998.39	16	997.80	30	994.91
3	998.44	17	997.66	31	994.68
4	998.48	18	997.51	32	994.34
5	998.50	19	997.35	33	994.05
6	998.51	20	997.18	34	993.75
7	998.50	21	996.96	35	993.44
8	998.48	22	996.80	36	993.12
9	998.44	23	996.60	37	992.80
10	998.39	24	996.38	38	992.46
11	998.32	25	996.12	39	992.12
12	998.23	26	995.93	40	991.77
13	998.14	27	995.69		

温度对溶液体积的校正:上述容量器皿是以 20 ℃为标准来校准的,严格来讲只有在 20 ℃时使用才是正确的。但实际使用不是在 20 ℃时,则容量器皿的容积以及溶液的体积都会发生改变。由于玻璃的膨胀系数很小,在温度相差不太大时,容量器皿的容积改变可以忽略。

仪器与试剂

仪器:分析天平,酸式滴定管(50 mL),移液管(25 mL),容量瓶(250 mL),烧杯(100 mL),温度计(0 ~ 50 ℃或 0 ~ 100 ℃,精度 0.1 ℃,公用),磨口锥形瓶(50 mL),洗耳球。

试剂:蒸馏水。

实验步骤

1. 滴定管的校准

准备好待校准已洗净的滴定管,注入与室温达到平衡的蒸馏水至零刻度以上(可事先用烧杯盛蒸馏水,放在天平室内,并且杯中插有温度计,测量水温,备用),记录水温(t ℃),调至零刻度后,从滴定管中以正确操作放出一定质量的纯水于已称重且外壁洁净、干燥的 50 mL 具备橡胶塞的锥形瓶中(切勿将水滴在磨口上)。每次放出的纯水的体积叫作表观体积。根据滴定管的大小,表观体积的大小可分为 1 mL、5 mL、10 mL 等,50 mL 滴定管每次按每分钟约 10 mL 的流速放出 10 mL(不必恰等于 10 mL,但相差不得大于 0.1 mL,应记录至小数点后几

位?),盖紧瓶塞,用同一台万分之一分析天平称其质量并称准至 mg 位,直至放出 50 mL 水。每两次质量之差即为滴定管中放出水的质量。以此水的质量除以由表 4.2 查得实验温度下经校正后水的密度,即可得到所测滴定管各段的真正容积。并从滴定管所标示的容积和所测各段的真正容积之差,求出每段滴定管的校正值和总校正值。每段重复一次,两次校正值之差不得超过 0.02 mL,结果取平均值。并将所得结果绘制成以滴定管读数为横坐标,以校正值为纵坐标的校正曲线。测量数据也可按表 4.3 记录和计算。

表 4.3 滴定管校准表(示例)
(水的温度为 25 ℃,水的密度为 0.996 1 g·mL^{-1})

滴定管读数(mL)	容积(mL)	瓶与水的质量(g)	水的质量(g)	实际容积(mL)	校准值(mL)	总校准值(mL)
0.03	—	29.20(空瓶)	—	—	—	—
10.13	10.10	39.28	10.08	10.12	+0.02	+0.02
20.10	9.97	49.19	9.91	9.95	-0.02	0.00
30.08	9.97	59.18	9.99	10.03	+0.06	+0.06
40.03	9.95	69.13	9.95	9.99	+0.04	+0.10
49.97	9.94	79.01	9.88	9.92	-0.02	+0.08

2.移液管的校准

方法同上。将 25 mL 移液管洗净,吸取蒸馏水并调节至刻度,将移液管中的水放至已称重的锥形瓶中,再称量。根据水的质量,计算在此温度时它的真正容积。重复一次,对同一支移液管两次校正值之差不得超过 0.02 mL,否则重做校准。测量数据按表 4.4 记录和计算。

表 4.4 移液管校准表

校准时水的温度(℃):				水的密度(g·mL^{-1}):	
移液管标示容积(mL)	锥形瓶质量(g)	瓶与水的质量(g)	水质量(g)	实际容积(mL)	校准值(mL)
25					

3.容量瓶的校正

将 100 mL 容量瓶洗净,倒置沥干,自然干燥后称重,注入已测温度的蒸馏水至刻线,再称量水与容量瓶的总质量,两次质量之差即为水的质量。从表 4.2 查出该温度下水的密度,即可求出真实容积。

4.容量瓶与移液管的相对校准

用已校正的移液管进行相对校准。用 25 mL 移液管移取蒸馏水至洗净、干燥的 250 mL 容量瓶(操作时切勿让水碰到容量瓶的磨口)中,移取 10 次后,仔细观察溶液弯液面下沿是否与标线相切,若不相切,可用透明胶带另做一新标记。经相互校准后的容量瓶与移液管均做出相同标识,经过相对校正后的移液管和容量瓶应配套使用,因为此时移液管取一次溶液的体积是容量瓶容积的 1/10。由移液管的真正容积也可知容量瓶的真正容积(至新标线)。

58

提示与备注

①容量仪器的操作是否正确是校正成败的关键。如果操作不正确或没有把握,其校正结果不宜在以后的实验中使用。

②校正容量仪器的蒸馏水至少在天平室放置 1 h 以上。

③称量盛水的锥形瓶时,应将天平箱中硅胶取出,称完后将其放回原处。

④待校正的玻璃仪器应洗净至内壁完全不挂水珠且干燥为止。

思考题

1. 为什么玻璃仪器都按 20 ℃体积刻度?

2. 校正滴定管时为什么每次放出的水都要从"0.00"刻度开始?

3. 某 100 mL 容量瓶,校正体积低于标线 0.50 mL,此体积相对误差为多少? 分析试样时,称取试样 1.000 g,溶解后定量转入此容量瓶中,移取试样 25.00 mL 测定,问测定所用试样的称取试样误差为多少? 相对误差是多少?

4. 为什么要进行容量器皿的校准?影响容量器皿体积刻度不准确的主要因素有哪些?

5. 为什么在校准滴定管的称量中要称到毫克位?

6. 利用称量水法进行容量器皿校准时,为何要求水温和室温一致?若两者稍有差异,以哪一温度为准?

7. 本实验从滴定管放出纯水于称量用的锥形瓶中时,应注意些什么?

8. 滴定管有气泡存在时对滴定有何影响?应如何除去滴定管中的气泡?

9. 使用移液管的操作要领是什么?为何要垂直流下液体?为何放完液体后要停一定时间?最后留在移液管尖部的液体应如何处理?为什么?

4.2 化学原理实验

实验要求

本节用定量测定的方法使学习的化学原理通过实验得以深化。所用的测定方法有化学分析法和仪器分析法。化学分析法中,要求基本操作规范、熟练,反应条件控制好,终点判断准确,在反复训练与应用中,使化学分析的基本原理、基本操作、基本技能的掌握更为规范和熟练。仪器分析法中,将学习常见光仪器、电仪器——pH 计、电导率仪的使用,要求正确使用这些仪器,并通过实验数据的记录、有效数字的正确使用及用图解法获得实验结果(作图要求规范、准确)。

实验方法提要

化学分析法是以物质发生化学反应为依据,仪器分析法则以物质的物理化学性质为依据。

化学分析法是以容量分析手段为基础,对化学反应的一些性质和某些物理量进行测定的实验。这些反应须是反应现象明显,反应速率较快,反应温度和反应条件易于控制,实验结果易于处理,并且易于操作。但直接符合上述条件的反应不多,常需要加入辅助反应或强化实验条件后才能进行实验。如化学反应速率的测定实验,直接测定 $S_2O_8^{2-}$ 与 I^- 反应的反应速率较困难,当引入 $S_2O_3^{2-}$ 和 I_2 产生第二个反应后,使测定反应变容易了(参见实验 4.7 的实验原理)。

引入辅助反应和强化反应条件不可避免地带来误差,应该将这些误差限制在允许范围内。

59

化学分析法是测定化学反应的某些性质和某些物理量及其变化的一种简单、迅速、准确、常用的实验方法,不仅可以促进学生动手能力的培养,更益于学生创新意识的开发。

仪器分析法用于测定物质的组成和反应常数较多的情况,仅介绍与本书实验有关的分析方法——电化学分析法。

电化学分析法是建立在溶液的电化学性质基础上的一类分析方法。测定时,使待测溶液构成一个化学电池的组成部分,然后测量电池的某些参数,或由这些参数的变化来定量或定性分析。

1. 电位分析法

电位分析法是利用电极电势和浓度的关系来测定物质浓度的一种方法。分析时,指示电极和合适的参比电极插入被测溶液中,构成一个化学电池,通过测定该电池的电动势来求得被测物质的含量。方法有直接电位法和电位滴定法。

直接电位法也称直读法,即能在 pH 计(或离子计)上直接读出被测溶液中的某一组分浓度的方法,如用 pH 计测定溶液 pH 值法即属此法。

2. 电导分析法

电导分析法是通过测定溶液的电导值来确定待测物质的浓度,也可分为直接电导法和电导滴定法。根据所用的电源不同,分交流电导法和直接电导法,一般前者使用较多。

直接电导法也称电导法,是直接根据溶液的电导确定被测物质浓度的一种方法。可用于溶度积、解离常数等测定,还可用来确定配合物的解离类型,也可以测定反应速率常数,但这些反应必须有 H^+ 和 OH^- 参加。

3. 电解分析法

这是根据电解原理建立起来的测定和分离金属元素的一种方法。包括电质量分析法和汞阴极电离法两类。电质量分析法又分恒电流电解分析法和控制电位分析法两种。控制电位分析法就是通过调节外接电压,使电解电流基本保持不变。

上述电化学分析法将在仪器分析课程中详细介绍。

实验 4.4　醋酸解离常数的测定

方法一　电导率法

实验目的

①学习电导率法测定解离常数的原理和方法。

②了解电导率仪的使用方法。

③熟悉基本操作中滴定管的使用方法,熟悉实验及计算中的有效数字。

预习提示

①什么是溶液的电导、电导率、摩尔电导率和极限摩尔电导率?

②电解质溶液导电的特点是什么?

③弱电解质的解离度与哪些因素有关?

实验原理

一元弱酸或弱碱的解离平衡常数 $K_a^{\ominus}$ 或 $K_b^{\ominus}$ 与解离度 α 具有一定关系。例如醋酸溶液

$$HAc \rightleftharpoons H^+ + Ac^-$$

起始浓度（mol·L^{-1}）　　　c　　　0　　　0

平衡浓度（mol·L^{-1}）　　$c-c\alpha$　　$c\alpha$　　$c\alpha$

$$K_a^\ominus = \frac{[H^+][Ac^-]}{[HAc]} = \frac{(c\alpha)^2}{c-c\alpha} = \frac{c\alpha^2}{1-\alpha} \tag{4.1}$$

式中　c 为起始浓度，α 为解离度。

解离度可通过测定溶液的电导率来求得，从而求得解离常数。

物质导电能力的大小通常以电阻 R 或电导 G 表示。电导为电阻的倒数，表示为

$$G = \frac{1}{R}$$

电阻的单位为欧姆（Ω），电导的单位为西门子（S）。

通常电解质溶液的电阻与金属导体一样也符合欧姆定律。在温度一定时，两极间溶液的电阻与两极间的距离 L 成正比，与电极面积 A 成反比，即

$$R = \rho \frac{L}{A}$$

式中　ρ 为电阻率，其倒数称为电导率，以 κ 表示，单位为 S·m^{-1}。因此

$$G = \kappa \frac{A}{L}$$

式中　电导率 κ 表示放在相距 1 m，面积为 1 m^2 的两个电极之间溶液的电导；A/L 称为电极常数或电导池常数。对于某一电极来说，其电极距离 L 和面积 A 是一定的，故 A/L 为常数。

在一定温度下，同一电解质溶液的电导与溶液中电解质的总量和电解质的解离度有关。如果把含 1 mol（注明化学式）的电解质溶液放在相距 1 m 的两平行电极间，这时溶液无论怎样稀释，溶液的电导只与电解质的解离度有关。在此条件下测得的电导称为该电解质的摩尔电导，以 Λ_m 表示，其数值等于电导率 κ 乘以此溶液的全部体积。若溶液的浓度为 c（mol·L^{-1}），则含有单位物质的量电解质的溶液体积 $V = 10^{-3}/c$，因此

$$\Lambda_m = \kappa V = \frac{10^{-3}\kappa}{c} \tag{4.2}$$

式中　Λ_m 为摩尔电导，单位为 S·m^2·mol^{-1}；V 为溶液的体积，单位为 m^3。

对于弱电解质来说，在无限稀释时，可看作完全解离，这时溶液的摩尔电导称为极限摩尔电导 Λ_m^∞。从而可知，在一定温度下，某浓度 c 的摩尔电导 Λ_m 与极限摩尔电导 Λ_m^∞ 之比，即为该弱电解质的解离度

$$\alpha = \frac{\Lambda_m}{\Lambda_m^\infty} \tag{4.3}$$

不同温度时，HAc 的 Λ_m^∞ 值如表 4.5 所示。

用电导率仪测定一系列已知起始浓度的 HAc 溶液的电导率 κ 值，根据式（4.2）和式（4.3）可求得所对应的解离度 α。再根据式（4.1）求得 HAc 的解离平衡常数 $K_a^\ominus$。

表 4.5　不同温度下 HAc 溶液极限摩尔电导数据

温度 t(℃)	0	18	25	30
Λ_m^∞ (S·m²·mol⁻¹)	0.024 5	0.034 9	0.039 07	0.042 18

仪器与试剂

仪器:DDS – 11A 型电导率仪(附 DJS – 10 型铂黑电极),容量瓶(50 mL)5 只,滴定管 1 支 (50.00 mL,酸式)。

试剂:HAc 溶液(0.1 mol·L⁻¹,精确到 0.000 2)。

实验步骤

1. 配制不同浓度的 HAc 溶液

将 5 只 50 mL 容量瓶按 1~5 顺序编号。由酸式滴定管准确向 1 号容量瓶加入 3.00 mL 实验室提供的已经标定的 HAc 溶液,加蒸馏水稀释,定容,摇匀。用同样的方法按表 4.6 中数据向编号 2~5 容量瓶中配制不同浓度的 HAc 溶液。

2. 测定不同浓度 HAc 溶液的电导率

用电导率仪测定不同浓度 HAc 溶液的电导率并记录于表 4.7 中,测量顺序由稀到浓。 实验数据的记录及处理如下。

①数据记录(表 4.6)。

室温_____ ℃。实验室提供的 c_{HAc} = _____mol·L⁻¹。

铂黑电极的电极常数:_____。

醋酸解离常数
的测定

表 4.6　配制不同浓度的 HAc 溶液及记录

容量瓶编号	HAc 的体积(mL)	c_{HAc}(mol·L⁻¹)	κ(μS·cm⁻¹)
1	3.00		
2	6.00		
3	12.00		
4	24.00		
5	48.00		

②数据处理。将实验测得的实验数据按表 4.7 进行数据处理。

表 4.7　实验数据处理

项目 编号	1	2	3	4	5
c_{HAc}(mol·m⁻³)					
κ(S·m⁻¹)					
$\Lambda_m = \dfrac{\kappa}{c_{HAc}}$(S·m²·mol⁻¹)					
$\alpha = \dfrac{\Lambda_m}{\Lambda_m^\infty}$					

项目 \ 编号	1	2	3	4	5
$c\alpha^2$(其中 c 的单位为 $mol \cdot L^{-1}$)					
$K^{\ominus} = \dfrac{c\alpha^2}{1-\alpha}$					
$\bar{K}^{\ominus}$					

思考题

在测定各组溶液的电导率时,测量顺序应如何? 为什么?

方法二 pH 值法

实验目的

①了解 pH 值法测定醋酸解离常数的测定方法。

②加深对解离平衡基本概念的理解。

预习提示

①本实验测定醋酸解离常数的依据是什么?

②怎样配制不同浓度的 HAc 溶液?

③怎样从测得的 HAc 溶液的 pH 值计算出 $K_a^{\ominus}$?

实验原理

醋酸溶液在水溶液中存在解离平衡

$$HAc \rightleftharpoons H^+ + Ac^-$$

$$K_a^{\ominus} = \frac{[H^+][Ac^-]}{[HAc]} = \frac{[H^+]^2}{c-[H^+]} \tag{4.4}$$

在一定温度下,用酸度计测定一系列已知浓度的醋酸溶液的 pH 值,根据 $pH = -lg[H^+]$,换算出$[H^+]$,代入式(4.4)中,可求得一系列对应的 $K_a^{\ominus}$ 值,取平均值,即为该温度下醋酸的解离平衡常数。

仪器与试剂

仪器:pHS – 3C 型酸度计,容量瓶(50 mL)5 只,酸式滴定管(50 mL)1 只。

试剂:HAc 溶液(0.1 mol·L⁻¹,精确到 0.000 2)。

实验步骤

1. 配制系列已知浓度的 HAc 溶液

将 5 只 50 mL 容量瓶按 1~5 顺序编号。由酸式滴定管准确向 1 号容量瓶加入 5.00 mL 实验室提供的已经标定的 HAc 溶液,加蒸馏水稀释,定容,摇匀。用同样的方法按表 4.8 中数据向编号 2~5 容量瓶中配制不同浓度的 HAc 溶液。

2. HAc 溶液 pH 值的测定

用 pHS – 3C 型酸度计按由稀到浓的顺序测定 HAc 溶液 pH 值,并记录于表 4.9 中。

实验数据的记录及处理如下。

①数据记录见表 4.8。

测定时溶液的温度_____℃;标准 HAc 溶液的浓度_____mol·L^{-1}。

表4.8　配制不同浓度的 HAc 溶液及记录

容量瓶编号	HAc 的体积(mL)	配制 HAc 的浓度(mol·L^{-1})	pH 值
1	5.00		
2	10.00		
3	15.00		
4	20.00		
5	25.00		

②数据处理。将表4.8的实验数据按表4.9进行数据处理。

表4.9　实验数据处理

项目 ＼ 编号	1	2	3	4	5
c_{HAc}(mol·L^{-1})					
pH 值					
$[H^+]$					
$K_a^{\ominus}=\dfrac{[H^+]^2}{c-[H^+]}$					
$\bar{K}_a^{\ominus}$					

思考题

1. 不同浓度醋酸溶液的解离度是否相同? 解离常数是否相同?

2. 在测定不同浓度溶液的 pH 值时,测量顺序应如何? 为什么?

实验4.5　缓冲溶液缓冲容量的测定

实验目的

①熟悉酸度计的使用方法。

②测定不同配比 HAc-NaAc 缓冲溶液的 pH 值并求得缓冲容量。

③熟练掌握移液管、容量瓶的使用方法。

预习提示

①缓冲溶液的基本概念,影响缓冲溶液缓冲容量大小的因素。

②酸度计的使用方法及使用注意事项。

实验原理

弱酸及其共轭碱或弱碱及其共轭酸所组成的溶液 pH 在一定范围内不因稀释或外加少量强酸或强碱而发生显著变化,即对外加的酸和碱具有缓冲能力,这种溶液称为缓冲溶液。缓冲溶液缓冲能力的大小用缓冲容量 β 来描述。

缓冲溶液缓冲
容量的测定

缓冲容量 β 微分定义式为: $\beta = \dfrac{dn_b}{dpH} = -\dfrac{dn_a}{dpH}$。其物理意义是使 1 L 溶液 pH 值增加 dpH 单位时所需强碱 dn_b mol,或使 1 L 溶液 pH 降低 dpH 单位时所需强酸 dn_a mol。显然,β 值越大,溶液的缓冲能力也越强。

在实验中常常通过测定缓冲溶液每增加或减小一个 pH 值单位时所需加入强酸或强碱的物质的量浓度来求得缓冲容量

$$\beta = \frac{\Delta c_b}{\Delta pH} \quad 或 \quad \beta = -\frac{\Delta c_a}{\Delta pH} \tag{4.5}$$

Δc_a、Δc_b 分别表示加入的强酸、强碱在缓冲溶液中的浓度。

缓冲容量的大小与共轭酸碱对的浓度和其比值有关,当 $c_a/c_b = 1$,缓冲容量最大。一般缓冲溶液的 pH 值缓冲范围在 pH $= pK_a^\ominus \pm 1$ 之内。

仪器与试剂

仪器:pHS-3C 型酸度计,复合电极,吸量管(10 mL),容量瓶(100 mL),烧杯(50 mL)5 只。

试剂:HAc(0.10、0.50 mol·L^{-1}),NaAc(0.10、0.50 mol·L^{-1}),HCl(1.00 mol·L^{-1}),NaOH(1.00 mol·L^{-1})。

实验步骤

①用洗净的吸量管按表 4.10 中的编号吸取溶液于干净的 100 mL 容量瓶中,并稀释定容。

表 4.10　配制不同浓度的缓冲溶液

浓度(量) ＼ 编号	1	2	3	浓度(量) ＼ 编号	4
0.50 mol·L^{-1} HAc(mL)	2.00	5.00	8.00	0.10 mol·L^{-1} HAc(mL)	8.00
0.50 mol·L^{-1} NaAc(mL)	8.00	5.00	2.00	0.10 mol·L^{-1} NaAc(mL)	2.00

②用移液管量取 25.00 mL 编号为 1 的缓冲溶液移入 50 mL 烧杯中,用酸度计测量其 pH 值,记录数据于表 4.11 中,然后用 1.00 mL 的刻度吸量管量取 1.00 mol·L^{-1} HCl 或 1.00 mol·L^{-1} NaOH 溶液 0.05 mL 于上述装有缓冲溶液的烧杯中,并摇匀。待平衡后,重新测定其 pH 值,并记录数据于表 4.11 中。如此重复上述操作 3 次,每次加 1.00 mol·L^{-1} HCl 或 1.00 mol·L^{-1} NaOH 溶液 0.05 mL,摇匀,重新测定其 pH 值,并记录数据。测量完毕后,将烧杯移出,用蒸馏水冲洗复合电极,用滤纸吸干电极上的余水。

同样量取 2、3、4 号缓冲溶液各 25.00 mL 于 4 只干燥的 50 mL 烧杯中,重复对 1 号缓冲溶液的操作,并记录数据于表 4.11 中。

表 4.11　实验数据记录与计算

缓冲溶液编号	1	2	3	4
pH 理论值				
pH 实验值				

缓冲溶液编号		1	2	3	4
逐滴加入 1.00 mol·L⁻¹ HCl（或逐滴加入 1.00 mol·L⁻¹ NaOH）时溶液的 pH 值	①				
	②				
	③				
	④				
$-\Delta\mathrm{pH}/1$ 滴（取平均值）					
$\beta(\mathrm{mol \cdot L^{-1}})$					

实验结论

①缓冲能力最大的是_____,其溶液 c_a/c_s = _____。

②3 号与 4 号缓冲溶液比较, c_a/c_s 相同, $\beta_3 > \beta_4$ 的原因是_____。

提示与备注

在本次实验中每次使用 1.00 mL 的刻度吸量管量取 1.00 mol·L⁻¹ HCl 或 1.00 mol·L⁻¹ NaOH 溶液 0.05 mL 是比较难把握的,有条件的可改用微量滴定管加入。也可以使用固定滴管,先将滴管取满溶液,然后在 10.0 mL 量筒中逐滴加入 3.0 mL,记下滴数,推算出每滴相当于多少毫升。每次只要平行加入,计算 β 值时,可代入所测的体积数即可。

β 值计算示例:以 pH = 10.10 的某缓冲溶液为例,若每加入 0.05 mL（1 滴）1.00 mol·L⁻¹ NaOH 时,使 pH 值平均改变了 0.20 单位,则

$$\beta = \frac{\left[\dfrac{0.05 \times 1.00}{(25.00 + 0.050)}\right]}{0.20} = 1.0 \times 10^{-2} \ \mathrm{mol \cdot L^{-1}}$$

结果表明,要使上述 1 L 缓冲溶液的 pH 值增加 1 个单位,所加入的 NaOH 物质的量为 0.01 mol。

实验 4.6　电导率法测定 $BaSO_4$ 的溶度积常数

实验目的

①熟悉沉淀的生成、陈化、离心分离、沉淀的洗涤等基本操作。

②学习饱和溶液的制备。

③学习电导率法测定难溶盐溶度积的原理和方法。

④掌握电导率仪的使用。

预习提示

①复习理论课中有关沉淀－溶解平衡的基本理论。

②复习电解质溶液电导、电导率、摩尔电导等基本概念。

③预习"基本操作"中的沉淀的生成、陈化、离心分离、沉淀的洗涤等基本操作知识。

④预习"仪器使用方法"中电导率仪的使用方法。

实验原理

在 $BaSO_4$ 的饱和溶液中,存在下列平衡

$$BaSO_4 \rightleftharpoons Ba^{2+} + SO_4^{2-}$$

$BaSO_4$ 在一定温度下的溶度积为

$$K_{spBaSO_4}^{\ominus} = c_{Ba^{2+}} \cdot c_{SO_4^{2-}} = (c_{BaSO_4})^2$$

本实验通过测定 $BaSO_4$ 饱和溶液的电导率,再根据电导率与浓度的关系,计算出 c_{BaSO_4},进而求出 $BaSO_4$ 的溶度积。

电解质溶液的电导 G 为

$$G = \frac{1}{R}$$

电导率 κ 为

$$\kappa = G\frac{L}{A}$$

式中 L 为电极间的距离;A 为电极的面积;$\frac{L}{A}$ 称为电极常数或电导池常数,对于某给定的电极,κ 一般由制造厂给出,κ 的单位为 $S \cdot m^{-1}$。

Λ_m 表示摩尔电导,即在一定温度下,相距 1 m 的两个平行电极间含有 1 mol 电解质溶液的电导率,称为摩尔电导,单位为 $S \cdot m^2 \cdot mol^{-1}$。$\Lambda_m$ 与 κ、c(电解质溶液浓度,$mol \cdot m^{-3}$)的关系为

$$\Lambda_m = \frac{\kappa}{c}$$

用电导率仪测定 $BaSO_4$ 饱和溶液的电导率,通过下式可计算出 $BaSO_4$ 的浓度($mol \cdot m^{-3}$)

$$c_{BaSO_4} = \frac{\kappa_{BaSO_4}}{1\ 000\Lambda_{mBaSO_4}}$$

在实验中,所测得的 $BaSO_4$ 饱和溶液的电导率包含有水电离出的 H^+ 和 OH^-,所以计算时必须减去,即

$$\kappa_{BaSO_4} = \kappa_{BaSO_4溶液} - \kappa_{H_2O}$$

则硫酸钡溶度积的计算式为

$$K_{sp}^{\ominus} = \left(\frac{\kappa_{BaSO_4溶液} - \kappa_{H_2O}}{1\ 000\Lambda_{mBaSO_4}}\right)^2$$

仪器与试剂

仪器:雷磁 DDS – 11A 型电导率仪(附 DJS – 10 型铂黑电极),离心机,电热板,烧杯(100 mL),表面皿,离心试管,玻璃棒,胶头滴管。

试剂:H_2SO_4($0.05\ mol \cdot L^{-1}$),$BaCl_2$($0.05\ mol \cdot L^{-1}$),$AgNO_3$($0.01\ mol \cdot L^{-1}$)。

实验内容

1.$BaSO_4$沉淀的制备

①分别取 H_2SO_4($0.05\ mol \cdot L^{-1}$)和 $BaCl_2$($0.05\ mol \cdot L^{-1}$)各 30 mL,分别倒入小烧杯中。

②将 H_2SO_4 溶液加热至近沸时,在不断搅拌下,逐滴将 $BaCl_2$ 溶液加入到 H_2SO_4 溶液中,加完后以表面皿作为盖继续加热煮沸 5 min,再小火保温 10 min,搅拌 20 min 后,取下静置,陈化。当沉淀上面的溶液澄清时,用倾析法倾去上层清液。

③将沉淀和少许余液用玻璃棒搅成乳状,分次转移到离心试管中,离心分离,弃去溶液。

④在小烧杯中盛约 40 mL 蒸馏水,加热近沸,用其洗涤离心试管中的 $BaSO_4$ 沉淀,每次加入约 4～5 mL 水,用玻璃棒将沉淀充分搅浑,再离心分离,弃去溶液。重复洗涤至洗涤液中无 Cl^- 为止(如何检验?)。

2. $BaSO_4$ 饱和溶液的制备

在上面制得的纯 $BaSO_4$ 沉淀中,加少量水,用玻璃棒将沉淀搅浑后全部转移到小烧杯中,再加蒸馏水 60 mL,搅拌均匀后,以表面皿作为盖加热煮沸 3～5 min,稍冷后,再搅拌 5 min,静置,冷却至室温。

当沉淀至上面的溶液澄清时,即可进行电导率的测定。

3. 电导率的测定

①测定配制 $BaSO_4$ 饱和溶液的蒸馏水的电导率。

②测定 $BaSO_4$ 饱和溶液的电导率。

将测得数据记录到表 4.12 中。

4. 数据处理

按表 4.12 格式进行数据处理。

表 4.12　$K_{spBaSO_4}^{\ominus}$ 的计算　　　　　　　　　　　　　室温:_____℃

κ_{H_2O} (S·m^{-1})	
$\kappa_{BaSO_4溶液}$ (S·m^{-1})	
Λ_m (S·m^2·mol^{-1})	
c_{BaSO_4} (mol·L^{-1})	
$K_{spBaSO_4}^{\ominus}$	

提示与备注

①制备 $BaSO_4$ 沉淀时,一定要反复洗涤沉淀,将 Cl^- 除干净,否则会造成很大的实验误差。

②制备 $BaSO_4$ 饱和溶液时,要充分搅拌,保证煮沸时间。

③待冷却至室温且上层溶液澄清时,再测定其电导率。

④正确使用电导率仪。

⑤$BaSO_4$ 溶解度很小,其溶液可视为无限稀释的溶液,其 $\Lambda_m^{\infty} = 287.2$ S·cm^2·mol^{-1},

$$\Lambda_{mBaSO_4} \approx \Lambda_{mBaSO_4}^{\infty} = 287.2 \text{ S·cm}^2 \cdot \text{mol}^{-1}$$

注意:

①测量时,手不要靠近盛液烧杯,更不要接触烧杯,以免人体感应而造成较大的测量误差;

②盛装被测溶液的容器必须清洁,无离子沾污;

③测量完毕后,将测量开关拨到校正位置,量程开关拨到最大挡;

④拆下的电极用蒸馏水洗干净,用清洁纸条吸干,放回盒中。

思考题

1. 制备 $BaSO_4$ 时,为什么要洗涤沉淀至无 Cl^- ? 否则对实验结果有什么影响?

2. 在测定 $BaSO_4$ 的电导率时,水的电导为什么不能忽略?

实验 4.7　化学反应速率的测定和求活化能

实验目的

①掌握浓度和温度对反应速率的影响。

②测定 $(NH_4)_2S_2O_8$ 与 KI 反应的反应速率,计算反应级数、速率常数和活化能。

预习提示

①什么是反应速率? 如何表示? 本实验测得的是平均速率还是瞬时速率?

②影响化学反应速率的因素有哪些?

③如何应用作图法来求取活化能? 应采集哪些数据?

实验原理

在酸性介质中,过二硫酸铵与碘化钾发生下列反应

$$S_2O_8^{2-} + 2I^- \Longrightarrow 2SO_4^{2-} + I_2 \tag{1}$$

其反应速率方程表达式可表示为

$$v = k \cdot c_{S_2O_8^{2-}}^m \cdot c_{I^-}^n \tag{4.6}$$

式中　k 为反应速率常数,$m + n$ 为反应级数,v 为瞬时反应速率。

反应(1)的 v 也可用反应物 $(NH_4)_2S_2O_8$ 的浓度随时间的变化率表示为

$$v = -\frac{dc_{S_2O_8^{2-}}}{dt} \quad \text{或} \quad \bar{v} = -\frac{\Delta c_{S_2O_8^{2-}}}{\Delta t}$$

式中　$\bar{v}$ 是 Δt 时间内的平均速率,$v \neq \bar{v}$,由于本实验中 $v = -\dfrac{dc_{S_2O_8^{2-}}}{dt}$ 无法测定,所以用平均速率 $\bar{v}$ 代替瞬时速率 v。

$$\bar{v} = -\frac{\Delta c_{S_2O_8^{2-}}}{\Delta t} = k \cdot c_{S_2O_8^{2-}}^m \cdot c_{I^-}^n \tag{4.7}$$

为了测定 $\Delta c_{S_2O_8^{2-}}$,在反应(1)溶液中加入一定体积的已知浓度的 $Na_2S_2O_3$ 溶液和作为指示剂的淀粉溶液。这样在反应(1)进行的同时,也进行如下反应

$$2S_2O_3^{2-} + I_2 \Longrightarrow S_4O_6^{2-} + 2I^- \tag{2}$$

因为反应(2)比反应(1)快得多,几乎瞬间完成,所以反应(1)生成的 I_2 立刻与 $S_2O_3^{2-}$ 作用生成无色的 $S_4O_6^{2-}$ 和 I^-,在 $S_2O_3^{2-}$ 没有耗尽之前,反应体系中看不到碘与淀粉作用显示的特征蓝色。而当 $Na_2S_2O_3$ 耗尽时,过二硫酸铵与碘化钾继续反应,生成的微量 I_2 遇淀粉溶液显示蓝色,所以蓝色的出现,标志着反应(2)的完成,即从反应开始到出现蓝色这段时间 Δt 就是溶液中 $Na_2S_2O_3$ 耗尽的时间。

从反应(1)和(2)计量关系可以看出,$S_2O_8^{2-}$ 浓度减少的量等于 $S_2O_3^{2-}$ 浓度减少量的一半,即

$$\Delta c_{S_2O_8^{2-}} = -\frac{\Delta c_{S_2O_3^{2-}}}{2} \tag{4.8}$$

因此

$$\bar{v} = -\frac{\Delta c_{S_2O_8^{2-}}}{\Delta t} = -\frac{\Delta c_{S_2O_3^{2-}}}{2\Delta t} = -\frac{0 - c_{0S_2O_3^{2-}}}{2\Delta t} = \frac{c_{0S_2O_3^{2-}}}{2\Delta t} \tag{4.9}$$

式中 $c_{0S_2O_3^{2-}}$ 为反应开始时 $Na_2S_2O_3$ 的浓度。只要记下从反应开始到溶液出现蓝色时所需的时间,就可根据式(4.9)求得反应(1)的反应速率。

为求反应速率方程式 $v = k \cdot c_{S_2O_8^{2-}}^{m} \cdot c_{I^-}^{n}$ 中的反应级数 m 和 n,将固定 $c_{S_2O_8^{2-}}$,改变 c_{I^-},及固定 c_{I^-},改变 $c_{S_2O_8^{2-}}$,求得同一温度下不同浓度的反应速率。根据反应速率方程

$$v = k \cdot c_{S_2O_8^{2-}}^{m} \cdot c_{I^-}^{n}$$

的关系式,便可推算出反应级数 m 和 n 值。

求得 m 和 n 值后,利用反应速率方程则可求一定温度下的反应速率常数 k,即

$$k = \frac{v}{c_{S_2O_8^{2-}}^{m} \cdot c_{I^-}^{n}} \tag{4.10}$$

根据阿伦尼乌斯(Arrhenius)公式,反应速率常数与反应温度的关系为

$$\lg k = -\frac{E_a}{2.303RT} + \lg A \tag{4.11}$$

式中 E_a 为反应的活化能,R 为气体常数($8.314 \text{ J} \cdot \text{mol}^{-1} \cdot \text{K}^{-1}$),$T$ 为热力学温度,A 为指前因子。若测得不同温度下的一系列 k 值,然后以 $\lg k$ 对 $1/T$ 作图,可得一直线,其斜率为

$$斜率 = -\frac{E_a}{2.303R} \tag{4.12}$$

根据图中获得的斜率值,利用公式(4.12)便可求出活化能 E_a。

仪器与试剂

仪器:锥形瓶(100 mL),量筒(20 mL,10 mL 各 2 个),温度计,秒表,恒温水浴锅,磁力搅拌器。

试剂:KI($0.20 \text{ mol} \cdot \text{L}^{-1}$),$(NH_4)_2S_2O_8$($0.20 \text{ mol} \cdot \text{L}^{-1}$),$Na_2S_2O_3$($0.01 \text{ mol} \cdot \text{L}^{-1}$),$KNO_3$($0.20 \text{ mol} \cdot \text{L}^{-1}$),$(NH_4)_2SO_4$($0.20 \text{ mol} \cdot \text{L}^{-1}$),淀粉溶液($0.2\%$),$Cu(NO_3)_2$($0.20 \text{ mol} \cdot \text{L}^{-1}$)。

实验步骤

1.浓度对反应速率的影响

在室温下,用量筒(贴上标签以免混用)量取表 4.13 中编号 I 的 KI($0.20 \text{ mol} \cdot \text{L}^{-1}$)、$Na_2S_2O_3$($0.01 \text{ mol} \cdot \text{L}^{-1}$)、淀粉($0.2\%$)放入 100 mL 锥形瓶中混合,然后量取 $(NH_4)_2S_2O_8$($0.20 \text{ mol} \cdot \text{L}^{-1}$)溶液迅速加入锥形瓶中,同时按动秒表计时,磁力搅拌器搅拌,仔细观察溶液,待溶液刚出现蓝色时,迅速停止计时。将反应所用的时间 Δt 记录于表 4.13 中。按表 4.13 中编号 II、III 所列用量重复上述实验。为了使溶液中的离子强度和总体积保持不变,将编号 II、III 中减少的 $(NH_4)_2S_2O_8$ 和 KI 的用量分别用 $(NH_4)_2SO_4$ 和 KNO_3 溶液补充。

化学反应速率
的测定

表 4.13　浓度对反应速率的影响实验数据　　　　　　室温：_____ ℃

实验编号		I	II	III
试剂用量(mL)	$0.20\ mol \cdot L^{-1}(NH_4)_2S_2O_8$	10.0	5.0	10.0
	$0.20\ mol \cdot L^{-1}KI$	10.0	10.0	5.0
	$0.01\ mol \cdot L^{-1}Na_2S_2O_3$	4.0	4.0	4.0
	0.2% 淀粉	2.0	2.0	2.0
	$0.20\ mol \cdot L^{-1}KNO_3$	—	—	5.0
	$0.20\ mol \cdot L^{-1}(NH_4)_2SO_4$	—	5.0	—
在 26 mL 溶液中各试剂的起始浓度 c_B (mol $\cdot$ L^{-1})	$(NH_4)_2S_2O_8$			
	KI			
	$Na_2S_2O_3$			
反应时间 Δt(s)				
反应速率 v(mol $\cdot$ L^{-1} $\cdot$ s^{-1})				
反应速率常数 k				
$\bar{k}$				
m			n	

2. 温度对反应速率的影响

按表 4.14 中编号 II 的试剂用量,把 KI($0.20\ mol \cdot L^{-1}$)、$Na_2S_2O_3$($0.01\ mol \cdot L^{-1}$)、淀粉(0.2%)、KNO_3($0.20\ mol \cdot L^{-1}$)溶液加入到 100 mL 锥形瓶中混合,并把(NH_4)$_2$S$_2$O$_8$($0.20\ mol \cdot L^{-1}$)溶液加在一只大试管中,然后将它们共同放入比室温高约 10 ℃的恒温水浴中加热,并不断搅拌,使水温充分均匀,测量温度。当水温达到要求后,记录温度,然后将大试管中的(NH_4)$_2$S$_2$O$_8$迅速加入到锥形瓶中,搅拌,计时。当溶液刚出现蓝色时停止计时,记录所用时间。在反应的整个过程中,锥形瓶不能离开恒温水浴,该实验编号为IV。

将水浴温度提高到高于室温约 20 ℃,30 ℃重复上述实验(编号 V,VI),测定反应所需的时间和温度,将所得数据记录于表 4.14 中。

表 4.14　温度对化学反应速率的影响

实验编号	IV	V	VI	VII
反应温度 T(K)				
反应时间 Δt(s)				
反应速率 v(mol $\cdot$ L^{-1} $\cdot$ s^{-1})				
反应速率常数 k(mol^{-1} $\cdot$ L $\cdot$ s^{-1})				
lg k				
$1/T \times 10^3$(K^{-1})				

3. 催化剂对反应速率的影响

按表 4.13 中编号III中的试剂用量,把 KI($0.20\ mol \cdot L^{-1}$),$Na_2S_2O_3$($0.01\ mol \cdot L^{-1}$),淀

粉(0.2%)，KNO_3(0.20 mol·L^{-1})溶液加入到 100 mL 锥形瓶中混合，再加入 2 滴 $Cu(NO_3)_2$(0.20 mol·L^{-1})溶液，然后迅速加入(NH_4)$_2S_2O_8$(0.20 mol·L^{-1})溶液，同时计时，试验编号为Ⅶ。将此实验的反应速率与不加催化剂的反应速率进行比较，可得到什么结论？

将实验数据记录在表 4.13、表 4.14 中。

将表 4.13 编号Ⅰ和Ⅱ的实验结果分别代入

$$\bar{v} = -\frac{\Delta c_{S_2O_8^{2-}}}{\Delta t} = k \cdot c_{S_2O_8^{2-}}^m \cdot c_{I^-}^n$$

得到

$$\frac{\bar{v}_Ⅰ}{\bar{v}_Ⅱ} = \frac{k \cdot c_{ⅠS_2O_8^{2-}}^m \cdot c_{ⅠI^-}^n}{k \cdot c_{ⅡS_2O_8^{2-}}^m \cdot c_{ⅡI^-}^n}$$

因为

$$c_{ⅠI^-}^n = c_{ⅡI^-}^n$$

所以$\frac{\bar{v}_Ⅰ}{\bar{v}_Ⅱ} = \frac{c_{ⅠS_2O_8^{2-}}^m}{c_{ⅡS_2O_8^{2-}}^m}$，根据该式便可求得 m 值。同理可求得 n 值。

反应速率常数 k 的计算和作图法计算反应的活化能见实验原理。活化能的文献值 $E_a = 56.7$ kJ·mol^{-1}。

提示与备注

(NH_4)$_2S_2O_8$ 本身具有强氧化性而不稳定，其 $\varphi_{A S_2O_8^{2-}/SO_4^{2-}}^{\ominus} = 2.01$ V，在受热或有还原剂存在的条件下易分解或被还原。因此(NH_4)$_2S_2O_8$(s)必须在低温条件下保存，且不能长期存放。当使用过期的(NH_4)$_2S_2O_8$(s)时，由于(NH_4)$_2S_2O_8$ 的实际含量低于试剂标明的含量，则实验可能出现反常情况。如配制的 $c_{(NH_4)_2S_2O_8}$ 低于 $1/2c_{Na_2S_2O_3}$ 时，可能发生 $\Delta t \to \infty$ 的现象。配制好的(NH_4)$_2S_2O_8$ 溶液也不稳定，随着存放时间加长，浓度不断下降，因此该实验使用的(NH_4)$_2S_2O_8$(s)应是新购置的且在有效期内的试剂。配制好的(NH_4)$_2S_2O_8$ 溶液也不宜放置过长时间，最好是现配现用，以保证良好的实验效果。

又由于 $Na_2S_2O_3$ 水溶液也不太稳定，常发生下列反应

$$2Na_2S_2O_3 + O_2(空气中) \longrightarrow 2Na_2SO_4 + 2S\downarrow$$

$$Na_2S_2O_3 \xrightarrow{\text{细菌}} Na_2SO_3 + S\downarrow$$

如果 $Na_2S_2O_3$ 溶液中 $Na_2S_2O_3$ 全部被分解或氧化，此时加入(NH_4)$_2S_2O_8$ 溶液，则可能立即出现蓝色，Δt 近似为 0。

所以本实验的准确性主要依赖于 $Na_2S_2O_3$，(NH_4)$_2S_2O_8$ 溶液浓度的准确性。

思考题

1. 实验中向 KI、$Na_2S_2O_3$ 和淀粉混合溶液中加入(NH_4)$_2S_2O_8$ 时为什么要迅速？加 $Na_2S_2O_3$ 的目的是什么？$Na_2S_2O_3$ 的用量过多或过少，对实验结果有何影响？

2. 为什么可以由反应溶液出现蓝色的时间长短来计算反应速率？溶液出现蓝色后，反应 $S_2O_8^{2-} + I_2 = 2SO_4^{2-} + 2I^-$ 是否就终止了？

实验 4.8　电极电势的测定

实验目的

①了解测定原电池电动势和电极电势的原理及方法。

②掌握用 pH 计测定原电池电动势的方法。

预习提示

①原电池、电极电势的概念,能斯特方程式的表达,标准氢电极、参比电极(饱和甘汞电极)的概念。

②活度与浓度的关系,影响活度系数大小的因素有哪些?

③盐桥的作用是什么? 是否可以不用?

④测定原电池电动势之前,如何对电极进行活化处理?

实验原理

电极电势是指某电对构成的电极以标准氢电极为基准而得出的该电极的相对平衡电势。标准氢电极是将镀有一层海绵状铂黑的铂片浸入 H^+ 浓度为 1 mol·L^{-1}(严格讲是活度为 1)的酸溶液中,在指定温度下,不断通入压力为 100 kPa 的纯氢气,使它吸附氢气至饱和。此时吸附在铂黑上的氢气和溶液中 H^+ 建立如下平衡

$$2\ H^+(aq) + 2e^- \Longrightarrow H_2(g)$$

并规定:$\varphi^{\ominus}_{H^+/H_2} = 0.000$ V(298.15 K)。由于标准氢电极使用条件要求很严,应用不太方便,在实际测定电极电势时,一般采用另外一些制备简单、易于复制、操作容易、电极电势稳定的电极作参比电极代替标准氢电极。常用的参比电极是饱和甘汞电极,电极反应为

$$Hg_2Cl_2(s) + 2e^- \Longrightarrow 2Hg(l) + 2Cl^-(aq)$$

$$\varphi_{Hg_2Cl_2/Hg} = \varphi^{\ominus}_{Hg_2Cl_2/Hg} - \frac{RT}{zF}\ln \alpha_{Cl^-} \tag{4.13}$$

从式(4.13)可知,$\varphi_{Hg_2Cl_2/Hg}$ 与氯离子的活度和温度有关。当 KCl 为饱和溶液时,温度对电极电势影响的关系为

$$\varphi_{Hg_2Cl_2/Hg} = 0.2415 - 7.6 \times 10^{-4} \times (t - 25)$$

式中 t 为温度。

将待测电极与标准氢电极(或其他参比电极)组成原电池,测定原电池电动势,即可求得电对的电极电势。原电池电动势 E 为

$$E = \varphi_{正} - \varphi_{负} \tag{4.14}$$

由于标准氢电极(或其他参比电极)电极电势是已知的,因而当测得原电池电动势时,根据式(4.14)可求出待测电对的电极电势。然后再根据能斯特方程式求出待测电对的标准电极电势

$$\varphi_{待测} = \varphi^{\ominus}_{待测} + \frac{RT}{zF}\ln \frac{\alpha_{氧化型}}{\alpha_{还原型}}$$

式中　R 为通用气体常数(8.314 J·mol^{-1}·K^{-1}),F 为法拉第常数(96 485 C·mol^{-1}),T 为热力学温度,z 为电池反应中的转移电子数,α 为活度。活度与浓度的关系为

$$\alpha_i = \gamma_i \cdot c_i$$

其中,γ_i 为活度系数。CuSO$_4$ 和 ZnSO$_4$ 溶液的活度系数见表 4.15。

表 4.15　CuSO$_4$ 和 ZnSO$_4$ 溶液的活度系数 γ

浓度(mol · L^{-1})	0.10	0.20	0.40	0.50	0.80	1.00
γ_{CuSO_4}	0.150	0.140	0.071	0.061	0.048	0.043
γ_{ZnSO_4}	0.150	0.140	0.071	0.061	0.048	0.043

　　一般测定原电池的电动势不能直接用伏特计进行精确测量。这是因为当伏特计与原电池接通时,原电池中就会发生氧化还原反应而产生电流。由于反应不断进行,原电池中溶液的浓度将会随之不断改变,原电池的电动势不能保持稳定,将相应地有所降低。另一方面原电池本身存在内电阻和电极极化等因素,用伏特计测得的电压只是原电池电动势的一部分(即外电路的电压降),而不是该原电池的电动势。对于原电池电动势的精确测量可使用电势差计(对消法或称补偿法)。即用一个方向相反的可调节的工作电池与待测原电池并联相接,以对抗待测原电池的电动势,调节工作电池,当外电路的电流为零时,工作电池测量出反向电压的数值,即为被测原电池的电动势。

　　酸度计实际上是高阻抗输入毫伏计,当实验要求精度不高或只是为了进行比较的情况下,可以用酸度计测量原电池的电动势。

仪器与试剂

　　仪器:pHS – 3C 型酸度计,饱和甘汞电极,接线柱,100 mL 烧杯(5 个),50 mL 容量瓶(2 个),10 mL 吸量管(公用),盐桥(含有琼胶及饱和 KCl 溶液的 U 形管)。

　　试剂:CuSO$_4$(0.500 mol · L^{-1}),ZnSO$_4$(0.500 mol · L^{-1}),KCl(饱和溶液)。

　　其他:铜片,锌片,砂纸,滤纸,导线等。

实验步骤

　　①用实验室提供的 0.500 mol · L^{-1} CuSO$_4$ 溶液及 0.500 mol · L^{-1} ZnSO$_4$ 溶液配制 0.100 mol · L^{-1} CuSO$_4$ 溶液及 0.100 mol · L^{-1} ZnSO$_4$ 溶液各 50 mL(精确配制)。

　　②电极的活化。将铜片、锌片、导线接头用砂纸打磨除去氧化层,然后用滤纸擦干净备用。

　　③原电池装置的组装。在干燥的 100 mL 烧杯中加入约 50 mL 0.100 mol · L^{-1} CuSO$_4$ 溶液,在另一烧杯中加入约 50 mL 饱和 KCl 溶液,分别将铜片和甘汞电极插入相应的 CuSO$_4$ 溶液和 KCl 溶液中,并用盐桥连接两电极构成下列原电池(1)。用同样的方法组装原电池(2)~(4),原电池符号为

　　(–)Pt,Hg-Hg$_2$Cl$_2$(s) | KCl(饱和) ‖ CuSO$_4$(0.100 mol · L^{-1}) | Cu (+)　　　　(1)

　　(–)Pt,Hg-Hg$_2$Cl$_2$(s) | KCl(饱和) ‖ CuSO$_4$(0.500 mol · L^{-1}) | Cu (+)　　　　(2)

　　(–)Zn | ZnSO$_4$(0.100 mol · L^{-1}) ‖ KCl(饱和) |Hg-Hg$_2$Cl$_2$(s) ,Pt (+)　　　　(3)

　　(–)Zn | ZnSO$_4$(0.500 mol · L^{-1}) ‖ KCl(饱和) |Hg-Hg$_2$Cl$_2$(s) ,Pt (+)　　　　(4)

　　④原电池电动势的测量。将组装好的原电池装置中参比电极与 pHS – 3C 型酸度计的参比接线柱相连,将待测电极与测量接线柱相连,按照 pHS – 3C 型酸度计测电动势的方法测量原电池(1)~(4)的电动势并记录于表 4.16 中。

　　实验数据的记录及处理见表 4.16。

室温 _____ ℃。

$\varphi_{Hg_2Cl_2/Hg} = 0.241\,5 - 7.6 \times 10^{-4} \times ($ _____ $-25)$，$\varphi_{Hg_2Cl_2/Hg} = $ _____ V。

表 4.16　测量原电池电动势记录

电池表示式	$E(mV)$	$E(V)$	γ	$\varphi_{M^{2+}/M}$	$\varphi^{\ominus}_{M^{2+}/M}$
$(-)Pt,Hg\text{-}Hg_2Cl_2(s)\,|\,KCl(饱和)\,\|$ $CuSO_4(0.100\ mol\cdot L^{-1})\,|\,Cu\ (+)$					
$(-)Pt,Hg\text{-}Hg_2Cl_2(s)\,|\,KCl(饱和)\,\|$ $CuSO_4(0.500\ mol\cdot L^{-1})\,|\,Cu\ (+)$					
$(-)Zn\,|\,ZnSO_4(0.100\ mol\cdot L^{-1})\,\|$ $KCl(饱和)\,|Hg\text{-}Hg_2Cl_2(s)\,,Pt\ (+)$					
$(-)Zn\,|\,ZnSO_4(0.500\ mol\cdot L^{-1})\,\|$ $KCl(饱和)\,|Hg\text{-}Hg_2Cl_2(s)\,,Pt\ (+)$					

提示与备注

由于 pHS – 3C 型酸度计作为伏特计使用时,其接线柱是固定专用的,所以原电池中的参比电极无论做正、负极均接在参比接线柱上。当参比电极做正极时,所测的电动势是正值;参比电极做负极时,所测的电动势是负值,说明原电池正、负极接反了,又无法调换两接头,所以记录时应去掉负号记正值。

思考题

1. 计算标准电极电势时,为什么不能直接将所测溶液的浓度代入能斯特方程式?

2. 为什么直接用伏特计不能精确测量原电池的电动势?

4.3　化学元素实验

实验要求

本节实验是由常见元素及其化合物的性质实验及常见阴、阳离子的分离与鉴定的定性分析实验组成。

通过性质实验可以获得感性认识,并通过实验现象的仔细观察和对化学性质的思考、对比、归纳、总结,从感性认识上升到理性认识。可以验证所学理论知识的正确性和可靠性,还可以应用理论知识指导实验,纠正实验中的一些不良操作,从而达到学习、巩固和掌握元素单质及其化合物重要性质的要求。

离子和化合物的共性和个性是定性分析的依据。通过定性分析实验,不但可以巩固常用化学试剂与常见离子的反应,还可以掌握常见离子的特征反应现象、水溶液中常见离子的分离与鉴定,以及掌握半微量定性分析的操作技术,如滴瓶中试剂的半定量取用、被沉淀离子是否沉淀完全的检查、离心分离、沉淀与溶液的分离、沉淀的洗涤等。

实验方法提要

元素化学是无机及分析化学中的重要内容,占有相当大的比重,是无机及分析化学实验中的重点。

元素及化合物的性质包括存在的状态及颜色,溶解性、酸碱性、配合性、热稳定性及氧化还原性。通过本节实验,使学生能够正确观察实验现象,分析、对比、总结元素及其化合物的性质及其变化规律。

元素化学实验的条件非常重要,温度、浓度、介质、催化剂甚至反应物之间量的关系、反应物添加的次序都会影响实验结果。因此要求做到认真预习、严格操作、仔细观察,以写出合格的实验报告。这一过程不但强化了学生对无机物的感性认识、验证无机物的性质、掌握试管实验技能,更重要的是使学生学会一些无机物性质实验的基本研究方法及驾驭理论与实验技能的思维方法,培养学生实事求是的科学态度及良好的科学素养,为今后独立进行科学研究打下良好的基础。

1. 化学反应现象的观察

对实验现象的观察是科学研究的基本手段。正确仔细地观察可以帮助我们得出正确的结论。在观察实验现象时,首先要有目的性和预见性。对每一个实验要有明确的观察目的及观察中心和范围,对实验中每一个步骤应该观察些什么要心中有数,只有有目的、有意识地观察,才能达到实验的预期效果。因此学生在做元素化学实验前应做好预习,写出实验中可能出现的现象。另外,对实验现象的观察要仔细,并且有连续性。化学反应常伴有物质外观的变化,如颜色的改变,沉淀的生成或溶解,气体的产生等。观察要认真仔细,并要观察反应的全过程。必要时,还要对产物做进一步的验证。

2. 化学实验操作中应注意的问题

（1）操作要规范,防止药品的污染

元素化学实验所用试剂种类很多,且相互间容易发生多种化学反应。滴管操作不当（如滴管伸入试管内或乱放于实验台上,不同滴瓶的滴管互换等）极易造成药品的污染。因此操作中要绝对遵守操作规则,防止药品污染。

（2）控制试剂用量

元素化学实验属于定性实验,对试剂的用量要求并不十分严格,因此多不需要用量筒量取体积,而采用滴数来控制用量。但也不是不加控制,越多越好。因为在很多实验中,试剂用量越大反倒使应该看到的现象看不到了。特别是沉淀的溶解实验,在试剂用量很大产生很多沉淀时,再加入使其溶解的试剂,此时不能使其完全溶解,从而会得出沉淀不溶的错误结论。因此,元素化学实验的一般用量为几滴到 1 mL。固体药品用量也要少。

（3）注意控制反应条件

任何化学反应都在一定条件下才能发生,因此必须重视反应条件（如温度、浓度、介质的酸碱性、试剂的用量等）的控制。创造合适的条件使反应现象明显地表现出来,以便更好地取得实验结果。如 $KMnO_4$ 与 Na_2SO_3 的反应,在不同介质中反应现象不同,酸性介质中紫红色的 MnO_4^- 褪为无色,碱性介质中则变为墨绿色的 MnO_4^{2-},中性介质中则产生棕褐色的 MnO_2 沉淀。同样不同用量的氧化剂、还原剂也会产生不同的实验现象,因此必须按照要求严格控制实验条件。

（4）空白实验和对照实验

1）空白实验　用蒸馏水代替被测物质,其他条件与进行被测物质的实验相同。进行空白实验有利于区分现象的来源,如有些反应发生颜色的变化,而此颜色的变化究竟是产物造成的还是所加其他试剂颜色造成的? 通过空白实验即可确定该颜色变化产生的原因。

2) 对照实验 用已知溶液代替被测溶液,在相同条件下重复实验。通过对照实验可以检查试剂是否有效或反应条件控制得是否合适。

3. 水溶液中常见离子的分离与鉴定

定性分析的任务是鉴定物质是由哪些元素、离子、原子团或化合物组成。定性分析可采用化学分析法和仪器分析法。化学分析法是以物质的化学特征为基础的分析方法,主要采用溶液中的沉淀反应、颜色的变化或生成特征气体的反应。仪器分析法是以物质的某些物理性质为基础的方法(如光学性质、电学性质等),主要采用光谱分析,这是目前定性分析中最全面、最快速的方法,其缺点是对某些阴离子不适用。

各种离子在水溶液中能进行许多化学反应,但并不是每个化学反应都能用作鉴定反应。无机半微量定性分析中对鉴定反应有以下基本要求:

① 鉴定反应必须快速进行,反应现象应保持一段时间,这样才便于观察和比较。

② 鉴定反应必须有明显的外观特征,这些特征主要有沉淀的生成或溶解,溶液颜色的变化,气体的产生及干法实验中产生焰色反应或特征的熔珠等。

③ 鉴定反应必须有较高的反应灵敏度。灵敏度是指在一定反应条件下,某分析反应能检出待测离子的最小量(称为检出限量,用 m 表示)或最小浓度(最低浓度)。m 很小就能发生显著反应,表明该反应为灵敏度高的反应。

每一鉴定反应所能检出的离子量都有一个限度,低于此限度离子就不能被检出,因此某一离子经鉴定,得到否定结果,这并不能说明该离子不存在,而只是说明用这些鉴定反应来鉴定该离子,其含量小于鉴定反应的检出限量,或由于溶液太稀,而低于此鉴定反应最低限度。适宜的鉴定反应灵敏度为 $m < 50\ \mu g$。

④ 鉴定反应希望有较高的选择性。一种试剂能与多种离子反应,这是选择性的问题。一种试剂只能与一种离子反应,此试剂称为专属试剂,此反应称为专属反应;若与少数几种离子反应,则此试剂称为选择性试剂,此反应称为选择性反应;与多种离子反应,则此试剂称为普通性试剂,此反应称为普通性反应。如:无 CN^- 存在时,用气室法检验 NH_4^+ 的反应基本上可以认为是专属反应;在 HAc 溶液中,Pb^{2+} 与 CrO_4^{2-} 生成 $PbCrO_4$ 黄色沉淀,仅 Ba^{2+} 等少数离子有干扰,此反应为选择性反应;S^{2-} 与 Zn^{2+} 生成 ZnS 白色沉淀,Cu^{2+},Co^{2+},Ni^{2+},Fe^{2+} 等多种离子也与 S^{2-} 反应生成沉淀,故为普通性反应。

一般应用一些选择性高的反应进行离子鉴定,因此要求在鉴定之前做一些必要的分离或控制一定的反应条件,以提高反应的选择性。常见的鉴定反应条件如下。

① 反应介质的酸碱性。例如,用 CrO_4^{2-} 鉴定 Pb^{2+} 的反应要求在中性或弱碱性溶液中进行。因为在碱性介质中会生成 $Pb(OH)_2$ 沉淀,若碱性太强,则生成 $[Pb(OH)_4]^{2-}$,若酸性太强,由于 H^+ 与 CrO_4^{2-} 易结合成难电离的 $HCrO_4^-$,降低溶液中 CrO_4^{2-} 浓度,得不到黄色 $PbCrO_4$ 沉淀,使鉴定反应的灵敏度降低。

② 反应离子浓度和试剂浓度。在鉴定反应中,为保证反应显著,要求溶液中反应离子和试剂有一定的浓度。例如,对于沉淀反应,不仅要求溶液中反应物的离子积超过该温度下沉淀物的溶度积,而且要析出足够量的沉淀,便于观察。对于生成溶解度较大的物质,这一点尤为重要。例如,$PbCl_2$ 在水中溶解度较大,所以只有当溶液中 Pb^{2+} 的浓度较大时,才能观察到白色的 $PbCl_2$ 沉淀生成。又如,用钼酸铵试剂鉴定 PO_4^{3-} 的反应为

$$PO_4^{3-} + 12MoO_4^{2-} + 3NH_4^+ + 24H^+ \Equal\equals (NH_4)_3PO_4 \cdot 12MoO_3 \cdot 6H_2O \downarrow + 6H_2O$$

由于生成黄色的磷钼酸铵沉淀能溶于过量磷酸盐溶液,因此要求加入过量钼酸铵试剂,才能确保反应产生特征的黄色沉淀。

但反应离子的浓度并非总是大一些好。例如,用强氧化剂($NaBiO_3$、PbO_2 或 $(NH_4)_2S_2O_8$)检验 Mn^{2+}(Mn^{2+} 被氧化为紫红色的 MnO_4^-)的反应,Mn^{2+} 浓度不能过大,因为过量 Mn^{2+} 会还原 MnO_4^-,而使紫红色褪去。

③反应的温度、催化剂。溶液的温度有时对鉴定反应有较大的影响,有些难溶物的溶解度随温度升高而迅速增大,使沉淀不能产生,如 $PbCl_2$ 能溶于热水。

但有些鉴定反应特别是某些氧化还原反应的反应速率很慢,必须加热以加快反应的速率。如 $S_2O_8^{2-}$ 氧化 Mn^{2+} 的反应必须加热,除加热外,还需加入 Ag^+ 做催化剂,才能加速反应的进行。若没有 Ag^+ 做催化剂,$S_2O_8^{2-}$ 只能将 Mn^{2+} 氧化成四价锰形成 $MnO(OH)_2$ 棕色沉淀。

④溶剂。为提高鉴定反应的灵敏度,增加生成物稳定性,某些鉴定反应常要求在有机溶剂中进行。例如,用 H_2O_2 鉴定 Cr^{3+} 的反应。反应为

$$Cr_2O_7^{2-} + 4H_2O_2 + 2H^+ \Equal\equals 2CrO_5 + 5H_2O$$

生成深蓝色的过铬酸在水溶液中极不稳定,易分解为 Cr^{3+},使蓝色褪去,但在有机溶剂中比较稳定,因此为增加过铬酸的稳定性,除控制在低温下进行反应外,还要加入乙醚(或戊醇),把反应生成的过铬酸立即萃取到乙醚层中。

实验4.9　p 区重要非金属元素——卤素

实验目的
①掌握卤素单质的物理性质和化学性质及卤素离子的还原性。
②掌握次氯酸、氯酸及其盐的氧化性。
③熟悉 Cl^-,Br^-,I^- 离子鉴定方法。
预习提示
①卤素物质结构与性质的关系。
②查出卤素各电对的电极电势,并总结卤素单质及其化合物氧化还原性。

卤素的氧化还原性

次氯酸和氯酸

实验原理

1.卤素单质及 X⁻ 的主要性质

①物理性质。卤素单质皆为双原子分子,随着卤素原子半径的增加和核外电子数目的增多,卤素分子之间的色散力也逐渐增大,因此卤素单质的一些物理性质呈规律性变化。
②卤素单质的熔沸点、汽化焓和密度等物理性质按 $F-Cl-Br-I$ 的顺序依次增大。
③聚集状态。在常温下,氟、氯是气体,溴是易挥发的液体,碘是固体。
④颜色。卤素单质均有颜色。随着分子量的增大,卤素单质的颜色依次加深(由浅黄、黄绿、红棕到紫黑),这是由于不同的卤素单质对光线选择性吸收所致。
⑤溶解度。卤素单质在水中溶解度小,而易溶于非极性的有机溶剂(可用于萃取和分离鉴定)。碘难溶于水,但易溶于碘化物溶液(如碘化钾)中,这主要是由于产生 I_3^- 缘故,反应式为

$$I_2 + I^- \Equal\equals I_3^-$$

⑥气态的卤素有刺激气味，强烈刺激眼、鼻等黏膜，毒性按 F – Cl – Br – I 的顺序依次减小。

⑦化学性质。卤素单质最突出的性质是氧化性，除碘外，它们均为强氧化剂。下面为卤素单质与其阴离子组成电对的标准电极电势 $\varphi^{\ominus}(X_2/X^-)$：

电对　　F_2/F^-　　Cl_2/Cl^-　　Br_2/Br^-　　I_2/I^-

$\varphi^{\ominus}(V)$　　2.87　　1.36　　1.09　　0.536

从上述数据可看出：卤素单质的氧化性 $F_2 > Cl_2 > Br_2 > I_2$，卤素离子的还原性 $I^- > Br^- > Cl^- > F^-$，因此每种卤素都可以把电负性比它小的卤素从后者的卤化物中置换出来。例如氟可以从固态氯化物、溴化物、碘化物中分别置换氯、溴、碘；氯可以从溴化物、碘化物的溶液中置换出溴、碘；而溴只能从碘化物的溶液中置换出碘。

I^- 具有较强的还原性，遇氧化剂（Fe^{3+} 等）可发生如下反应

$$2Fe^{3+} + 2I^- = 2Fe^{2+} + I_2$$

2. 含氧酸及其盐的性质

①次氯酸及其盐：HClO 是很弱的酸（$K_a^{\ominus} = 2.9 \times 10^{-8}$），比碳酸还弱，且很不稳定，只能存在稀溶液中（得不到浓酸），且会慢慢自行分解，反应式为

$$2HClO = 2HCl + O_2 \uparrow$$

HClO 是强的氧化剂和漂白剂。碱金属的次氯酸盐都易水解，水溶液呈碱性，并具有强氧化性。例如，在 NaClO 溶液中加入稀盐酸可以得到氯气，反应式为

$$NaClO + 2HCl = NaCl + Cl_2 \uparrow + H_2O$$

ClO^- 也可把 I^- 氧化为 I_2，反应式为

$$2I^- + ClO^- + H_2O = I_2 + Cl^- + 2OH^-$$

②氯酸及其盐：$HClO_3$ 是强酸，其强度接近于盐酸和硝酸，是强氧化剂，它能把 I_2 氧化成 HIO_3，而本身的还原产物决定于其用量，反应式为

$$2HClO_3（过量） + I_2 = 2HIO_3 + Cl_2 \uparrow$$

$$5HClO_3 + 3I_2（过量） + 3H_2O = 6HIO_3 + 5HCl$$

$KClO_3$ 是最重要的氯酸盐，在催化剂存在时，受热分解为 KCl 和 O_2，若无催化剂，则发生歧化反应

$$2KClO_3 \xrightarrow[MnO_2]{\triangle} 3O_2 \uparrow + 2KCl$$

$$4KClO_3 \xrightarrow{\triangle} 3KClO_4 + KCl$$

固体 $KClO_3$ 是强氧化剂，它与易燃物质（如碳、硫、磷或有机物质）混合后，一受撞击即引起爆炸着火，因此 $KClO_3$ 常用来制造炸药、火柴和焰火等。

$KClO_3$ 的中性溶液不显氧化性，不能氧化 KI，但酸化后即可将 I^- 氧化，反应式为

$$ClO_3^- + 6H^+ + 6I^- = 3I_2 + Cl^- + 3H_2O$$

当 ClO_3^- 过量时，进一步将 I_2 氧化为 IO_3^-，反应式为

$$2ClO_3^- + I_2 = 2IO_3^- + Cl_2 \uparrow$$

仪器与试剂

仪器：恒温水浴锅，试管，试管夹等。

试剂：氯水，溴水，碘水，NaClO（现用现配），$KClO_3$（饱和），HCl（2.0 mol·L^{-1}，6.0 mol·L^{-1}，

浓），$H_2SO_4(1.0\ mol\cdot L^{-1},3.0\ mol\cdot L^{-1})$，$NaOH(2.0\ mol\cdot L^{-1})$，$HAc(6.0\ mol\cdot L^{-1})$，品红（1%），$KI(0.1\ mol\cdot L^{-1})$，$KBr(0.1\ mol\cdot L^{-1})$，$FeCl_3(0.1\ mol\cdot L^{-1})$。

实验步骤

1. 观察实验

观察卤素单质在不同溶剂中的溶解度大小及相应的溶液颜色，见表4.17。

表4.17　Br_2和I_2的溶解性（实验室准备好放在通风橱里）

性质　　X$_2$	X$_2$存在状态及颜色	在水中的溶解情况及颜色	在CCl_4中的溶解情况及颜色	在KI中的溶解情况及颜色	加淀粉 Br$_2$
Br$_2$				—	—
I$_2$					

2. X$_2$的氧化性

在2支盛有少量$0.1\ mol\cdot L^{-1}$ KI溶液的试管中分别滴加氯水（适量）和溴水（适量），观察有何变化？设法检验是否有 I_2 产生？

在上述2支试管中继续分别加入过量氯水和溴水，各有何现象发生？

3. X$^-$的还原性

分别取2或3滴$0.1\ mol\cdot L^{-1}$ KBr 和$0.1\ mol\cdot L^{-1}$ KI 溶液，与$0.1\ mol\cdot L^{-1}$ $FeCl_3$ 溶液作用，检验是否有 Br_2 单质和 I_2 单质生成。

4. ClO^-的氧化性

在3支试管中各加入3~5滴新制的 NaClO 溶液，依次进行下列实验。

①在试管1中加入数滴$2.0\ mol\cdot L^{-1}$ HCl，观察现象，并检验所产生的气体。

②在试管2中加入数滴$1.0\ mol\cdot L^{-1}$ H_2SO_4 振荡，再逐滴加入$0.1\ mol\cdot L^{-1}$ KI，检验有无 I_2 的产生（KI 应多加，为什么？）。

③在试管3中逐滴加入$0.1\ mol\cdot L^{-1}$ KI 溶液，再加$2.0\ mol\cdot L^{-1}$ NaOH 溶液，有何变化？

通过上述实验，总结 NaClO 在不同介质中的氧化性。

在试管中加入1滴品红溶液，再滴加 NaClO 溶液，观察现象。

5. ClO_3^-的氧化性

①在5滴饱和 $KClO_3$ 溶液中加入5滴浓 HCl，检查所产生的气体。

②在2支试管中各加入10滴饱和 $KClO_3$，并加入1滴$0.1\ mol\cdot L^{-1}$ KI，观察有无变化？然后在1支试管中加入$3.0\ mol\cdot L^{-1}$ H_2SO_4，在另一支试管中加$6.0\ mol\cdot L^{-1}$ HAc，振荡，观察现象。加入 H_2SO_4 的那支试管出现棕色后，水浴加热，观察现象。

③在10滴$0.1\ mol\cdot L^{-1}$ KI 中加10滴$3.0\ mol\cdot L^{-1}$ H_2SO_4后，再加1滴饱和 $KClO_3$ 溶液，观察有何现象？

通过上述实验，总结介质对 ClO_3^- 氧化性的影响，以及氧化剂、还原剂相对用量不同，产物是否相同？

按书后附录11中离子鉴定的方法进行 Cl^-、Br^-、I^- 的单独离子鉴定。

提示与备注

卤素单质都具有毒性，毒性随相对原子质量的增高而降低，但液溴造成的伤害比氯大，使

80

用时要注意。如果不慎把溴水溅到皮肤上，应立即用水冲洗，并用 $NaHCO_3$（或 KI）溶液冲洗。凡是能产生刺激性有毒气体的实验，一律要在通风橱中进行。

思考题

1. 总结 Cl_2，Br_2，I_2 单质的氧化性强弱顺序。

2. 比较 ClO_3^- 与 ClO^- 氧化性强弱。

3. 酸化 $KClO_3$ 溶液时，应选择何种酸？

混合离子的
分离鉴定（上）

混合离子的
分离鉴定（下）

实验 4.10   p 区重要非金属元素——氧、硫、氮、磷

实验目的

①掌握 H_2O_2 的性质。

②掌握 SO_3^{2-} 的氧化性、还原性及 $S_2O_8^{2-}$ 的强氧化性。

③掌握 HNO_2 及其盐的性质。

④熟悉 NH_4^+，NO_2^-，NO_3^-，PO_4^{3-}，SO_3^{2-}，$S_2O_3^{2-}$，SO_4^{2-}，S^{2-} 的鉴定方法。

硫的含氧酸
及其盐

预习提示

①预习氮、氧、硫在不同介质中的元素电势图。

②为什么一般情况下不用硝酸作为酸性反应介质？稀硝酸与金属反应和稀硫酸或稀盐酸与金属反应有什么不同？

③p 区氧族和氮族元素通性。

实验原理

1. H_2O_2 的性质

纯的过氧化氢是近乎无色的黏稠液体，分子间有氢键，沸点比水高，可以与水以任意比例互溶，通常所用的双氧水为过氧化氢水溶液。化学性质方面，过氧化氢主要表现为不稳定性、氧化性和还原性。

1）不稳定性   由于过氧基—O—O—内过氧键的键能较小，过氧化氢分子不稳定，易分解，反应式为

$$2H_2O_2 \Longrightarrow O_2\uparrow + 2H_2O \qquad \Delta_rH_m^\ominus = -196.21 \text{ kJ} \cdot \text{mol}^{-1}$$

溶液中微量杂质、MnO_2 或重金属离子（如 Fe^{3+}，Mn^{2+}，Cu^{2+}，Cr^{3+} 等）对 H_2O_2 的分解有催化作用。常将过氧化氢溶液装在棕色瓶中，并避光放于阴凉处。再放入一些稳定剂（如微量的锡酸钠、焦磷酸钠等），效果则更好。

2）氧化还原性   过氧化氢中氧的氧化数是 -1，处于中间氧化态，它既可以被氧化，也可以被还原，其标准电极电势如下。

酸性溶液：

$$H_2O_2 + 2H^+ + 2e^- \Longrightarrow 2H_2O \qquad \varphi_A^\ominus = +1.776 \text{ V}$$

$$O_2 + 2H^+ + 2e^- \Longrightarrow H_2O_2 \qquad \varphi_A^\ominus = +0.695 \text{ V}$$

碱性溶液：

$$H_2O + HO_2^- + 2e^- \Longrightarrow 3OH^- \qquad \varphi_B^\ominus = +0.878 \text{ V}$$

$$O_2 + H_2O + 2e^- \Longrightarrow HO_2^- + OH^- \qquad \varphi_B^\ominus = -0.076 \text{ V}$$

过氧化氢

由上述电极电势值可见，H_2O_2 无论在酸性或碱性介质中均有氧化性，尤其在酸性溶液中是个强氧化剂。例如，可使黑色的 PbS 氧化成白色的 $PbSO_4$，这一反应用于油画的漂白，反应式为

$$PbS + 4H_2O_2 \rightleftharpoons PbSO_4 \downarrow + 4H_2O$$

在碱性介质中可将 $Mn(OH)_2$ 氧化，反应式为

$$Mn(OH)_2 + H_2O_2 \rightleftharpoons MnO(OH)_2 \downarrow + H_2O$$

由于 H_2O_2 中 O 处于中间氧化态，当它遇到比自己更强的氧化剂时，就表现出还原剂的性质，例如

$$2MnO_4^- + 5H_2O_2 + 6H^+ \rightleftharpoons 2Mn^{2+} + 5O_2 \uparrow + 8H_2O$$

$$MnO(OH)_2 + H_2O_2 + 2H^+ \rightleftharpoons Mn^{2+} + O_2 \uparrow + 3H_2O$$

2. 硫的含氧酸及其盐的性质

（1）亚硫酸及其盐

SO_2 的水溶液叫亚硫酸，亚硫酸不稳定，只能存在水溶液中。在亚硫酸中硫的氧化态为 +4，故它既有氧化性又有还原性。亚硫酸是较强的还原剂和弱的氧化剂，例如

$$Cr_2O_7^{2-} + 8H^+ + 3SO_3^{2-} \rightleftharpoons 2Cr^{3+} + 3SO_4^{2-} + 4H_2O$$

H_2SO_3 遇强还原剂时才表现出氧化性，例如

$$H_2SO_3 + 2H_2S \rightleftharpoons 3S \downarrow + 3H_2O$$

亚硫酸可形成两系列盐，即正盐和酸式盐。大多数的正盐（K^+、Na^+、NH_4^+ 除外）都不溶于水，酸式盐都溶于水。

（2）硫代硫酸及其盐

硫代硫酸钠（$Na_2S_2O_3 \cdot 5H_2O$）商品名为海波，俗称大苏打。硫代硫酸是一种不稳定的酸，会立即分解为

$$S_2O_3^{2-} + 2H^+ \rightleftharpoons SO_2 \uparrow + S \downarrow + H_2O$$

硫代硫酸盐具有较强的还原性，强氧化剂（如 Cl_2）能把它氧化为硫酸盐，较弱的氧化剂（如 I_2）把它氧化为连四硫酸盐

$$S_2O_3^{2-} + 4Cl_2 + 5H_2O \rightleftharpoons 2SO_4^{2-} + 8Cl^- + 10H^+$$

$$2S_2O_3^{2-} + I_2 \rightleftharpoons S_4O_6^{2-} + 2I^-$$

常用 $S_2O_3^{2-}$ 与 Ag^+ 的反应来鉴定 $S_2O_3^{2-}$，反应式为

$$2Ag^+ + S_2O_3^{2-} \rightleftharpoons Ag_2S_2O_3 \downarrow$$

$$Ag_2S_2O_3 + H_2O \rightleftharpoons Ag_2S \downarrow + H_2SO_4$$

沉淀颜色变化为：白→黄→棕→黑。在此鉴定反应中 Ag^+ 要适当过量，否则生成无色溶液而无沉淀生成。反应式为

$$Ag^+ + 2S_2O_3^{2-} \rightleftharpoons [Ag(S_2O_3)_2]^{3-}$$

（3）过硫酸及其盐

硫的含氧酸中含有过氧基（—O—O—）者称为过硫酸。过一硫酸（H_2SO_5）和过二硫酸（$H_2S_2O_8$）分别可看作 H_2O_2 分子中一个氢原子或两个氢原子被磺酸基—SO_3H 取代的产物。过硫酸分子中都含有过氧键（—O—O—），因此具有强的氧化性，反应式为

$$S_2O_8^{2-} + 2e^- \rightleftharpoons 2SO_4^{2-} \qquad \varphi_A^{\ominus} = 2.01 \text{ V}$$

过硫酸盐在 Ag^+ 催化下,能将 Cr^{3+} 氧化为 $Cr_2O_7^{2-}$,反应式为

$$2Cr^{3+} + 3S_2O_8^{2-} + 7H_2O \xrightarrow{Ag^+} Cr_2O_7^{2-} + 6SO_4^{2-} + 14H^+$$

3. 亚硝酸及其盐

亚硝酸很不稳定,仅存在于冷的稀溶液中,从未制得游离酸。其溶液浓缩或加热时按下式分解为

$$\underset{(\text{蓝色})}{2HNO_2 = N_2O_3 + H_2O} = \underset{(\text{红棕色})}{NO\uparrow + NO_2\uparrow + H_2O}$$

亚硝酸盐遇酸生成不稳定的 HNO_2,HNO_2 即分解为 N_2O_3,使水溶液呈浅蓝色,N_2O_3 又分解为 NO_2 和 NO,使气相出现 NO_2 的红棕色。这个反应用于 NO_2^- 的鉴定。

在亚硝酸及其盐中,氮的氧化值处于中间状态,因此它既有氧化性又有还原性。

下面列出在不同介质中亚硝酸及其盐的有关标准电极电势。

亚硝酸及其盐

酸性介质:

$$2HNO_2 + 4H^+ + 4e^- = N_2O + 3H_2O \qquad \varphi_A^\ominus = +1.29 \text{ V}$$

$$HNO_2 + H^+ + e^- = NO + H_2O \qquad \varphi_A^\ominus = +0.98 \text{ V}$$

碱性介质:

$$NO_3^- + H_2O + 2e^- = NO_2^- + 2OH^- \qquad \varphi_B^\ominus = +0.01 \text{ V}$$

从标准电极电势数据可以看出,亚硝酸盐在酸性溶液中是强氧化剂,在碱性介质中则可作还原剂。也可以说,当亚硝酸盐溶液酸化后,才有较强的氧化性(HNO_2 的氧化性)。例如

$$2NO_2^- + 2I^- + 4H^+ = 2NO + I_2 + 2H_2O$$

这一反应可用于定量测定亚硝酸盐。

亚硝酸及其盐与强氧化剂作用时,则作为还原剂。例如,在酸性介质中与高锰酸钾的反应式为

$$5NO_2^- + 2MnO_4^- + 6H^+ = 5NO_3^- + 2Mn^{2+} + 3H_2O$$

仪器与试剂

仪器:试管,滴管,水浴锅,点滴板,离心机等。

试剂:H_2O_2(3%),$BaCl_2$($1.0 \text{ mol} \cdot L^{-1}$),$Pb(NO_3)_2$($0.1 \text{ mol} \cdot L^{-1}$),$H_2S$(饱和),$KMnO_4$($0.01 \text{ mol} \cdot L^{-1}$),$H_2SO_4$($2.0 \text{ mol} \cdot L^{-1}$),$HCl$($2.0 \text{ mol} \cdot L^{-1}$),$MnSO_4$($0.1 \text{ mol} \cdot L^{-1}$),$NaOH$($2.0 \text{ mol} \cdot L^{-1}$),$Na_2SO_3$($0.5 \text{ mol} \cdot L^{-1}$),$K_2Cr_2O_7$($0.1 \text{ mol} \cdot L^{-1}$),$Na_2S_2O_3$($0.1 \text{ mol} \cdot L^{-1}$),$AgNO_3$($0.1 \text{ mol} \cdot L^{-1}$),$NaNO_2$(饱和),$KI$($0.1 \text{ mol} \cdot L^{-1}$),$Cr_2(SO_4)_3$($0.1 \text{ mol} \cdot L^{-1}$),$(NH_4)_2S_2O_8$($0.5 \text{ mol} \cdot L^{-1}$),$Na_3PO_4$($0.1 \text{ mol} \cdot L^{-1}$),$Na_2HPO_4$($0.1 \text{ mol} \cdot L^{-1}$),$NaH_2PO_4$($0.1 \text{ mol} \cdot L^{-1}$),$Na_2[Fe(CN)_5NO]$(1%),$FeCl_3$($0.1 \text{ mol} \cdot L^{-1}$),$K_4[Fe(CN)_6]$($0.1 \text{ mol} \cdot L^{-1}$),$Pb(NO_3)_2$($0.1 \text{ mol} \cdot L^{-1}$),$(NH_4)_2MoO_4$($0.5 \text{ mol} \cdot L^{-1}$),$ZnSO_4$(饱和),$NH_3 \cdot H_2O$($2.0 \text{ mol} \cdot L^{-1}$),浓 HNO_3,浓 H_2SO_4,氯水,碘水,$NaNO_2$(s),$FeSO_4 \cdot 7H_2O$(s),$NaNO_2$($0.1 \text{ mol} \cdot L$)。

实验步骤

1. H_2O_2 的性质

①向离心试管中加入少量 $0.1 \text{ mol} \cdot L^{-1} Pb(NO_3)_2$ 溶液和饱和 H_2S 水溶液,观察产物的颜色和状态。离心分离,用少量蒸馏水洗涤沉淀 3 次,然后向沉淀中加入 3% H_2O_2 溶液。观

察沉淀颜色的变化。

②用 0.01 mol·L^{-1}KMnO$_4$和 2.0 mol·L^{-1}H$_2$SO$_4$进行实验,验证 H$_2$O$_2$在酸性介质中的还原性。

③介质对反应方向的影响:在试管中加 1~2 滴 0.1 mol·L^{-1} MnSO$_4$溶液,再滴加 2.0 mol·L^{-1}NaOH 溶液,观察产物的颜色和状态。在沉淀中加 1 滴 3% H$_2$O$_2$,观察有何变化? 此反应中的 H$_2$O$_2$是氧化剂还是还原剂? 如再向试管中加入 5 滴 3% H$_2$O$_2$,并加入 5 滴 2.0 mol·L^{-1}H$_2$SO$_4$又有何现象? 此反应中的 H$_2$O$_2$是氧化剂还是还原剂?

2. 硫的含氧酸及其盐的性质

(1)H$_2$SO$_3$及其盐的性质

在试管中加入 1 mL 0.5 mol·L^{-1}Na$_2$SO$_3$溶液,用 2.0 mol·L^{-1}H$_2$SO$_4$酸化,观察有无气体产生,并用湿润的品红试纸检验气体。然后将溶液分成两份,向一份中滴加 0.1 mol·L^{-1}K$_2$Cr$_2$O$_7$溶液;向另一份中滴加饱和 H$_2$S 水溶液,观察现象,说明亚硫酸的性质。

(2)硫代硫酸及其盐的性质

在 0.1 mol·L^{-1}Na$_2$S$_2$O$_3$溶液中进行下列操作:

①加入 2.0 mol·L^{-1}HCl,检验气体的方法及现象;

②加入 Cl$_2$水及 1 mol·L^{-1}BaCl$_2$,观察现象;

③加入 I$_2$水及 1 mol·L^{-1}BaCl$_2$,观察现象;

④在点滴板上加上加 1 滴 0.1 mol·L^{-1}Na$_2$S$_2$O$_3$,再加入 5 滴 0.1 mol·L^{-1}AgNO$_3$(过量),仔细观察颜色变化过程。同时,在同一个点滴板的另一个孔上加一滴 0.1 mol·L^{-1}AgNO$_3$,加 5 滴 0.1 mol·L^{-1}Na$_2$S$_2$O$_3$(过量),观察现象。

(3)过二硫酸盐的强氧化性

在试管中加入 5 滴 0.1 mol·L^{-1}Cr$_2$(SO$_4$)$_3$与 5 滴 0.5 mol·L^{-1}(NH$_4$)$_2$S$_2$O$_8$溶液混匀后加热,观察有无变化,然后加入 1 滴 0.1 mol·L^{-1}AgNO$_3$,振荡并微热,观察现象。

3. 亚硝酸及其盐的性质

(1)HNO$_2$的制备及性质(均应在通风橱中进行)

在试管中加入 5 滴饱和 NaNO$_2$溶液,放入冰水浴中冷却 2~3 min,加入 5 滴 2.0 mol·L^{-1}H$_2$SO$_4$酸化,观察溶液颜色。室温下放置一段时间后,观察有何变化,观察液面上方气体颜色。将废液倒入通风橱中的废液杯中。

(2)亚硝酸盐的氧化还原性

在试管中加入 3 滴 0.1 mol·L^{-1}NaNO$_2$,再加入 0.1 mol·L^{-1}KI,观察溶液是否有变化? 若无变化,再加入 1 滴 2.0 mol·L^{-1}H$_2$SO$_4$酸化,观察现象。用 0.01 mol·L^{-1} KMnO$_4$代替 KI 重复上述实验,观察现象。

4. 磷酸盐的溶解性

用 pH 试纸分别试验 0.1 mol·L^{-1}的 Na$_3$PO$_4$、Na$_2$HPO$_4$、NaH$_2$PO$_4$溶液的酸碱性,然后分别取此 3 种溶液各 10 滴加入 2 支试管中,再各加入 10 滴 0.1 mol·L^{-1}AgNO$_3$溶液,观察沉淀生成,再分别用 pH 试纸检验它们的酸碱性。前后对比有何变化? 并加以解释。

按附录 11 中离子鉴定的方法进行 S^{2-},SO$_4^{2-}$,SO$_3^{2-}$,S$_2$O$_3^{2-}$,S$_2$O$_8^{2-}$,NO$_3^-$,NO$_2^-$,PO$_4^{3-}$ 的单独离子鉴定。

思考题

1. 现有两瓶溶液分别为 $NaNO_2$ 和 $NaNO_3$，试设计 3 种区别方案。

2. 为何亚硫酸盐中常含有硫酸盐，而硫酸盐中却很少含有亚硫酸盐？怎样检查亚硫酸盐中的 SO_4^{2-}？

实验 4.11　p 区重要金属元素—— 锡、铅、锑、铋

实验目的

①掌握锡、铅、锑、铋的氢氧化物酸碱性及其递变规律。

②掌握 $Sn(II)$，$Pb(IV)$，$Sb(III)$ 和 $Bi(V)$ 的氧化还原性。

③了解难溶铅盐的溶解性。

④了解 Sn^{2+}，Pb^{2+}，Sb^{3+} 和 Bi^{3+} 离子的鉴定方法。

预习提示

①什么是惰性电子对效应？它如何影响物质的性质？

②p 区碳族、氮族元素通性。

③易水解盐溶液配制方法。

④根据沉淀溶解平衡理论，总结沉淀溶解的方法有哪些？

实验原理

1. 锡、铅化合物的性质

锡和铅是ⅣA 族元素，其价电子构型为 ns^2np^2，都能形成氧化值 $+2$ 和 $+4$ 的化合物。

锡和铅有两类氢氧化物 $M(OH)_2$ 和 $M(OH)_4$。这些物质都是两性的，其中高氧化值的 $M(OH)_4$ 以酸性为主，低氧化值的 $M(OH)_2$ 以碱性为主。它们的酸碱性递变规律如下：

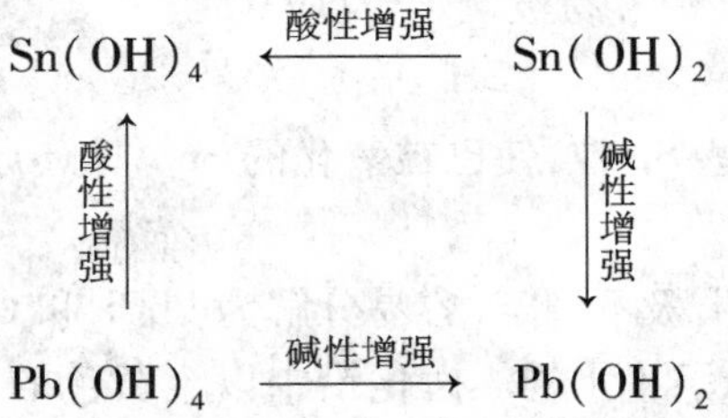

$$Sn(OH)_4 \quad \xleftarrow{\text{酸性增强}} \quad Sn(OH)_2$$

（竖向）酸性增强　　　　　　　　　　　　碱性增强

$$Pb(OH)_4 \quad \xrightarrow{\text{碱性增强}} \quad Pb(OH)_2$$

酸性以 $Sn(OH)_4$ 较显著，但很弱，而碱性以 $Pb(OH)_2$ 最显著。

$Sn(OH)_2$ 既溶于酸又溶于碱，反应式为

$$Sn(OH)_2 + 2H^+ = Sn^{2+} + 2H_2O$$

$$Sn(OH)_2 + 2OH^- = [Sn(OH)_4]^{2-}$$

$Pb(OH)_2$ 也有类似的反应

$$Pb(OH)_2 + 2H^+ = Pb^{2+} + 2H_2O$$

$$Pb(OH)_2 + 2OH^- = [Pb(OH)_4]^{2-}$$

在锡（Ⅳ）化合物的溶液中加入碱金属氢氧化物，可生成白色胶状沉淀 $Sn(OH)_4$。$Sn(OH)_4$ 是两性略偏酸性的氢氧化物。正锡酸易失水成为偏锡酸 H_2SnO_3，最后得到酸酐。

锡和铅的盐类主要是氧化值为 $+2$ 和 $+4$ 的化合物。由于惰性电子对效应，锡的高氧化值状态较稳定，因此 $Sn(II)$ 显还原性。铅的低氧化值的状态较稳定，$Pb(IV)$ 显氧化性。有关电

势图如下：

$$\varphi_A^{\ominus}(V) \qquad Sn^{4+} \xrightarrow{\;0.154\;} Sn^{2+} \xrightarrow{\;-0.136\;} Sn$$

$$\varphi_A^{\ominus}(V) \qquad PbO_2 \xrightarrow{\;1.455\;} Pb^{2+} \xrightarrow{\;-0.126\;} Pb$$

$$\varphi_B^{\ominus}(V) \qquad [Sn(OH)_6]^{2-} \xrightarrow{\;-0.93\;} [Sn(OH)_4]^{2-} \xrightarrow{\;-0.91\;} Sn$$

$$\varphi_B^{\ominus}(V) \qquad PbO_2 \xrightarrow{\;0.28\;} PbO \xrightarrow{\;-0.58\;} Pb$$

从上列的电势图可以看出，Sn(Ⅱ)无论在酸性或碱性介质中都有还原性，且在碱性介质中$[Sn(OH)_4]^{2-}$的还原性更强。例如，在碱性溶液中，$[Sn(OH)_4]^{2-}$可以将铋盐还原成黑色的金属铋，这是鉴定铋盐的一种方法，反应式为

$$2Bi^{3+} + 6OH^- + 3[Sn(OH)_4]^{2-} =\!=\!= 2Bi\downarrow + 3[Sn(OH)_6]^{2-}$$

$SnCl_2$是重要的还原剂，它能将汞盐还原成白色的亚汞盐，反应式为

$$2HgCl_2 + Sn^{2+} =\!=\!= Hg_2Cl_2\downarrow + Sn^{4+} + 2Cl^-$$

这一反应可用来鉴定溶液中的Sn^{2+}。如果用过量的$SnCl_2$，还可以把$HgCl_2$进一步还原为黑色的金属汞，反应式为

$$Hg_2Cl_2 + Sn^{2+} =\!=\!= 2Hg\downarrow + Sn^{4+} + 2Cl^-$$

PbO_2是一种强氧化剂，在酸性介质中它可以把Cl^-氧化为氯单质，反应式为

$$PbO_2 + 4HCl(浓) =\!=\!= PbCl_2\downarrow + Cl_2\uparrow + 2H_2O$$

锡(Ⅱ)盐易水解生成碱式盐沉淀，反应式为

$$Sn^{2+} + Cl^- + H_2O =\!=\!= Sn(OH)Cl\downarrow + H^+$$

因此，配制$SnCl_2$溶液时，通常把$SnCl_2$固体溶在浓盐酸中，待完全溶解后，加水冲稀至所需要的浓度。由于Sn^{2+}盐在空气中容易被氧化，反应式为

$$2Sn^{2+} + O_2 + 4H^+ =\!=\!= 2Sn^{4+} + 2H_2O$$

配制$SnCl_2$溶液时常加一些Sn粒，使已被氧化的Sn^{4+}又还原为Sn^{2+}，反应式为

$$Sn^{4+} + Sn \rightleftharpoons 2Sn^{2+}$$

Pb(Ⅱ)水解不显著。$PbCl_4$极不稳定，容易分解为$PbCl_2$和Cl_2。

绝大多数铅的化合物是难溶于水的。卤化铅中以金黄色的PbI_2溶解度最小，但它溶于沸水或由于生成配合物而溶解于KI溶液中，反应式为

$$PbI_2 + 2KI =\!=\!= K_2[PbI_4]$$

$PbCl_2$难溶于冷水，易溶于热水。在浓盐酸中，由于能形成配合物而溶解，反应式为

$$PbCl_2 + 2HCl(浓) =\!=\!= H_2[PbCl_4]$$

$PbSO_4$难溶于水，但易溶于浓H_2SO_4。在饱和的NH_4Ac溶液中，由于能生成难电离的$Pb(Ac)_2$而溶解，反应式为

$$PbSO_4 + H_2SO_4(浓) =\!=\!= Pb(HSO_4)_2$$

$$PbSO_4 + 2Ac^- =\!=\!= Pb(Ac)_2 + SO_4^{2-}$$

硝酸铅易水解，在可溶的铅盐溶液中加入碳酸钠溶液，得到碱式碳酸铅沉淀。碱式碳酸铅是一种覆盖力很强的白色颜料，俗称铅白。

$$2Pb^{2+} + 2CO_3^{2-} + H_2O =\!=\!= Pb_2(OH)_2CO_3\downarrow + CO_2\uparrow$$

Pb^{2+} 与 CrO_4^{2-} 反应能生成黄色的铬酸铅沉淀,即

$$Pb^{2+} + CrO_4^{2-} == PbCrO_4 \downarrow$$

这一反应用来鉴定 Pb^{2+} 或 CrO_4^{2-}。$PbCrO_4$ 为黄色颜料,俗称铬黄。

常用的可溶性铅(Ⅱ)盐是 $Pb(NO_3)_2$ 和 $Pb(Ac)_2$(俗称铅糖),二者皆无色。铅盐有毒,其毒性是由于 Pb^{2+} 和蛋白质分子中的半胱氨酸的巯基(—SH)作用,生成难溶物。

2. 锑、铋化合物的性质

锑和铋是 ⅤA 族元素,其价电子构型为 ns^2np^3,都能形成氧化值 +3、+5 的化合物。Sb(Ⅲ)的氢氧化物显两性,Bi(Ⅲ)的氢氧化物呈弱碱性。它们的酸碱性递变规律如下:

$$Sb(OH)_3 \xrightarrow{\text{酸性增强}} H_3SbO_4$$

碱性增强 ↓   ↑ 酸性增强

$$Bi(OH)_3 \xleftarrow{\text{碱性增强}} Bi_2O_5 \cdot H_2O$$

由于惰性电子对效应,Sb(Ⅲ)的还原性强于 Bi(Ⅲ),而 Bi(Ⅴ)的氧化性强于 Sb(Ⅴ),Bi(Ⅴ)的化合物是强氧化剂,例如

$$2Sb^{3+} + 3Sn == 2Sb + 3Sn^{2+}$$

$$NaBiO_3 + 6HCl(浓) == Cl_2 \uparrow + BiCl_3 + NaCl + 3H_2O$$

仪器与试剂

仪器:离心试管,试管,离心机,水浴锅等。

试剂:$SnCl_2$(0.1 mol · L^{-1}),$Pb(NO_3)_2$(0.1 mol · L^{-1}),$BiCl_3$(0.1 mol · L^{-1}),$SbCl_3$(0.1 mol · L^{-1}),KI(0.1 mol · L^{-1},2.0 mol · L^{-1}),K_2SO_4(0.1 mol · L^{-1}),K_2CrO_4(0.1 mol · L^{-1}),$HgCl_2$(0.1 mol · L^{-1}),$AgNO_3$(0.1 mol · L^{-1}),$MnSO_4$(0.1 mol · L^{-1}),$CuSO_4$(0.1 mol · L^{-1}),HCl(2.0 mol · L^{-1},6.0 mol · L^{-1},浓),$NaOH$(2.0 mol · L^{-1},6.0 mol · L^{-1}),$NH_3 \cdot H_2O$(6.0 mol · L^{-1}),HAc(6.0 mol · L^{-1}),HNO_3(6.0 mol · L^{-1}),H_2SO_4(6.0 mol · L^{-1}),NH_4Ac(饱和),氯水(饱和),PbO_2(s),$NaBiO_3$(s),Sn 片。

实验步骤

1. M(OH)$_n$ 的形成及其酸碱性

制备少量 $Sn(OH)_2$,$Pb(OH)_2$,$Sb(OH)_3$,$Bi(OH)_3$ 沉淀。分别用 2.0 mol · L^{-1}、6.0 mol · L^{-1} NaOH 和 2.0 mol · L^{-1} HCl 检验其溶解性(试验 $Pb(OH)_2$ 酸碱性时应用什么酸?为什么?)。将结果填入表 4.18 中。

表 4.18   M(OH)$_n$ 酸碱性

	$Sn(OH)_2$	$Pb(OH)_2$	$Sb(OH)_3$	$Bi(OH)_3$
M(OH)$_n$ 颜色				
加过量 2.0 mol · L^{-1} NaOH 的现象和产物				
不溶于 2.0 mol · L^{-1} NaOH,加入 6.0 mol · L^{-1} NaOH 的现象和产物				

	$Sn(OH)_2$	$Pb(OH)_2$	$Sb(OH)_3$	$Bi(OH)_3$
2.0 mol·L^{-1} HCl				
总结 $M(OH)_n$ 的酸碱性				

2. 氧化还原性

（1）$Sn(Ⅱ)$还原性和$Pb(Ⅳ)$氧化性

①取 5 滴 0.1 mol·L^{-1} $SnCl_2$ 溶液,加入 2 滴 0.1 mol·L^{-1} $BiCl_3$ 溶液,有何现象? 再加入过量的 6.0 mol·L^{-1} NaOH 溶液又有何现象? 此方法用于鉴定 Bi^{3+} 或 Sn^{2+}。

②试验 0.1 mol·L^{-1} $SnCl_2$ 与 0.1 mol·L^{-1} $HgCl_2$ 的分步还原作用,观察现象。

③取极少量 $PbO_2(s)$ 加入 1 mL 浓 HCl,观察现象,并检验气体产物。

（2）$Sb(Ⅲ)$的氧化还原性

①在光亮的 Sn 片（箔）上加 1 滴 0.1 mol·L^{-1} $SbCl_3$ 溶液,观察现象。

②在试管中加入少量 0.1 mol·L^{-1} $SbCl_3$ 溶液,再加入过量 6.0 mol·L^{-1} NaOH 溶液,直至生成的沉淀又溶解。在另一试管中加入 0.1 mol·L^{-1} $AgNO_3$ 溶液,然后加入过量的 6.0 mol·L^{-1} NH_3·H_2O 至生成的沉淀溶解。将两支试管的溶液混合均匀,观察现象。

（3）$Bi(Ⅲ)$的还原性和$Bi(Ⅴ)$的氧化性

①在试管中加入 0.1 mol·L^{-1} $BiCl_3$ 溶液 0.5 mL,再加入数滴 6 mol·L^{-1} NaOH 溶液及少许氯水。在水浴上加热,观察棕黄色沉淀的生成。离心分离,并洗涤沉淀,将所得沉淀保留,供下面实验用。

②取 1~2 滴 0.1 mol·L^{-1} $MnSO_4$ 溶液,用 6.0 mol·L^{-1} HNO_3 酸化（能否用 HCl 酸化? 为什么?）,然后加入少量自制的 $NaBiO_3$ 固体,观察颜色的变化。

3. $Pb(Ⅱ)$难溶盐的溶解性

在 6 支试管中各加入 2 滴 0.1 mol·L^{-1} $Pb(NO_3)_2$ 溶液,然后分别加入:① 2.0 mol·L^{-1} HCl;② 0.1 mol·L^{-1} KI;③ 0.1 mol·L^{-1} K_2SO_4;④ 0.1 mol·L^{-1} K_2CrO_4 溶液。离心分离,将沉淀按表 4.19 中的要求加入试剂或进行操作,观察现象,并将实验结果填入表 4.19 中。

表 4.19　实验结果

	0.1 mol·L^{-1} $Pb(NO_3)_2$					
所加试剂	2.0 mol·L^{-1} HCl	0.1 mol·L^{-1} KI	0.1 mol·L^{-1} K_2SO_4	0.1 mol·L^{-1} K_2CrO_4		
现象						
离子反应式						
沉淀中加试剂	浓 HCl	2.0 mol·L^{-1} KI	饱和 NH_4Ac	6.0 mol·L^{-1} HAc	6.0 mol·L^{-1} HNO_3	6.0 mol·L^{-1} NaOH
离子反应式						
加水			—		—	—
现象						

按附录 11 的方法鉴定 Bi^{3+},Sn^{2+},Sb^{3+},Pb^{2+}。

思考题

1. 在用 $HgCl_2$ 检验 Sn^{2+} 时应注意哪些问题?

2. 在用 $NaBiO_3$ 氧化 Mn^{2+} 的实验中,为什么要取少量 $MnSO_4$ 溶液? 若 Mn^{2+} 过量会对实验有何影响?

3. $Pb(Ⅱ)$ 的难溶盐可溶于浓 NaOH 而不溶于氨水,原因何在?

实验 4.12 d 区金属—— 铬、锰、铁、钴、镍

实验目的

①熟悉 d 区主要元素氢氧化物的酸碱性和氧化还原性。

②掌握 d 区元素的各主要氧化态物质之间的转化条件及其重要化合物的性质。

③掌握 $Fe(Ⅱ)$,$Co(Ⅱ)$,$Ni(Ⅱ)$ 化合物的还原性和 $Fe(Ⅲ)$,$Co(Ⅲ)$ 化合物的氧化性及其变化规律。

④掌握 Fe,Co,Ni 主要配位化合物的性质及其在定性分析中的应用。

⑤掌握 Cr,Mn,Fe,Co,Ni 离子分离、鉴定的原理和方法。

预习提示

①复习理论课课本中 d 区元素的性质,尤其是 Cr,Mn,Fe,Co,Ni 的化学性质。

②分离 Cr^{3+},Mn^{2+},Fe^{3+},Co^{2+},Ni^{2+} 时,加入过量的 NaOH 和 H_2O_2 溶液,是利用了氢氧化铬的哪些性质? 写出反应方程式。反应完全后,过量的 H_2O_2 为何要完全分解?

③溶解 $MnO(OH)_2$,$Fe(OH)_3$,$Co(OH)_3$,$Ni(OH)_2$ 等沉淀时,除加 H_2SO_4 外,为什么还要加入 KNO_2 固体?

实验原理

Cr、Mn 和铁系元素 Fe,Co,Ni 为第四周期的 ⅥB、ⅦB、ⅧB 元素,它们的重要化合物性质如下。

1. Cr 重要化合物的性质

$Cr(OH)_3$(蓝绿色)是典型的两性氢氧化物,$Cr(OH)_3$ 与过量的 NaOH 反应得到绿色的 $Na[Cr(OH)_4]$,即

$$Cr(OH)_3 + NaOH == Na[Cr(OH)_4]$$

$NaCr(OH)_4$ 溶液加热煮沸,可完全水解为水合氧化铬(Ⅲ)沉淀,即

$$2Na[Cr(OH)_4] + (x-3)H_2O \xrightarrow{\triangle} Cr_2O_3 \cdot xH_2O + 2OH^- + 2Na^+$$

$NaCr(OH)_4$ 还具有还原性,易被 H_2O_2 氧化成黄色的 Na_2CrO_4,反应式为

**高锰酸钾和
重铬酸钾**

$$2Na[Cr(OH)_4] + 3H_2O_2 + 2NaOH == 2Na_2CrO_4 + 8H_2O$$

铬酸盐与重铬酸盐可以互相转化,溶液中存在下列平衡关系

$$2CrO_4^{2-} + 2H^+ \rightleftharpoons Cr_2O_7^{2-} + H_2O$$

酸性溶液中,$Cr_2O_7^{2-}$ 与 H_2O_2 反应时,产生蓝色的双过氧化铬 $CrO(O_2)_2$,反应式为

$$Cr_2O_7^{2-} + 4H_2O_2 + 2H^+ == 2CrO(O_2)_2 + 5H_2O$$

蓝色 $CrO(O_2)_2$ 在有机试剂乙醚中较稳定。

利用上述一系列反应,可以鉴定 Cr^{3+},CrO_4^{2-} 和 $Cr_2O_7^{2-}$。

$BaCrO_4$,Ag_2CrO_4,$PbCrO_4$ 均为难溶盐,其 $K_{sp}^{\ominus}$ 值分别为 1.17×10^{-10},1.12×10^{-12} 和 2.80×10^{-13}。因 CrO_4^{2-} 和 $Cr_2O_7^{2-}$ 在溶液中存在平衡关系,且 Ba^{2+},Ag^+,Pb^{2+} 的重铬酸盐的溶解度比铬酸盐溶解度大,故向 $Cr_2O_7^{2-}$ 溶液中加入 Ba^{2+}、Ag^+、Pb^{2+} 时,可得到铬酸盐沉淀

$$2Ba^{2+} + Cr_2O_7^{2-} + H_2O \Longrightarrow 2BaCrO_4 \downarrow (柠檬黄色) + 2H^+$$
$$4Ag^+ + Cr_2O_7^{2-} + H_2O \Longrightarrow 2Ag_2CrO_4 \downarrow (砖红色) + 2H^+$$
$$2Pb^{2+} + Cr_2O_7^{2-} + H_2O \Longrightarrow 2PbCrO_4 \downarrow (铬黄色) + 2H^+$$

这些难溶盐可溶于强酸。(为什么?)

在酸性条件下,$Cr_2O_7^{2-}$ 具有强氧化性,可与一些还原性物质(如 Na_2SO_3)发生氧化还原反应

$$Cr_2O_7^{2-} + 3SO_3^{2-} + 8H^+ \Longrightarrow 2Cr^{3+} + 3SO_4^{2-} + 4H_2O$$

2. Mn 重要化合物的性质

$Mn(OH)_2$(白色)是中强碱,具有还原性,易被空气中 O_2 氧化,反应式为

$$2Mn(OH)_2 + O_2 \Longrightarrow 2MnO(OH)_2(褐色)$$

$MnO(OH)_2$ 不稳定,分解生成 MnO_2 和 H_2O。

在酸性溶液中,Mn^{2+} 很稳定,与强氧化剂(如 $NaBiO_3$,PbO_2,$S_2O_8^{2-}$ 等)作用时可生成紫色的 MnO_4^-,即

$$2Mn^{2+} + 5NaBiO_3 + 14H^+ \Longrightarrow 2MnO_4^- + 5Bi^{3+} + 5Na^+ + 7H_2O$$

此反应可用来鉴定 Mn^{2+}。

MnO_4^{2-}(绿色)能稳定存在于强碱溶液中,而在中性或微碱性溶液中易发生歧化反应

$$3MnO_4^{2-} + 2H_2O \Longrightarrow 2MnO_4^- + MnO_2 \downarrow + 4OH^-$$

MnO_4^- 具有强氧化性,它的还原产物与溶液的酸碱性有关,在酸性介质、中性介质或弱碱性介质、强碱性介质中分别被还原为 Mn^{2+}、MnO_2、MnO_4^{2-},如与 Na_2SO_3 反应

$$2MnO_4^- + 5SO_3^{2-} + 6H^+ \Longrightarrow 2Mn^{2+} + 5SO_4^{2-} + 3H_2O(酸性介质)$$
$$2MnO_4^- + 3SO_3^{2-} + H_2O \Longrightarrow 2MnO_2 \downarrow + 3SO_4^{2-} + 2OH^-(中性介质或弱碱性介质)$$
$$2MnO_4^- + SO_3^{2-} + 2OH^- \Longrightarrow 2MnO_4^{2-} + SO_4^{2-} + H_2O(碱性介质)$$

3. Fe、Co、Ni 重要化合物性质

$Fe(OH)_2$(白色)和 $Co(OH)_2$(粉色)除具碱性外,均具还原性,易被空气中的 O_2 氧化为

$$4Fe(OH)_2 + O_2 + 2H_2O \Longrightarrow 4Fe(OH)_3(褐色)$$
$$4Co(OH)_2 + O_2 + 2H_2O \Longrightarrow 4Co(OH)_3(黑色)$$

$Co(OH)_3$ 和 $Ni(OH)_3$(黑色)具有强氧化性,可将盐酸中的 Cl^- 氧化成 Cl_2,反应式为

$$2M(OH)_3 + 6HCl(浓) \Longrightarrow 2MCl_2 + Cl_2 \uparrow + 6H_2O$$

铁系元素是良好的配合物的形成体,能形成多种配合物,常见的有氨的配合物,Fe^{2+},Co^{2+},Ni^{2+} 与氨能形成配离子,它们的稳定性依次递增。

在无水状态下,$FeCl_2$ 与液态 NH_3 形成 $[Fe(NH_3)_6]Cl_2$,此配合物不稳定,遇水即分解,即

$$4[Fe(NH_3)_6]Cl_2 + O_2 + 10H_2O \Longrightarrow 4Fe(OH)_3 \downarrow + 16NH_3 \uparrow + 8NH_4Cl$$

Co^{2+} 与过量 $NH_3 \cdot H_2O$ 生成黄色的 $[Co(NH_3)_6]^{2+}$ 配离子,反应式为

$$Co^{2+} + 6NH_3 \cdot H_2O =\!=\!= [Co(NH_3)_6]^{2+} + 6H_2O$$

$[Co(NH_3)_6]^{2+}$ 配离子不稳定,放置在空气中就被氧化成橙黄色的 $[Co(NH_3)_6]^{3+}$,即

$$4[Co(NH_3)_6]^{2+} + O_2 + 2H_2O =\!=\!= 4[Co(NH_3)_6]^{3+} + 4OH^-$$

Ni^{2+} 与过量 $NH_3 \cdot H_2O$ 反应,生成浅蓝色 $[Ni(NH_3)_6]^{2+}$ 配离子,反应式为

$$Ni^{2+} + 6NH_3 \cdot H_2O =\!=\!= [Ni(NH_3)_6]^{2+} + 6H_2O$$

铁系元素还有一些配合物,不仅很稳定,而且具有特殊颜色。根据这些特征,可以用来鉴定铁系元素离子。如 Fe^{3+} 与黄血盐 $K_4[Fe(CN)_6]$ 溶液反应,生成深蓝色配合物沉淀

$$K^+ + Fe^{3+} + [Fe(CN)_6]^{4-} =\!=\!= [KFe(CN)_6Fe]\downarrow (普鲁士蓝)$$

Fe^{2+} 与赤血盐 $K_3[Fe(CN)_6]$ 溶液反应,生成深蓝色配合物沉淀

$$K^+ + Fe^{2+} + [Fe(CN)_6]^{3-} =\!=\!= [KFe(CN)_6Fe]\downarrow (滕氏蓝)$$

二氧化铅、铁、钴

Co^{2+} 与 SCN^- 作用,生成宝石蓝色配离子

$$Co^{2+} + 4SCN^- \xrightarrow{\ 丙酮\ } [Co(NCS)_4]^{2-}$$

$[Co(NCS)_4]^{2-}$ 在水溶液中不稳定,但在丙酮萃取下能稳定存在。

当 Co^{2+} 溶液中混有少量 Fe^{3+} 时,干扰 Co^{2+} 的检出,原因是 Fe^{3+} 与 SCN^- 作用生成血红色配离子

$$Fe^{3+} + nSCN^- =\!=\!= [Fe(NCS)_n]^{(3-n)} \quad (n = 1 \sim 6)$$

可采用加掩蔽剂 NH_4F(或 NaF)的方法,F^- 与 Fe^{3+} 形成更稳定且无色的配离子 $[FeF_6]^{3-}$ 将 Fe^{3+} 掩蔽起来,从而消除 Fe^{3+} 的干扰。

$$[Fe(NCS)_n]^{(3-n)} + 6F^- =\!=\!= [FeF_6]^{3-} + nSCN^-$$

Ni^{2+} 在氨性或 NaAc 溶液中与丁二酮肟反应生成鲜红色螯合物沉淀。

利用铁系元素所形成化合物的特征颜色可鉴定 Fe^{2+},Fe^{3+},Co^{2+},Ni^{2+}。

试剂

固体试剂:MnO_2,$FeSO_4$,$NaBiO_3$,$(NH_4)_2S_2O_8$,NH_4Cl,$(NH_4)_2Fe(SO_4)_2 \cdot 6H_2O$,NaF 或 NH_4F。

H_2SO_4($1.0\ mol \cdot L^{-1}$,$3.0\ mol \cdot L^{-1}$,浓),HNO_3($2.0\ mol \cdot L^{-1}$,$6.0\ mol \cdot L^{-1}$,浓),H_3PO_4(浓),HCl(浓),NaOH($2.0\ mol \cdot L^{-1}$,$6.0\ mol \cdot L^{-1}$,40%),$NH_3 \cdot H_2O$($2.0\ mol \cdot L^{-1}$,$6.0\ mol \cdot L^{-1}$)。

$0.1\ mol \cdot L^{-1}$ 盐溶液有 Na_2SO_3,KSCN,KI,$KMnO_4$,$AgNO_3$,$BaCl_2$,$Pb(NO_3)_2$,K_2CrO_4,$K_2Cr_2O_7$,$K_4[Fe(CN)_6]$,$K_3[Fe(CN)_6]$,$CrCl_3$,$MnSO_4$,$FeCl_3$,$CoCl_2$,$NiSO_4$。

$0.5\ mol \cdot L^{-1}$ 盐溶液有 $CoCl_2$,$NiSO_4$。

H_2O_2(3%),乙醚,丙酮,丁二肟,Cl_2 水,Br_2 水,CCl_4,淀粉,(Cr^{3+},Mn^{2+},Fe^{3+},Co^{2+},Ni^{2+})混合液。

实验内容

1. Cr 的化合物

(1)$Cr(OH)_3$ 的生成和性质

制备适量的沉淀,并验证 $Cr(OH)_3$ 的两性。$Cr(OH)_3$ 热稳定性差,加热易发生完全水解,生成水合氧化铬。

写出对应的离子反应方程式。

（2）Cr 的还原性和氧化性

①在试管中加入少量 $0.1\ mol\cdot L^{-1}\ CrCl_3$ 溶液和 $6.0\ mol\cdot L^{-1}\ NaOH$，生成 $[Cr(OH)_4]^-$（碱量加到什么程度为合适），然后加入适量的 $3\%\ H_2O_2$ 溶液，微热，观察溶液颜色的变化。写出对应的离子反应方程式（保留溶液供步骤⑤实验用）。

②在试管中加入 $1\sim2$ 滴 $0.1\ mol\cdot L^{-1}\ CrCl_3$ 溶液，用 $3.0\ mol\cdot L^{-1}\ H_2SO_4$ 酸化，然后加入适量的 $3\%\ H_2O_2$ 溶液，微热，观察溶液颜色的变化。

③在试管中加入 $1\sim2$ 滴 $0.1\ mol\cdot L^{-1}\ CrCl_3$ 溶液，用几滴水稀释，加入少量固体 $(NH_4)_2S_2O_8$，微热，观察溶液颜色的变化，写出对应的离子反应方程式。

根据实验比较 $Cr(Ⅲ)$ 被氧化为 CrO_4^{2-}，$Cr_2O_7^{2-}$ 的条件以及 Cr^{3+}，$[Cr(OH)_4]^-$ 还原性的强弱。

④选择合适的还原剂，验证 $K_2Cr_2O_7$ 在酸性介质中才有强氧化性。

提示：所选还原剂被氧化后的产物以无色或浅色为好，为什么？酸化时能否用稀 HCl？为什么？

⑤过铬酸的生成——鉴定 Cr^{3+}。取步骤①实验所制的溶液，加入 $0.5\ mL$ 乙醚，用 $3.0\ mol\cdot L^{-1}\ H_2SO_4$ 酸化，然后滴加 $3\%\ H_2O_2$ 溶液，摇动试管，观察乙醚层颜色的变化，写出离子反应方程式。

（3）难溶铬酸盐的生成

①用 $AgNO_3$、$BaCl_2$、$Pb(NO_3)_2$、K_2CrO_4 溶液制备适量 Ag_2CrO_4，$BaCrO_4$，$PbCrO_4$ 沉淀，观察各沉淀物的颜色，写出各有关反应的离子反应方程式。

②在点滴板上用 pH 试纸测定 $K_2Cr_2O_7$ 溶液的 pH 值，然后在其中分别加入 $AgNO_3$，$BaCl_2$，$Pb(NO_3)_2$ 溶液，观察沉淀颜色，并测定溶液 pH 值，写出离子反应方程式。解释溶液 pH 值变化的原因。

2. Mn 的化合物

（1）$Mn(OH)_2$ 的生成和性质

用 $0.1\ mol\cdot L^{-1}\ MnSO_4$ 溶液制备 2 份适量 $Mn(OH)_2$ 沉淀。一份在空气中放置一段时间后，观察沉淀颜色的变化，写出离子反应方程式；一份滴加 $3\%\ H_2O_2$ 溶液，观察沉淀颜色的变化，写出离子反应方程式。将上述 2 份溶液用 $1.0\ mol\cdot L^{-1}\ H_2SO_4$ 酸化，再继续滴加 $3\%\ H_2O_2$ 溶液，充分振摇，观察现象，写出离子反应方程式。解释现象。

（2）$Mn(Ⅱ)$ 的还原性和 $Mn(Ⅳ)$、$Mn(Ⅶ)$ 的氧化性

用固体 MnO_2，浓 HCl、$0.1\ mol\cdot L^{-1}\ KMnO_4$ 溶液、$0.1\ mol\cdot L^{-1}\ MnSO_4$ 溶液设计一组实验，验证 MnO_2，$KMnO_4$ 的氧化性，写出对应的离子反应方程式。

（3）MnO_4^{2-} 盐的生成和性质

①取 $0.1\ mol\cdot L^{-1}\ KMnO_4$ 溶液 $5\ mL$，加入数滴 $40\%\ NaOH$，再加入一小匙固体 MnO_2，观察溶液颜色的变化。离心分离，保留溶液供下面实验使用。写出对应的离子反应方程式。

②取上述实验所得 K_2MnO_4 溶液，分盛于两支试管中。在一支试管中加少量水，另一试管用 $3.0\ mol\cdot L^{-1}\ H_2SO_4$ 溶液酸化，观察现象。写出离子反应方程式。说明 MnO_4^{2-} 稳定存在的条件。

（4）MnO_4^- 盐的氧化性

取 3 支试管，各加入少量 $KMnO_4$ 溶液，然后分别加入 $3.0\ mol\cdot L^{-1}\ H_2SO_4$ 酸化、加入 H_2O

和 6.0 mol $\cdot$ L^{-1} NaOH 溶液,再向各试管中滴加 0.1 mol $\cdot$ L^{-1} Na_2SO_3 溶液,观察溶液颜色变化,写出离子反应方程式(滴加介质及还原剂顺序是否影响产物的不同,为什么?)。

3. Fe(Ⅱ)、Co(Ⅱ)、Ni(Ⅱ)化合物的还原性

(1)Fe(Ⅱ)化合物的还原性

①取 0.1 mol $\cdot$ L^{-1} $KMnO_4$ 溶液 1 ~ 2 滴,用 3.0 mol $\cdot$ L^{-1} H_2SO_4 酸化,然后滴加 0.5 mol $\cdot$ L^{-1} $FeSO_4$ 溶液,观察溶液颜色的变化,写出对应的离子反应方程式。

②在一支试管中加入 10 mL 蒸馏水和数滴稀硫酸,煮沸赶去空气(为什么?)。待冷却后,加入少量$(NH_4)_2Fe(SO_4)_2\cdot 6H_2O$ 固体,制得$(NH_4)_2Fe(SO_4)_2$溶液。

在另一试管中加入 6.0 mol $\cdot$ L^{-1}NaOH 溶液 3 mL,煮沸赶去空气。待冷却后,用滴管吸取 NaOH 溶液,插入$(NH_4)_2Fe(SO_4)_2$溶液(至试管底部),慢慢放出(注意整个操作都要避免将空气引入溶液)。观察沉淀颜色的变化。写出离子反应方程式。

(2)Co(Ⅱ)化合物的还原性

在试管中加入 0.1 mol $\cdot$ $L^{-1}$$CoCl_2$溶液 0.5 mL,煮沸(目的是什么?)。滴加实验 3.(1)②中赶去空气的 NaOH 溶液数滴,观察现象。将此沉淀分盛于两支试管中,一支放置片刻,观察颜色变化,另一支加入数滴 3% 双氧水溶液,观察沉淀颜色的变化(保留供实验 4.②使用)。写出离子反应方程式。

(3)Ni(Ⅱ)化合物的还原性

在两支试管中分别加入 0.1 mol $\cdot$ L^{-1} $NiSO_4$溶液和数滴 NaOH 溶液,在一支加入数滴 3%双氧水溶液,另一支加入数滴 Br_2 水溶液,观察现象有何不同(沉淀保留供实验 4.③使用)。写出离子反应方程式。

4. Fe(Ⅲ),Co(Ⅲ),Ni(Ⅲ)化合物的氧化性

①自制少许 FeO(OH) 沉淀,加入浓盐酸,观察现象。再加入 0.5 mL CCl_4 和 1 ~ 2 滴 0.1 mol $\cdot$ L^{-1}KI 溶液,观察 CCl_4 层颜色的变化。写出离子反应方程式。

②用实验 3.(2)制得的 CoO(OH) 沉淀加入浓盐酸,观察现象,并检验所产生的气体。写出离子反应方程式。

③用实验 3.(3)制得的 NiO(OH) 沉淀加入浓盐酸,观察现象,并检验所产生的气体。写出离子反应方程式。

根据实验比较 $Fe(OH)_2$,$Co(OH)_2$,$Ni(OH)_2$ 还原性的强弱和 FeO(OH),CoO(OH),NiO(OH)氧化性的强弱。

5. Fe,Co,Ni 的配合物

①设计一组利用生成配合物反应的实验来鉴定 Fe^{2+},Fe^{3+},Fe^{3+} 和 Co^{2+} 混合溶液中的 Co^{2+} 离子。

提示:利用生成$[Co(NCS)_4]^{2-}$法来鉴定 Co^{2+} 时,应如何除去 Fe^{3+} 的存在对 Co^{2+} 鉴定的干扰? 由于$[Co(NCS)_4]^{2-}$在水溶液中不稳定,鉴定时要加饱和 KSCN 溶液或固体 KSCN,并加乙醚萃取,使$[Co(NCS)_4]^{2-}$更稳定,蓝色更显著。写出离子反应方程式。

②在点滴板中加入一滴 0.1 mol $\cdot$ L^{-1} $NiSO_4$ 溶液,一滴 2.0 mol $\cdot$ L^{-1}氨水,一滴 1% 丁二肟,观察鲜红色沉淀的生成。

③制备 Co、Ni 的氨配合物。

a. 在试管中,加入 1.0 mol $\cdot$ $L^{-1}$$CoCl_2$溶液 0.5 mL,加入过量 6.0 mol $\cdot$ L^{-1}氨水,观察现象,静置片刻,再观察现象,写出离子反应方程式。

b. 在试管中加入 1.0 mol·L^{-1}NiSO$_4$ 溶液 0.5 mL,加入过量 6.0 mol·L^{-1}氨水,观察现象,静置片刻,再观察现象,写出离子反应方程式。

根据实验比较[Co(NH$_3$)$_6$]$^{2+}$,[Ni(NH$_3$)$_6$]$^{2+}$氧化还原稳定性的相对大小。

6. 分离并鉴定 Cr^{3+},Mn^{2+},Fe^{3+},Co^{2+},Ni^{2+} 的混合液

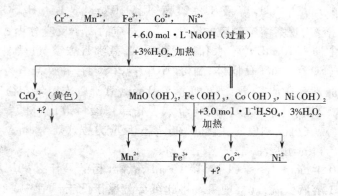

①写出鉴定各离子所选用的试剂及浓度,完成流程图。
②写出各步分离与鉴定的反应方程式。

思考题

1. 为什么铬酸洗液能洗涤仪器?红色的洗液使用一段时间后变为绿色后就失效了,为什么?

2. 能否用 KMnO$_4$ 与浓 H$_2$SO$_4$ 的混合液来做洗液?为什么?

3. 如 KMnO$_4$ 溶液中有 Mn^{2+} 或 MnO$_2$ 存在时,对其稳定性有何影响?

4. 试判断下列哪一对物质能共存于弱酸性溶液中:
MnO$_4^-$ 和 Mn^{2+},CrO$_4^{2-}$ 和 Cr$_2$O$_7^{2-}$,Cr$_2$O$_7^{2-}$ 和 Ag$^+$。

5. 为什么制取 Fe(OH)$_2$ 所用的蒸馏水和 NaOH 溶液都需要煮沸,以赶去空气?

6. 制取 Co(OH)$_2$ 时,CoCl$_2$ 溶液为什么在加 NaOH 前加热?

7. FeCl$_3$ 的水溶液呈黄色,当它与什么物质作用时,会呈现下列现象:
(1)棕红色沉淀 (2)血红色 (3)无色 (4)深蓝色沉淀

实验 4.13 阴离子混合溶液中离子的分离与鉴定

实验目的
①掌握常见阴离子混合溶液中离子的分离与鉴定方法。
②熟悉沉淀的洗涤、溶解等基本操作。

预习提示
①常见阴离子单独离子鉴定方法。
②书写混合离子分离图时应注意哪些问题?

试剂

试剂:AgNO$_3$(0.1 mol·L^{-1}),K$_4$[Fe(CN)$_6$](0.1 mol·L^{-1}),(NH$_4$)$_2$CO$_3$(12.0%),HNO$_3$(6.0 mol·L^{-1}),Na$_2$[Fe(CN)$_5$NO](1.0%),H$_2$SO$_4$(1.0 mol·L^{-1}),NaOH(2.0 mol·L^{-1}),NH$_3$·H$_2$O(2.0 mol·L^{-1}),ZnSO$_4$(饱和),氯水,CdCO$_3$(s),锌粉,CCl$_4$,0.1 mol·L^{-1}的 Cl$^-$,

Br⁻,I⁻混合溶液,0.1 mol·L⁻¹的S²⁻,SO₃²⁻,S₂O₃²⁻混合溶液。

实验步骤

1. Cl⁻,Br⁻,I⁻混合离子的分离与鉴定

（1）AgCl、AgBr、AgI 的生成

在离心试管中加入 0.5 mL 的 Cl⁻,Br⁻,I⁻混合溶液,用 2～3 滴 6.0 mol·L⁻¹ HNO₃酸化,再加入 0.1 mol·L⁻¹ AgNO₃溶液至沉淀完全。加热使卤化银聚沉。离心分离,弃去溶液,用蒸馏水洗涤沉淀两次。

（2）Cl⁻的分离和鉴定

在卤化银沉淀上滴加 12.0%（NH₄）₂CO₃溶液,在水浴上加热并搅拌,离心分离（沉淀用作 Br⁻和 I⁻的鉴定）。在清液中加入 6.0 mol·L⁻¹ HNO₃酸化,若有白色沉淀产生,表示有 Cl⁻。

（3）Br⁻和 I⁻的鉴定

将上面所得沉淀用蒸馏水洗涤两次,弃去洗涤液,然后在沉淀上加 5 滴蒸馏水和少量锌粉,充分搅拌,加 4 滴 1.0 mol·L⁻¹ H₂SO₄,离心分离,弃去残渣。在清液中加 10 滴 CCl₄,再逐滴加入氯水,振荡,观察 CCl₄颜色。CCl₄层呈紫色,表示有 I⁻,继续加入氯水,CCl₄层呈橙黄色,表示有 Br⁻。

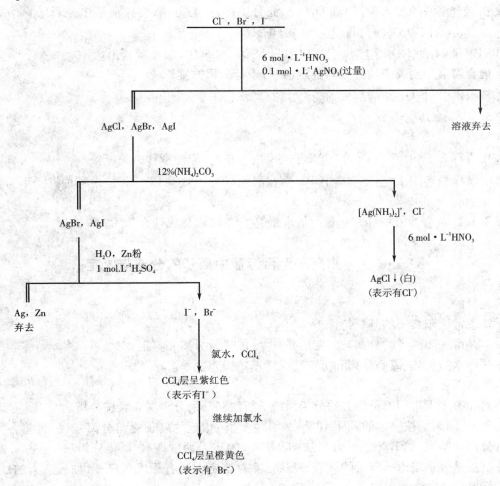

2. S^{2-}, SO_3^{2-}, $S_2O_3^{2-}$ 混合离子的分离与鉴定

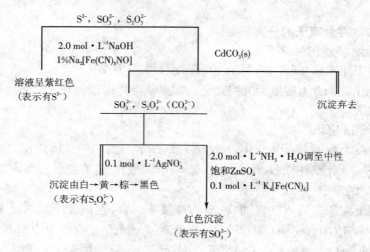

①取 10 滴 S^{2-}, SO_3^{2-}, $S_2O_3^{2-}$ 混合溶液,按附录 11 的方法在点滴板上进行 S^{2-} 的鉴定。

②在混合溶液中加入少许 $CdCO_3(s)$, 充分搅拌,离心分离,检查清液中是否已除净 S^{2-}。如未除净,应再加 $CdCO_3(s)$, 直至无 S^{2-} 为止。

③用附录 11 的方法对上述清液分别进行 SO_3^{2-} 和 $S_2O_3^{2-}$ 离子的检出。

3. 混合溶液中阴离子的分离与鉴定(自行设计分离方案)

①S^{2-}, PO_4^{3-}, $S_2O_3^{2-}$。

②SO_3^{2-}, Br^-, I^-。

思考题

1. 在进行 S^{2-}, SO_3^{2-}, $S_2O_3^{2-}$ 混合离子的系统分析时,应注意什么问题?

2. 一试样易溶于水,已证实含有 Ba^{2+}, 在酸根 NO_3^-, PO_4^{3-}, Cl^-, SO_4^{2-} 中哪种离子不需要检验?

3. Br^-, I^- 混合溶液中加入足量的氯水最终能将 I^- 氧化成什么物质?

实验 4.14 阳离子混合溶液中离子的分离与鉴定

实验目的

①熟悉常见阳离子的分析特征。

②掌握待测阳离子的分离与鉴定的条件,并能进行分离和鉴定。

③掌握水浴加热、离心分离和沉淀洗涤等基本操作技术。

实验原理

分离和鉴定无机阳离子的方法分为系统分析法和分别分析法。系统分析法是将可能共存的常见 28 个阳离子按一定的顺序用"组试剂"将性质相近的离子逐组分离,然后再将各组离子进行分离和鉴定,如 H_2S 系统分析法(见表 4.21)以及两酸两碱 系统分析法(见表 4.22)。分别分析法是分别取出一定量的试液,设法排除对鉴定方法有干扰的离子,加入适当的试剂,直接进行鉴定的方法。

96

仪器与试剂

仪器：离心机，离心试管，试管，水浴锅，洗瓶，滴管，搅棒，点滴板。

$0.1\ mol \cdot L^{-1}$ 试剂为 $AgNO_3$，$NaCl$，$Pb(NO_3)_2$，K_2CrO_4，$Hg(NO_3)_2$，$SnCl_2$，$FeCl_3$，$FeSO_4$，$NiCl_2$，$MnSO_4$，$CrCl_3$，$ZnSO_4$，$CuSO_4$，$CoCl_2$，$AlCl_3$，$KSCN$，$K_4[Fe(CN)_6]$。

$2.0\ mol \cdot L^{-1}$、$6.0\ mol \cdot L^{-1}$ 试剂为 HCl，H_2SO_4，HNO_3，HAc，$NaOH$，$NH_3 \cdot H_2O$。

$0.5\ mol \cdot L^{-1}$ 试剂为 NaF。

试剂：饱和溶液为 Na_2CO_3，$NHAc$，$KSCN$。

固体 $NaBiO_3$。

3% H_2O_2，1% 丁二酮肟，0.01% 二苯硫腙，CCl_4，戊醇，邻二氮菲(1% 乙醇溶液)，pH 试纸。

表 4.20　H_2S 系统分析法简表

硫化物不溶于水				硫化物溶于水	
在稀酸中形成硫化物沉淀		在稀酸中不形成硫化物沉淀	碳酸盐不溶于水	碳酸盐溶于水	
氯化物不溶于热水	氯化物溶于热水				
Ag^+，Pb^{2+}，Hg_2^{2+}（ Pb^{2+} 浓度大时部分沉淀）	Pb^{2+}，Hg^{2+}，Bi^{3+}，As^{3+}，Cu^{2+}，As^{5+}，Cd^{2+}，Sb^{3+}，Sb^{5+}，Sn^{2+}，Sn^{4+}	Fe^{3+}，Fe^{2+}，Al^{3+}，Co^{2+}，Mn^{2+}，Cr^{3+}，Ni^{2+}，Zn^{2+}	Ca^{2+}，Sr^{2+}，Ba^{2+}	Mg^{2+}，K^+，Na^+，NH_4^+	
第一组盐酸组	第二组硫化氢组	第三组硫化氨组	第四组碳酸铵组	第五组易溶组	
HCl	$0.3\ mol \cdot L^{-1}$ HCl H_2S	$NH_3 \cdot H_2O + NH_4Cl$ $(NH_4)_2S$	$NH_3 \cdot H_2O + NH_4Cl$ $(NH_4)_2CO_3$	—	

表 4.21　两酸两碱系统分析法简表

		氯化物溶于水			
			硫酸盐易溶于水		
				在氨性条件下不产生沉淀	
氯化物难溶于水	硫酸盐难溶于水	氢氧化物难溶于水及氨水	在强碱性条件下不产生沉淀	氢氧化物难溶于过量氢氧化钠溶液	
$AgCl$ Hg_2Cl_2 $PbCl_2$	$PbSO_4$ $BaSO_4$ $SrSO_4$ $CaSO_4$	$Fe(OH)_3$，$Al(OH)_3$ $MnO(OH)_2$，$Cr(OH)_3$ $Bi(OH)_3$，$Sb(OH)_3$ $Hg(NH_2)Cl$，$Sb(OH)_5$ $Sn(OH)_4$	$Cu(OH)_2$ $Co(OH)_2$ $Ni(OH)_2$ $Cd(OH)_2$ $Mg(OH)_2$	$[Zn(OH)_4]^{2-}$ K^+ Na^+ NH_4^+	
第一组盐酸组	第二组硫酸组	第三组氨组	第四组碱组	第五组可溶组	
HCl	(乙醇)H_2SO_4	$(H_2O_2)NH_3 - NH_4Cl$	$NaOH$	—	

实验内容

1. Ag^+, Hg_2^{2+}, Pb^{2+} 的混合离子的分离与鉴定

Ag^+, Hg_2^{2+}, Pb^{2+} 的混合离子的分离与鉴定方案如下。

在 Ag^+, Hg_2^{2+}, Pb^{2+} 中加入 $6.0\ mol \cdot L^{-1}$ HCl，于室温条件下离心分离。

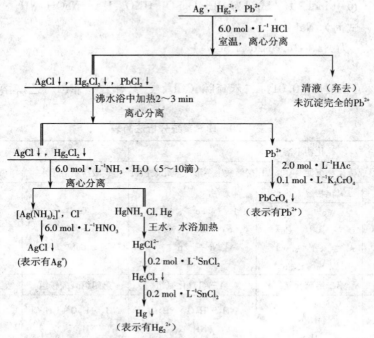

按上图进行实验，写出各步的实验现象和反应式。

2. Fe^{3+}, Cr^{3+}, Mn^{2+}, Ni^{2+} 的混合离子的分离与鉴定

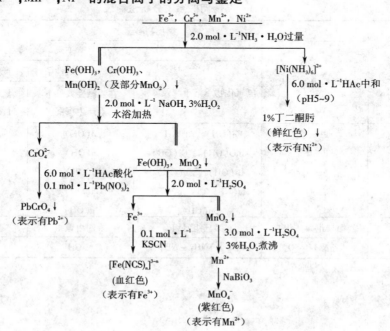

98

按上图进行实验,写出各步的实验现象和反应式。

3. Ag^+,Pb^{2+},Cu^{2+},Fe^{3+} 的混合离子的分离与鉴定

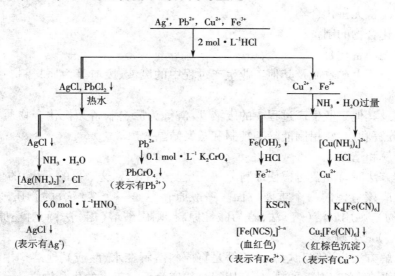

按上图进行实验,写出各步的实验现象和反应式。

4. Fe^{3+},Al^{3+},Ag^+,Cu^{2+} 的混合离子的分离与鉴定

自己设计实验方案并进行实验。写出各步的实验现象和反应式。

思考题

1. 设计混合离子分离方案的原则是什么?

2. Ag^+,Hg_2^{2+},Pb^{2+} 三种离子分离和鉴定反应的主要条件是什么? 依据是什么?

3. Fe^{3+},Fe^{2+},Co^{2+},Mn^{2+},Zn^{2+},Al^{3+} 中哪些离子的氢氧化物具有两性? 哪些离子的氢氧化物不稳定? 哪些离子能形成氨配合物?

4. 本实验所列的 Fe^{3+},Cr^{3+},Mn^{2+},Ni^{2+} 混合离子分离和鉴定方案中各离子的分离鉴定顺序可否改变?

5. 怎样证明 Ag^+,Pb^{2+} 已沉淀完全?

6. Pb^{2+} 的鉴定中能否用 $6.0\ mol \cdot L^{-1}$ HCl 代替 $6.0\ mol \cdot L^{-1}$ HAc? 说明理由。

4.4 无机化合物提纯与制备实验

实验要求

本节包含了无机物制备和提纯过程中所需的一系列基本操作的知识和技能。通过无机物的制备、提纯等过程中的基本操作知识的学习和技能训练,使学生能学会:原料的熔融、溶解方法,直接加热、水浴加热,溶液的蒸发、浓缩、结晶,固液分离(倾析法、抽滤法、少量沉淀的离心分离)和产品的简单分析、产率的计算及实验讨论。要求学生自觉重视化学基本知识的学习和基本技能的训练,重视创新能力的培养。

实验方法提要

无机化合物的种类繁多,不同类型的无机物其制备方法不同,差别也很大。同一无机物也可有多种制备方法。无机化合物常规经典的制备方法主要有：

①利用水溶液中的化学反应来制备；

②由矿石制备无机化合物；

③分子间化合物的制备；

④非水溶剂制备化合物。

本节主要介绍由矿物质及其他工业生产过程中的废液、废渣等为原料制备无机化合物的原理和方法。

以矿物质及其他工业生产过程中的废液、废渣等为原料制备无机化合物通常要经过三个过程，即原料分解和造液，粗制液除杂精制和蒸发结晶分离。

1. 原料分解和造液

选择分解方法时首先要考虑使原料分解完全。为了达到这个目的，原料的化学组成、结构及有关性质是应该考虑的一个重要方面。一般原料总是一个多组分的物质，若为酸性原料（如酸性氧化物），则用碱溶（熔）法；若为碱性原料，则用酸溶（熔）法；而对还原性原料，则用氧化性的溶（熔）剂分解。

常用的分解方法有溶解和熔融。溶解是将原料溶解在水、酸或其他溶剂中。熔融是将原料和固体熔剂混合，在高温下加热，使有用组分转变为可溶于水的化合物。

（1）溶解法

溶解法比较简单、快速，所以分解原料时尽可能采用溶解的方法。溶解原料常用的溶剂有盐酸、硝酸、硫酸、混合溶剂（如王水）等，一般常用硫酸做溶剂。如制备摩尔盐时就是用硫酸做溶剂。

（2）熔融法

当原料不能溶解或溶解不完全时，才采用熔融法。根据所用溶剂的性质，熔融法可分为酸熔法和碱熔法两种。酸熔法常用的熔剂有焦硫酸钾和硫酸氢钾。碱熔法常用的熔剂有碳酸钠、氢氧化钠、氢氧化钾、过氧化钠或它们的混合熔剂等。如：用软锰矿制取高锰酸钾就是采用碱熔法。

熔融时为了使反应完全，通常加入过量 $6 \sim 12$ 倍的熔剂。由于熔融是在高温下进行的，而熔剂又有极大的化学活性，所以选择熔融时选用的坩埚很重要，一般选择的原则是在熔融时不使坩埚受到侵蚀。例如用苛性钾作熔剂时一般选用铁或镍坩埚。

原料通过上述酸熔或碱熔过程后，有用组分还是与原料中其他杂质混在一起，要把有用组分提取出来，可用水浸取，使它成为溶液，然后进行过滤，把含有有用组分的溶液与不溶性残渣分离开。

2. 粗制液除杂精制

原料经过溶（熔）剂处理后制成的粗制液中含有杂质，必须进一步除去。除去杂质的方法很多，通常是在溶液中添加某些试剂，使杂质生成难溶化合物而沉淀。最常用的有以下几种方法。

（1）调节溶液 pH 值，利用水解沉淀

为了使杂质离子沉淀完全，调节溶液在一定的 pH 值范围内，使杂质离子水解生成氢氧化物沉淀而除去。控制溶液 pH 值范围的目的是使杂质离子沉淀完全，而有用组分不产生沉淀。控制溶液 pH 值范围可以根据氢氧化物的溶度积求取。

调节溶液 pH 值的方法,除加入酸或碱外,还常用加碳酸盐、氧化物或通入 CO_2 等方法。

（2）利用氧化还原水解除杂质

有些杂质离子必须调节 pH 值的同时,加入氧化剂,使之氧化水解形成氢氧化物沉淀而除去。例如:粗制 $CuSO_4$ 溶液中含有可溶性杂质 Fe^{2+} 时,需用氧化剂将 Fe^{2+} 氧化为 Fe^{3+},然后调节溶液的 pH 值,使之水解,形成 $Fe(OH)_3$ 沉淀而除去。

氧化剂选择的原则是能氧化杂质离子,同时不引入其他杂质离子,即使引进也要容易除去。常用的氧化剂有 H_2O_2,$KMnO_4$,$NaClO$ 等。

除上述两种方法外,还可利用金属置换除去杂质,利用硫化物沉淀、溶剂萃取、配合掩蔽等多种方法除去杂质离子。

3. 蒸发、结晶、分离

精制后的溶液中除了有用组分外,还含有少量其他杂质离子,可利用温度与溶解度的关系,通过蒸发、结晶等操作,达到将有用组分与杂质离子分离的目的。

实验 4.15 硫酸亚铁铵的制备

实验目的

①掌握制备复盐硫酸亚铁铵的方法,了解复盐的特性。

②巩固无机物制备基本操作,了解微型实验方法与操作。

③了解无机物制备的投料、产量、产率的有关计算,以及产品纯度的检验方法。

预习提示

①Fe（Ⅱ）化合物的性质。

②在制备 $FeSO_4$ 时,为什么开始时 Fe 过量,并用水浴加热? 后又需将溶液调节至强酸性?

③限量分析,目视比色法。

实验原理

铁与稀硫酸反应生成硫酸亚铁,反应式为

$$Fe(s) + 2H^+(aq) \Longrightarrow Fe^{2+} + H_2(g)$$

通常,亚铁盐在空气中易被氧化。例如,硫酸亚铁在中性溶液中能被溶于水中的少量氧气氧化并进而与水作用,甚至析出棕黄色的碱式硫酸铁（或氢氧化铁）沉淀,反应式为

$$4Fe^{2+} + 2SO_4^{2-}(aq) + O_2(g) + 6H_2O(l) \Longrightarrow 2[Fe(OH)_2]_2SO_4(s) + 4H^+(aq)$$

若往硫酸亚铁溶液中加入与 $FeSO_4$ 相等的物质的量的硫酸铵,则生成复盐硫酸亚铁铵。硫酸亚铁铵比较稳定,它的六水合物 $(NH_4)_2SO_4 \cdot FeSO_4 \cdot 6H_2O$ 不易被空气氧化,在定量分析中常用以配制亚铁离子的标准溶液。像所有的复盐那样,硫酸亚铁铵在水中的溶解度比组成它的每一组分 $FeSO_4$ 或 $(NH_4)_2SO_4$ 的溶解度都要小。蒸发浓缩所得溶液,可制得浅绿色的硫酸亚铁铵（六水合物）晶体,反应式为

$$Fe^{2+}(aq) + 2NH_4^+(aq) + 2SO_4^{2-}(aq) + 6H_2O(l) \Longrightarrow (NH_4)_2SO_4 \cdot FeSO_4 \cdot 6H_2O$$

如果溶液的酸性减弱,则亚铁盐（或铁盐）中 Fe^{2+} 与水作用的程度将会增大。在制备 $(NH_4)_2SO_4 \cdot FeSO_4 \cdot 6H_2O$ 过程中,为了使 Fe^{2+} 不与水作用,溶液需要保持足够的酸度。

用比色法可估计产品中所含杂质 Fe^{3+} 的量。Fe^{3+} 能与 SCN^- 生成红色的物质 $[Fe(NCS)_n]^{3-n}$,当红色较深时,表明产品中含 Fe^{3+} 较多;当红色较浅时,表明产品中含 Fe^{3+}

较少。所以,只要将所制备的硫酸亚铁铵晶体与 KSCN 溶液在比色管中配制成待测溶液,将它所呈现的红色与含一定 Fe^{3+} 量所配制成的标准 $[Fe(NCS)_n]^{3-n}$ 溶液的红色进行比较,根据红色深浅程度相仿情况,即可得知待测溶液中杂质 Fe^{3+} 的含量,从而可确定产品的等级。

仪器与试剂

仪器:台式天平,水浴锅(可用大烧杯代替),吸滤瓶,布氏漏斗,真空泵,温度计,比色管(5.0 mL),蒸发皿,表面皿。

试剂:HCl(2.0 mol·L^{-1}),H_2SO_4(1.0 mol·L^{-1},3 mol·L^{-1}),NaOH(2.0 mol·L^{-1}),标准 Fe^{3+} 溶液(1.00 × 10^{-1} mg·mL^{-1}),KSCN(1.0 mol·L^{-1}),$(NH_4)_2SO_4$(s),Na_2CO_3(10%),铁屑,pH 试纸。

实验步骤

1. 铁屑表面油污的去除

用台式天平称取 0.4 g 铁屑并放入小烧杯中,加入 2 mL 质量分数为 10% 碳酸钠溶液。小火加热约 10 min 后,倾倒去碳酸钠碱性溶液,用自来水冲洗后,再用去离子水把铁屑冲洗洁净(如何检验铁屑已洗净?)。

2. 硫酸亚铁的制备

往盛有 0.4 g 洁净铁屑的小烧杯中加入 3.0 mL 3.0 mol·L^{-1} H_2SO_4 溶液,盖上表面皿,放在水浴中加热(由于铁屑中的杂质在反应中会产生一些有毒气体,最好在通风橱中进行),使铁屑与稀硫酸反应至基本不再冒出气泡为止(需 15~20 min)。在加热过程中应不时加入少量的去离子水,以补充被蒸发的水分,防止 $FeSO_4$ 结晶出来;同时要控制溶液的 pH 值不大于 1(为什么? 如何测量和控制?),趁热抽滤,滤液盛接于干净的蒸发皿中(为何要趁热过滤,小烧杯及漏斗上的残渣是否要用热的去离子水洗涤? 洗涤液是否要弃掉?)。将留在烧杯中及滤纸上的残渣取出,用滤纸吸干后称量,以便后面计算 $(NH_4)_2SO_4$ 的用量。

3. 硫酸亚铁铵的制备

根据 $FeSO_4$ 的理论产量,计算并称取所需固体 $(NH_4)_2SO_4$ 的用量。在室温下将称出的 $(NH_4)_2SO_4$ 配制成饱和溶液,然后倒入上面制得的 $FeSO_4$ 溶液中。混合均匀并调节 pH 值为 1~2。蒸发、结晶、抽滤,观察晶体的颜色及形状,用滤纸将晶体表面的母液吸干,称重。计算理论产量和产率。

配制硫酸亚铁和硫酸亚铁铵溶液时,参见表 4.22。

表 4.22 三种盐的溶解度(单位为 g/100 g 水)数据

温 度(℃)	$FeSO_4·7H_2O$	$(NH_4)_2SO_4$	$(NH_4)_2SO_4·FeSO_4·6H_2O$
10	20.0	73.0	17.2
20	26.5	75.4	21.6
30	32.9	78.0	28.1

4. 产品检验

1)标准溶液的配制 依次分别量取 0.50 mL、1.00 mL、2.00 mL 的 1.00 × 10^{-1} mg·mL^{-1} Fe^{3+} 的标准溶液,分别置于 3 个 25 mL 比色管中,各加入 1.0 mL 3 mol·L^{-1} H_2SO_4 和

1.0 mL 1.0 mol·L^{-1}KSCN 溶液,最后用不含氧的去离子水稀释至刻度,摇匀,配成如表4.23中不同等级的标准溶液。

表4.23　不同等级的$(NH_4)_2SO_4·FeSO_4·6H_2O$中$Fe^{3+}$含量

规格	I 级	II 级	III 级
Fe^{3+}含量(mg)	0.05	0.10	0.20

2)Fe^{3+}分析　称取1.0 g 产品置于25.0 mL 比色管中,加入15 mL 不含氧气的去离子水(怎样制取?)溶解,加入2.0 mL 3.0 mol·$L^{-1}$$H_2SO_4$和1.0 mL 1.0 mol·$L^{-1}$KSCN 溶液,再用去离子水稀释至25.0 mL,摇匀。用目视比色法将产品与Fe^{3+}的标准溶液进行比较,确定产品的等级。

思考题

1. 试比较微型实验与常规实验的利弊。

2. 为什么要保持$FeSO_4$溶液有较强的酸性?

3. 如何计算$FeSO_4$的理论产量和反应所需的$(NH_4)_2SO_4$的质量?

4. 怎样证明产品中含有NH_4^+,Fe^{2+}和SO_4^{2-}离子?怎样分析产品中Fe^{3+}含量?

实验4.16　Na_2CO_3的制备及纯度分析

实验目的

①通过实验了解联合制碱法的反应原理。

②学会利用各种盐类溶解度的差异并通过水溶液中离子反应来制备一种盐的方法。

③掌握CO_3^{2-}含量的测定方法。

预习提示

①从$NaCl$,NH_4HCO_3,$NaHCO_3$,NH_4Cl等4种盐在不同温度下的溶解度考虑,为什么可用$NaCl$和NH_4HCO_3制取$NaHCO_3$?

②粗盐为何要精制?

③在制取$NaHCO_3$时,为何温度不能低于30 ℃?

实验原理

碳酸钠俗称苏打,工业上叫纯碱,用途很广。工业上的联合制碱法是将二氧化碳和氨气通入氯化钠水溶液,先生成碳酸氢钠,再在高温下灼烧,使它失去部分二氧化碳,生成碳酸钠,反应式为

$$NH_3 + CO_2 + NaCl + H_2O = NaHCO_3\downarrow + NH_4Cl$$

$$2\,NaHCO_3 \xrightarrow{\triangle} Na_2CO_3 + CO_2\uparrow + H_2O$$

本实验以$NaCl$和NH_4HCO_3为原料制备Na_2CO_3,反应方程式为

$$NaCl + NH_4HCO_3 = NaHCO_3\downarrow + NH_4Cl$$

$$2\,NaHCO_3 \xrightarrow{\triangle} Na_2CO_3 + CO_2\uparrow + H_2O$$

第一个反应实质上是水溶液中离子交换反应。反应后溶液中存在着$NaCl$,NH_4HCO_3,

$NaHCO_3$,NH_4Cl 等 4 种盐。这些盐的溶解度虽然会相互发生影响,但比较各自在不同温度下的溶解度(见表 4.24),可以粗略地找到分离这些盐的最佳条件。

表 4.24 4 种盐在不同温度下的溶解度(溶解度单位为 g/100 g 水)

盐 \ 温度(℃)	0	10	20	30	40	50	60	70	80	90	100
NaCl	35.7	35.8	36.0	36.3	36.6	37.0	37.3	37.8	38.4	39.0	39.8
NH_4HCO_3	11.9	15.8	21.0	27.0	—	—	—	—	—	—	—
$NaHCO_3$	6.9	8.15	9.6	11.1	12.7	14.5	16.4	—	—	—	—
NH_4Cl	29.4	33.3	37.2	41.4	45.8	50.4	55.2	60.2	65.6	71.3	77.3

当温度超过 35 ℃,NH_4HCO_3 就开始分解,若温度太低又影响了 NH_4HCO_3 的溶解度,故反应温度控制在 30～35 ℃为宜。从表 4.24 可知,此时 $NaHCO_3$ 的溶解度很低,因此将研细的固体 NH_4HCO_3 溶于浓 NaCl 溶液,充分搅拌后就析出 $NaHCO_3$ 晶体。经过滤、洗涤和干燥即可得到 $NaHCO_3$ 晶体。加热 $NaHCO_3$,其分解产物就是 Na_2CO_3。

CO_3^{2-} 含量的测定。实验中,加甲基橙指示剂,以 HCl 标准溶液滴定,溶液由黄色变为橙色,溶液中 Na_2CO_3 被滴定成 NaCl 和 CO_2,反应方程式为

$$Na_2CO_3 + 2HCl == CO_2 \uparrow + H_2O + 2NaCl$$

Na_2CO_3 的含量为

$$w_{Na_2CO_3} = \frac{\frac{1}{2}c_{HCl} \cdot V \times \frac{M_{Na_2CO_3}}{1\,000}}{m} \times 100\%$$

式中 m 为试样质量(g),V 为滴定 Na_2CO_3 试样所消耗 HCl 的体积(mL),c 为 HCl 的物质的量浓度。

仪器和试剂

仪器:锥形瓶(3 个),酸式滴定管(50 mL),烧杯(250 mL),布氏漏斗,抽滤瓶,蒸发皿,电炉,真空泵。

试剂:粗食盐,碳酸氢铵,Na_2CO_3(3.0 mol·L^{-1}),HCl(6.0 mol·L^{-1}),NaOH(3.0 mol·L^{-1}),甲基橙,HCl(0.1 mol·L^{-1})标准溶液。

实验步骤

1. 化盐与精制

称取 8 g 粗食盐于 100 mL 烧杯中加水配制成 25% 的粗食盐水溶液,用 3.0 mol·L^{-1} NaOH 和 3.0 mol·L^{-1} Na_2CO_3 组成 1∶1(体积)的混合溶液,调至 pH = 11 左右,得到大量胶状沉淀,加热至沸,抽滤,分离沉淀,将滤液用 6.0 mol·L^{-1} HCl 调至 pH = 7。

2. 转化

将盛有滤液的烧杯放在水浴上加热,控制溶液温度在 30～35 ℃。在不断搅拌下,分多次把 10 g 研细的碳酸氢铵加入滤液中。加完料后,继续保温,搅拌 30 min,使反应充分进行。静置,抽滤,得到 $NaHCO_3$ 晶体,称湿重。

3. 制纯碱

将抽干的 $NaHCO_3$ 放入蒸发皿中,在电炉上灼烧 1 h 即得到纯碱。冷却到室温,称重。

4. CO_3^{2-} 含量的测定

准确称取制备的纯碱试样 3 份,每份 0.10 ~ 0.15 g,分别置于 250 mL 锥形瓶中,各加 30 mL 蒸馏水和 1 ~ 2 滴甲基橙指示剂,呈黄色,用 0.1 $mol \cdot L^{-1}$ HCl 标准溶液逐次滴定至橙色,分别记录消耗 HCl 的体积(V),计算碳酸钠的百分含量。

纯碱的理论产量由粗盐(含量 90%)计算,纯碱的实际产量是产品质量 × Na_2CO_3 的百分含量。

$$产率 = \frac{实际产量}{理论产量} \times 100\%$$

实验结果记录于表 4.25。

表 4.25　实验结果

实验次数	试样质量(g)	HCl 体积(mL)	HCl 浓度($mol \cdot L^{-1}$)	Na_2CO_3 的含量(%)	Na_2CO_3 的产率(%)
1					
2					
3					

提示与备注

①从母液中可回收 NH_4Cl。

②将抽干的 $NaHCO_3$ 放入蒸发皿中,灼烧时要完全。

③必须注意:滴定时,酸要逐滴地加入并不断地摇动溶液,以避免溶液局部酸度过大(为什么?)。

思考题

1. 为什么计算 Na_2CO_3 产率时要根据 NaCl 的用量?影响 Na_2CO_3 产率的因素有哪些?

2. 氯化钠预先提纯对产品有何影响?为什么氯化钠中的硫酸根离子不要求预先除去?

3. 如何测定 Na_2CO_3 中 $NaHCO_3$ 含量?

实验 4.17　硫代硫酸钠的制备及纯度检验

实验目的

①了解硫代硫酸钠的制备方法。

②熟悉蒸发浓缩、减压过滤、结晶等基本操作。

③学习产品中的硫酸盐和亚硫酸盐的限量分析方法。

预习提示

①收集、查看制备硫代硫酸钠的资料。

②硫代硫酸钠含量的分析方法。

③预习无机制备基本操作部分的蒸发浓缩、减压过滤、结晶等操作。

实验原理

硫代硫酸钠是一种常用的化工原料和试剂,在分析化学中常被用来测定碘,在纺织和造纸工业中作脱氯剂,在摄影业中作定影剂,在医药中作急救解毒剂。

硫代硫酸钠制备方法有多种,本实验选用亚硫酸钠溶液在沸腾温度下与硫粉化合来制得硫代硫酸钠,即

$$Na_2SO_3 + S \xrightarrow{\triangle} Na_2S_2O_3$$

常温下经过滤、蒸发、浓缩、结晶,制得 $Na_2S_2O_3 \cdot 5H_2O$ 晶体。

可以用碘量法测定产品中硫代硫酸钠的含量,反应式为

$$I_2 + 2S_2O_3{}^{2-} === 2I^- + S_4O_6{}^{2-}$$

$$\omega_{Na_2S_2O_3 \cdot 5H_2O} = \frac{V \times 10^{-3} \times c \times M_{Na_2S_2O_3 \cdot 5H_2O} \times 2}{m} \times 100\%$$

式中 $\omega_{Na_2S_2O_3 \cdot 5H_2O}$ 为硫代硫酸钠的含量; V 为碘标准溶液所用的体积(mL); c 为碘标准溶液的浓度(mol·L^{-1}); m 为所取硫代硫酸钠试样的质量。

仪器与试剂

仪器:滴定管(50 mL),锥形瓶(250 mL),烧杯(250 mL),台秤,分析天平,布氏漏斗,吸滤瓶,表面皿。

试剂:硫黄粉(s),NaS_2O_3(s),碘标准溶液(0.1 mol·L^{-1}),乙醇(体积分数95%),淀粉(0.2%),酚酞,HAc-NaAc(0.1 mol·L^{-1})缓冲溶液。

材料:pH试纸,滤纸。

实验内容

1. $Na_2S_2O_3 \cdot 5H_2O$ 的制备

①称取硫黄粉 5 g 放在小烧杯内,用体积比为1:1的水/乙醇混合液将其调成糊状。

②称取 12.5 g Na_2SO_3 置于烧杯中,加入 75 mL 蒸馏水,用表面皿盖上,加热使其溶解,继续加热近沸。

③糊状硫黄粉分批加入到近沸的 Na_2SO_3 溶液中,保持近沸约 1 h。在近沸的过程中,要经常搅拌,并将烧杯壁上粘附的硫黄用少量水冲淋下来,同时也要补充因蒸发损失的水。

④反应完毕,趁热用布氏漏斗减压过滤,弃去未反应的硫黄粉。

⑤将滤液转移入蒸发皿中,并放在石棉网上加热蒸发,浓缩至体积为 18~20 mL,用冰水浴冷却,观察晶体的析出。如无结晶析出,加几粒硫代硫酸钠晶种,搅拌,即有大量晶体析出。

⑥用布氏漏斗减压过滤,尽量抽干水分,用少量乙醇洗涤晶体,取出称量,计算产率。

2. $Na_2S_2O_3 \cdot 5H_2O$ 含量的测定

①准确称取 $Na_2S_2O_3 \cdot 5H_2O$ 晶体 0.5 g,用少量蒸馏水溶解,滴入 1~2 滴酚酞,再加入 10 mL HAc-NaAc 缓冲溶液,以保证溶液弱酸性。然后用 I_2 标准溶液滴定(需事先标定好),以淀粉为指示剂,直到 1 min 内溶液的蓝色不褪掉为止。计算含量。

②参照实验 4.34 间接碘量法的实验原理和实验内容自行设计实验步骤,测定产物中 $Na_2S_2O_3 \cdot 5H_2O$ 的含量。

提示与备注

①在小火加热保持近沸的反应过程中,要不断搅拌,并补充蒸发掉的水分。

②把握好浓缩体积很关键,过稀时产物不结晶,过浓时析出的产物很硬,质量差。

思考题

1. 在 $S_2O_3^{2-}$ 的定性鉴定中加入 $AgNO_3$ 溶液后,为什么沉淀会有白→黄→棕→黑的颜色变化呢?

2. 在本实验中,如何提高硫代硫酸钠的产率和纯度?

3. 产品为何不能用水洗而用乙醇洗?

4. 为何产品不能在高于 40 ℃ 的温度下干燥?

5. 试给出另外一种制备硫代硫酸钠的方法。

实验4.18　粗硫酸铜的提纯

实验目的

①了解粗硫酸铜提纯的原理及方法。

②学习加热、溶解、过滤、蒸发、结晶等基本操作。

粗硫酸铜的　　　　　粗硫酸铜的
提纯(上)　　　　　提纯(下)

预习提示

①如何除去粗硫酸铜中可溶性和不溶性杂质?

②为什么要将粗硫酸铜中杂质 Fe^{2+} 氧化成 Fe^{3+} 再除去?

③用计算来说明为什么除 Fe^{3+} 时 pH 要控制在 4 左右?过高、过低有什么不好?

④在进行普通过滤与抽滤操作时,应注意哪些问题?

实验原理

粗硫酸铜中含有不溶性杂质和可溶性杂质 Fe^{2+},Fe^{3+} 等,不溶性杂质可用过滤法除去。杂质离子 Fe^{2+} 常用氧化剂 H_2O_2 氧化成 Fe^{3+},然后调节溶液的 pH 近似为 4,使 Fe^{3+} 水解成为 $Fe(OH)_3$ 沉淀而除去,反应式为

$$2Fe^{2+} + H_2O_2 + 2H^+ \!=\!\!=\!\!= 2Fe^{3+} + 2H_2O$$

$$Fe^{3+} + 3H_2O \!=\!\!=\!\!= Fe(OH)_3\downarrow + 3H^+$$

除去 Fe^{3+} 后的滤液经蒸发、浓缩,即可制得 $CuSO_4 \cdot 5H_2O$。其他微量杂质在硫酸铜结晶析出时留在母液中,经过滤即可与硫酸铜分离。

仪器与试剂

仪器:台秤,研钵,漏斗,漏斗架,布氏漏斗,吸滤瓶,蒸发皿,真空泵,比色管。

试剂:粗 $CuSO_4$,3% H_2O_2,KSCN($0.1\ mol \cdot L^{-1}$),NaOH($0.5\ mol \cdot L^{-1}$),$NH_3 \cdot H_2O$ ($6\ mol \cdot L^{-1}$),H_2SO_4($1\ mol \cdot L^{-1}$),HCl($2\ mol \cdot L^{-1}$),KSCN 溶液(10%)。

实验内容

1. 粗硫酸铜的提纯

(1)溶解

称取已研细的粗硫酸铜 8.00 g 放入 100 mL 小烧杯中,加入 30 mL 蒸馏水,搅拌、加热,使其溶解。

(2)氧化及水解

在溶液中滴加 2 mL 3% H_2O_2(操作时应将小烧杯从火焰上拿下来,为什么?)。不断搅拌

继续加热,逐滴加入 $0.5\ mol\cdot L^{-1}NaOH$ 溶液搅拌至 $pH\approx4$,再加热片刻,静置,使 $Fe(OH)_3$ 沉降(注意沉淀的颜色,若有 $Cu(OH)_2$ 的浅蓝色出现时,表明 pH 过高)。

(3)普通过滤

用倾析法进行过滤。将滤液收在蒸发皿中。

(4)蒸发、结晶、抽滤

在滤液中滴加 $1\ mol\cdot L^{-1}H_2SO_4$ 溶液,搅拌使 pH 为 $1\sim2$。蒸发到溶液表面出现极薄一层晶体时(从火焰上将蒸发皿取下进行观察),停止加热,冷却至室温,然后抽滤。用滤纸将硫酸铜晶体表面的水分吸干,称量(保留自己的产品,实验完毕后将自己的产品交给老师,以便进行考核),并计算产率。

2.产品纯度的检测

(1)溶解、酸化、氧化

称取自己的产品 $0.5\ g$,加入 $3\ mL$ 蒸馏水溶解,加入 $0.3\ mL\ 1\ mol\cdot L^{-1}\ H_2SO_4$酸化,再加入 $3\%\ H_2O_2$ 数滴,加热煮沸,使 Fe^{2+} 氧化成 Fe^{3+},冷却。

(2)除 $Fe(OH)_3$

在溶液中加入 $6\ mol\cdot L^{-1}$ 的氨水并不断搅拌,至碱式硫酸铜全部转化成铜氨配离子,主要反应式为

$$Fe^{3+}+3NH_3\cdot H_2O_2 =\!=\!= Fe(OH)_3\downarrow +3NH_4^+$$

$$2Cu^{2+}+SO_4^{2-}+2NH_3\cdot H_2O =\!=\!= Cu_2(OH)_2SO_4 +2NH_4^+$$

$$Cu_2(OH)_2SO_4 +2NH_4^+ +6NH_3\cdot H_2O =\!=\!= 2[Cu(NH_3)_4]^{2+}+SO_4^{2-}+8H_2O$$

普通过滤,用 $6\ mol\cdot L^{-1}$氨水洗涤滤纸至蓝色消失,滤纸上留下黄色的 $Fe(OH)_3$。

(3)溶解 $Fe(OH)_3$沉淀

将 $1.5\ mL\ 2\ mol\cdot L^{-1}$的 HCl 逐滴滴在滤纸上(滤液接收在比色管中),至 $Fe(OH)_3$全部溶解,若不能全部溶解,可将滤液再滴在滤纸上,反复操作至 $Fe(OH)_3$全部溶解为止。加水将滤液冲稀至 $5.0\ mL$。

(4)纯度比较

在滤液中加入 1 滴 $0.1\ mol\cdot L^{-1}KSCN$,将所得溶液与实验室准备好的 Fe^{3+}标准系列(该样品的制备方法见实验4.15)进行比较,以检验提纯的效果。最后将产品纯度检测的结果交给指导教师审阅,以便进行考核。

思考题

1. $KMnO_4$,K_2CrO_7,H_2O_2 等都可使 Fe^{2+} 氧化为 Fe^{3+},你认为选用哪一种氧化剂较为合适,为什么?

2. 精制后的硫酸铜溶液为什么要滴几滴稀 H_2SO_4 调节 pH 至 $1\sim2$,然后再加热蒸发?

3. 抽滤时蒸发皿中的少量晶体怎样转移到漏斗中?能否用蒸馏水冲洗?

4.5　化学分析实验

1.定量分析实验要求

本节安排的定量分析实验均属滴定分析法。滴定分析实验对精密度的要求是:测定数据

的相对偏差应小于或等于 ±0.2%，也是指导教师对学生实验水平评价的主要依据。初学者测定数据精密度较差的原因是由于在实验过程中存在着操作错误，而操作错误的纠正需要一个不断熟练操作手法、逐渐养成良好实验习惯的过程，为此，最初几个实验项目的相对偏差允许控制在 ±0.3% 之内。随着实验的进行，精密度的要求要不断提高，最终到达规定的标准。由于本章所采用的实验项目都是比较成熟的实验，实验室提供的仪器与试剂也均能符合测定要求，所以测定过程的系统误差较小，只要精密度达到标准就可以获得较为准确的实验结果。

2. 定量分析实验方法提要

一个完整的滴定分析实验：包括标准溶液的配制与标定和试样测定两部分，标准溶液标定的准确与否将直接影响到试样测定的结果。

本实验使用的标准溶液有：HCl 标准溶液、NaOH 标准溶液、EDTA 标准溶液、$KMnO_4$ 标准溶液和 $Na_2S_2O_3$ 标准溶液等。由于这些物质本身不具备基准物质的条件，所以它们的标准溶液都应采用间接法配制，即先粗略配制一定浓度的溶液，然后用基准物标定其准确浓度。配制过程仍需仔细，力求配制的溶液接近方法所要求的浓度。标定过程涉及基准物质的称量、溶解、转移、定容等环节，尽管在这一过程中使用的是高精度的量具——称量用分析天平，稀释用容量瓶，但符合规定的准确操作是保证标定成功的关键，一定要认真仔细地完成每一步骤，达到称量、定容准确，溶解、转移完全的标准。

滴定分析实验的技术核心是滴定管的使用。滴定前要严格按标准处理好滴定管。滴定时操作手法要规范，要掌握好滴定速度，要达到临近终点时 1 滴或半滴滴定剂即可变色的水平。滴定后要立即认真、客观地估读滴定管读数并记录在实验报告上。

实验 4.19 盐酸标准溶液的配制与标定

实验目的

①掌握差减称量法称取基准物的方法。

②掌握滴定操作基本技能。

③学习用无水碳酸钠和硼砂标定盐酸溶液浓度的方法。

盐酸标准溶液　　　盐酸标准溶液
的配制　　　　　　的标定

预习提示

①标准溶液的配制方法。

②标定盐酸溶液浓度的基准物。

③指示剂变色范围。

实验原理

滴定分析法中，标准溶液的配制有两种方法。由于盐酸不符合基准物质的条件，只能用间接法配制，再用基准物质来标定其浓度。

标定盐酸常用的基准物质有无水碳酸钠 Na_2CO_3 和硼砂 $Na_2B_4O_7 \cdot 10H_2O$。

用无水 Na_2CO_3 标定 HCl 溶液浓度时，其反应式为

$$Na_2CO_3 + 2HCl = 2NaCl + H_2O + CO_2\uparrow$$

滴定至反应完全时，溶液的 pH 值为 3.9，通常选用甲基橙为指示剂，溶液由黄色变为橙色，即为终点，其物质间的量比为 $n_{HCl} = 2n_{Na_2CO_3}$。

盐酸浓度的计算公式为

$$c_{\mathrm{HCl}}(\mathrm{mol}\cdot\mathrm{L}^{-1})=\dfrac{2\times\dfrac{m_{\mathrm{Na_2CO_3}}}{M_{\mathrm{Na_2CO_3}}}}{V_{\mathrm{HCl}}\times10^{-3}}$$

硼砂较易提纯,不易吸湿,性质比较稳定,而且摩尔质量较大。采用硼砂为基准物标定盐酸浓度时,可以减少称量误差。

硼砂与盐酸的反应为

$$\mathrm{Na_2B_4O_7\cdot10H_2O+2HCl\Longrightarrow 2NaCl+4H_3BO_3+5H_2O}$$

在化学计量点时,由于生成的硼酸是弱酸,溶液的 pH 值约为 5.12,可用甲基红作指示剂,溶液由黄色变为橙色,即为终点,其物质间的量比为 $n_{\mathrm{HCl}}=2n_{\mathrm{Na_2B_4O_7\cdot10H_2O}}$。

盐酸浓度的计算公式为

$$c_{\mathrm{HCl}}(\mathrm{mol}\cdot\mathrm{L}^{-1})=\dfrac{2\times\dfrac{m_{\mathrm{Na_2B_4O_7\cdot10H_2O}}}{M_{\mathrm{Na_2B_4O_7\cdot10H_2O}}}}{V_{\mathrm{HCl}}\times10^{-3}}$$

仪器与试剂

仪器:分析天平,酸式滴定管(50 mL),量筒(10 mL),试剂瓶(500 或 1 000 mL),锥形瓶(250 mL),烧杯(100 mL),洗耳球,玻璃棒,移液管架,药匙,滴定台。

试剂:浓盐酸(AR),硼砂(基准试剂),无水 $\mathrm{Na_2CO_3}$(基准试剂),甲基橙水溶液(0.2%),甲基红乙醇溶液(0.2%)。

实验步骤

1. 0.1 mol·L^{-1} HCl 标准溶液的配制

用洁净的 10 mL 量筒量取浓盐酸 5.0 mL,倒入事先已加入适量蒸馏水的 1 000 mL 洁净的试剂瓶中,用蒸馏水稀释至 600 mL,盖上玻璃塞,摇匀,贴好标签。

2. 以无水 $\mathrm{Na_2CO_3}$ 为基准物标定 HCl 溶液浓度

在分析天平上用减量法准确称取无水 $\mathrm{Na_2CO_3}$ 基准物 3 份(称量范围应以消耗 0.10 mol·L^{-1} HCl 标准溶液 20~30 mL 计),置于 250 mL 锥形瓶(提前编号)中,加 30 mL 左右蒸馏水,充分摇匀,使之完全溶解。加入甲基橙指示剂 1~2 滴,用 HCl 溶液滴定至溶液由黄色突变为橙色,即为终点,记录盐酸标准溶液消耗体积(如何准确读数)。

平行测定 3 次。标定好的 HCl 溶液贴好标签,妥善保管,以备后面的实验使用。

3. 以硼砂为基准物标定 HCl 溶液浓度

在分析天平上从称量瓶中用差减法准确称取纯净硼砂 3 份,每份重 0.3~0.4 g(称至小数点后 4 位),置于锥形瓶中,加入 20 mL 蒸馏水使之完全溶解(可稍加热以加快溶解,但溶解后需冷却至室温),滴入甲基红指示剂 1~2 滴,用 HCl 溶液滴定至溶液由黄色变为橙色,即为终点,记录盐酸标准溶液消耗的体积(如何准确读数)。

平行测定 3 次。标定好的 HCl 溶液贴好标签,妥善保管,以备后面的实验使用。

提示与备注

①本实验的相对平均偏差要求≤0.2%。

②能用于直接配制标准溶液或标定溶液浓度的物质,称为基准物质或基准试剂。它应具备以下条件:组成与化学式完全相符,纯度足够高,性质稳定,相对分子量大。

③平行测定 3 次，每次滴定前都要把酸、碱滴定管装至零刻度附近。

④溶解 Na_2CO_3 基准物要注意：

a. 称取的 Na_2CO_3 分别装于已编号的 3 个锥形瓶中；

b. 溶解 Na_2CO_3 时，不能用玻璃棒伸进去搅拌；

c. 要等 Na_2CO_3 完全溶解后再加甲基橙指示剂。

⑤无水碳酸钠经过高温烘烤后，极易吸水，故称量瓶一定要盖严。称量时，动作要快些，以免无水碳酸钠吸水。

⑥实验中所用锥形瓶不需要烘干，加入蒸馏水的量不需要准确。

⑦Na_2CO_3 在 270～300 ℃加热干燥，目的是除去其中的水分及少量 $NaHCO_3$。但若温度超过 300 ℃，则部分 Na_2CO_3 分解为 Na_2O 和 CO_2。加热过程中（可在沙浴中进行）Na_2CO_3 要翻动几次，使其受热均匀。

思考题

1. 用 Na_2CO_3 为基准物标定 HCl 溶液浓度时，能否以酚酞为指示剂？为什么？与用甲基橙为指示剂比较，哪个准确度更高？

2. 基准物应具备哪些条件？

3. 为什么不能用直接法配制盐酸标准溶液？

4. 实验中所用锥形瓶是否需要烘干？加入蒸馏水的量是否需要准确？

5. 如何计算 Na_2CO_3 的称取量？

实验 4.20　NaOH 标准溶液的配制与标定

实验目的

①掌握用基准物邻苯二甲酸氢钾和比较法标定 NaOH 溶液浓度的方法。

②掌握以酚酞为指示剂判断滴定终点。

③掌握不含碳酸钠的 NaOH 溶液的配制方法。

预习提示

①标准溶液的配制方法。

②标定盐酸溶液浓度的基准物。

③指示剂变色范围。

实验原理

由于 NaOH 容易吸收空气中的水分和 CO_2，故不能直接配制成标准溶液，必须经过标定以确定其准确的浓度。标定 NaOH 溶液的基准物质主要有邻苯二甲酸氢钾（$KHC_8H_4O_4$，摩尔质量 204.2 g·mol^{-1}）、草酸（$H_2C_2O_4 \cdot 2H_2O$，摩尔质量 126.07 g·mol^{-1}）、苯甲酸等，其中以邻苯二甲酸氢钾使用最广泛。

邻苯二甲酸氢钾容易制得纯品，不含结晶水，在空气中不吸水，容易保存，摩尔质量大，比较稳定，是较好的基准物质。它与氢氧化钠的反应式为

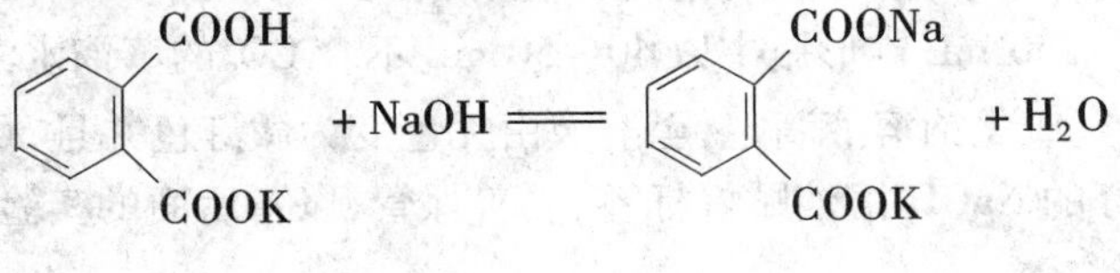

111

反应物之间的摩尔比为 1:1 。化学计量点的产物邻苯二甲酸钾钠是二元弱碱（$K_{b1}^{\ominus}=2.6\times10^{-9}$）。该反应是强碱滴定酸式盐，化学计量点时 pH 为 9.26，可选酚酞为指示剂，用标准 NaOH 溶液滴定到溶液呈微红色并且 30 s 不褪色即为终点，变色很敏锐。

根据基准邻苯二甲酸氢钾的质量及所用的 NaOH 溶液的体积，计算 NaOH 溶液的准确浓度。

$$c_{\text{NaOH}}(\text{mol}\cdot\text{L}^{-1})=\frac{m_{\text{邻苯二甲酸氢钾}}/M_{\text{邻苯二甲酸氢钾}}}{V_{\text{NaOH}}\times10^{-3}}$$

也可以用草酸（$H_2C_2O_4\cdot2H_2O$）为基准物标定 NaOH 溶液浓度，它与氢氧化钠的反应式为

$$2\text{NaOH}+H_2C_2O_4 =\!=\!= Na_2C_2O_4+2H_2O$$

反应物之间的摩尔比为 2:1 。化学计量点时的 pH 为 9.4（突跃范围为 7.7 ~ 10.0），可选酚酞为指示剂，用标准 NaOH 溶液滴定到溶液呈微红色并且 30 s 不褪色即为终点。

根据基准草酸的质量及所用的 NaOH 溶液的体积，计算 NaOH 溶液的准确浓度为

$$c_{\text{NaOH}}(\text{mol}\cdot\text{L}^{-1})=\frac{2\times m_{H_2C_2O_4\cdot2H_2O}/M_{H_2C_2O_4\cdot2H_2O}}{V_{\text{NaOH}}\times10^{-3}}$$

配制不含碳酸钠的氢氧化钠标准溶液的方法很多，最常见的是氢氧化钠饱和溶液稀释法。用氢氧化钠饱和水溶液配制，碳酸钠在饱和氢氧化钠溶液中不溶解，待碳酸钠沉淀后，吸取上层澄清液，用新煮沸并冷却的水稀释至所需浓度，即得到不含碳酸钠的氢氧化钠溶液。

仪器与试剂

仪器：分析天平，碱式滴定管（50 mL），塑料量筒（10 mL），量筒（100 mL），试剂瓶（500 或 1 000 mL），锥形瓶（250 mL），烧杯（100 mL），洗耳球，玻璃棒，滴定台。

试剂：氢氧化钠（s），邻苯二甲酸氢钾（基准试剂），草酸（基准试剂），酚酞指示剂（0.1%）。

实验步骤

1. 0.1 mol·L⁻¹ 氢氧化钠溶液的配制

先将氢氧化钠配成饱和溶液，注入塑料桶中密闭静置，使用前用塑料管虹吸上层澄清溶液。然后用塑料量筒量取 2.5 mL 氢氧化钠饱和溶液，置于具有橡皮塞的试剂瓶中，用不含二氧化碳的蒸馏水稀释至 500 mL，盖紧橡皮塞，摇匀。

2. 标定氢氧化钠标准溶液浓度

（1）以邻苯二甲酸氢钾为基准物标定氢氧化钠标准溶液浓度

在分析天平上准确称取基准邻苯二甲酸氢钾（提前于 110 ~ 120 ℃ 烘至恒重并冷却至室温）0.5 ~ 0.6 g 3 份，分别于 250 mL 锥形瓶中以 40 ~ 50 mL 不含 CO_2 的蒸馏水溶解，加酚酞指示剂 2 滴，用 0.1 mol·L⁻¹ 氢氧化钠溶液滴定，至溶液由无色变为微红色并且 30 s 不褪色为终点。平行测定 3 次。标定好的 NaOH 溶液贴好标签，妥善保管，以备后面的实验使用。

（2）以草酸为基准物标定氢氧化钠标准溶液浓度

在分析天平上准确称取适量的草酸基准物（称量范围应以消耗 0.10 mol·L⁻¹ NaOH 标准溶液 20 ~ 30 mL 计）3 份，分别于 250 mL 锥形瓶中以 40 ~ 50 mL 不含 CO_2 的蒸馏水溶解，加酚酞指示剂 2 滴，用 0.1 mol·L⁻¹ 氢氧化钠溶液滴定，至溶液由无色变为微红色并且 30 s 不褪色为终点。平行测定 3 次。标定好的 NaOH 溶液贴好标签，妥善保管，以备后面的实验使用。

提示与备注

①注意在配制氢氧化钠标准溶液时,使用塑料量筒和具备橡胶塞的试剂瓶。

②正确判断终点颜色的深浅。

思考题

1. 为什么 NaOH 标准溶液配制后要经过标定?

2. 若蒸馏水中含有 CO_2 对测定有何影响? 如何避免?

3. 市售的 NaOH 试剂中常有少量的 Na_2CO_3 等杂质,它们与酸作用即生成 CO_2,这对滴定终点有无影响? 在配制 NaOH 标准溶液时,应采取什么措施?

4. 用邻苯二甲酸氢钾标定氢氧化钠溶液时,为什么用酚酞作指示剂而不用甲基红或甲基橙作指示剂?

5. 称取 NaOH 及邻苯二甲酸氢钾各用什么天平? 为什么?

6. 标定时用邻苯二甲酸氢钾比用草酸有什么好处?

实验4.21 碱液中 NaOH 及 Na_2CO_3 含量的测定

实验目的

①了解测定混合碱中 NaOH 和 Na_2CO_3 含量的原理和方法。

②掌握在同一份溶液中用双指示剂法测定混合碱中 NaOH 和 Na_2CO_3 含量的操作技术。

预习提示

①混合碱的组成。

②双指示剂法测定混合碱原理。

③指示剂的变色范围。

混合碱的测定

实验原理

碱液易吸收空气中 CO_2 形成 Na_2CO_3,苛性碱实际上往往含有 Na_2CO_3,故称为混合碱。工业产品碱液中 NaOH 和 Na_2CO_3 含量可在同一份试液中用两种不同的指示剂分别测定,此种方法称为"双指示剂法"。

测定时,混合碱中 NaOH 和 Na_2CO_3 是用 HCl 标准溶液滴定的,其反应式为

$$NaOH + HCl \Longrightarrow NaCl + H_2O$$

$$Na_2CO_3 + HCl \Longrightarrow NaHCO_3 + NaCl$$

$$NaHCO_3 + HCl \Longrightarrow NaCl + CO_2 \uparrow + H_2O$$

可用酚酞及甲基橙来分别指示滴定终点。当酚酞变色时,NaOH 已全部被中和,而 Na_2CO_3 只被滴定到 $NaHCO_3$,即只中和了一半。此溶液中再加甲基橙指示剂,继续滴定到终点,则生成的 $NaHCO_3$ 被进一步中和为 CO_2。

设酚酞变色时,消耗 HCl 溶液的体积为 V_1,此后,至甲基橙变色时又用去 HCl 溶液的体积为 V_2,则 V_1 必大于 V_2。根据 $V_1 - V_2$ 来计算 NaOH 含量,再根据 $2V_2$ 计算 Na_2CO_3 含量。

混合碱中 NaOH 和 Na_2CO_3 与滴定剂 HCl 完全反应时的计量关系为

$$n_{NaOH} = n_{HCl}$$

$$n_{Na_2CO_3} = \frac{1}{2} n_{HCl}$$

所以,混合碱试样溶液中 NaOH 和 Na_2CO_3 含量的计算公式为

$$c_{NaOH}(g \cdot L^{-1}) = \frac{c_{HCl}(V_1 - V_2) \times M_{NaOH}}{V_{碱液}}$$

$$c_{Na_2CO_3}(g \cdot L^{-1}) = \frac{c_{HCl} \times V_2 \times M_{Na_2CO_3}}{V_{碱液}}$$

仪器与试剂

仪器:酸式滴定管(50 mL),移液管(50 mL),容量瓶(250 mL),锥形瓶(250 mL),烧杯(100 mL),洗耳球,洗瓶,移液管架,滴定台。

试剂:0.1 mol·L^{-1} HCl 标准溶液(学生自己配制且已标定),甲基橙指示剂(0.2%),酚酞指示剂(0.2% 乙醇溶液),混合碱试样溶液(实验室提供)。

实验步骤

1. 混合碱试样溶液的稀释

用公用移液管移取 25.00 mL 混合碱试样溶液于 250 mL 容量瓶中,用蒸馏水稀释至刻度,充分摇匀。

2. 双指示剂法测定混合碱中 NaOH 和 Na_2CO_3 的含量

用移液管移取 3 份 25.00 mL 混合碱稀释溶液分别置于 250 mL 锥形瓶中,加 1~2 滴酚酞指示剂,用 HCl 标准溶液滴定至溶液由红色刚变为无色,即为第一终点,记下 V_1。然后,再加 1~2 滴甲基橙指示剂于此溶液中,此时溶液呈黄色,继续用 HCl 标准溶液滴定至溶液出现橙色,即为第二终点,记下 $V_总$,$V_2 = V_总 - V_1$。平行测定 3 次,根据 V_1 和 V_2 计算混合碱中 NaOH 和 Na_2CO_3 含量。

提示与备注

①如果待测试样为固体混合碱,则直接用分析天平准确称量适量的 3 份试样于 250 mL 锥形瓶中,加入 20~30 mL 蒸馏水,完全溶解后按上述方法测定。测定结果以质量分数或百分含量的形式表示。

②注意本实验最后的数据处理公式和原理部分与给出公式略有区别(区别在哪?)。

③滴定速度宜慢,接近终点时每加一滴后摇匀,至颜色稳定后再加第二滴。否则,因为颜色变化较慢,容易过量。

思考题

1. 什么叫"双指示剂法"?

2. 什么叫混合碱? Na_2CO_3 和 $NaHCO_3$ 的混合物能不能采用"双指示剂法"测定其含量?测定结果的计算公式如何表示?

3. 根据 V_1 和 V_2 的大小(见下表),判断混合碱组成。

V_1 和 V_2 的大小	混合碱组成
$V_1 > 0$, $V_2 = 0$	
$V_1 = V_2$	
$V_1 = 0$, $V_2 > 0$	
$V_1 > V_2$	
$V_1 < V_2$	

实验 4.22　工业纯碱中总碱度的测定

实验目的

①学会试样溶解方法及定量转移的操作。

②掌握强酸滴定二元弱碱的滴定过程、突跃范围及指示剂的选择。

③掌握工业纯碱中总碱度测定的原理和方法。

预习提示

①多元碱的解离平衡。

②二元碱的滴定过程、滴定曲线及指示剂的选择。

实验原理

工业纯碱主要成分为 Na_2CO_3，商品名为苏打，其中可能还含有少量的 $NaCl$，Na_2SO_4，$NaOH$ 及 $NaHCO_3$ 等成分。为了测定纯碱的质量，常以酸碱滴定法测定总碱度来衡量产品的质量。

用 HCl 标准溶液滴定时，滴定反应为

$$Na_2CO_3 + 2HCl \Longrightarrow H_2CO_3 + 2NaCl$$

$$H_2CO_3 \Longrightarrow CO_2 \uparrow + H_2O$$

反应产物 H_2CO_3 易形成过饱和溶液并分解而逸出。化学计量点时溶液 pH 为 3.8 至 3.9，可选用甲基橙为指示剂，溶液由黄色转变为橙色，即为终点。根据盐酸的用量计算总碱度，以 Na_2CO_3 的百分含量或 Na_2O 的百分含量来表示。

HCl 与 Na_2CO_3 的计量关系及计算公式为

$$n_{Na_2CO_3} = \frac{1}{2} n_{HCl}$$

$$\omega_{Na_2CO_3} = \frac{\frac{1}{2} c_{HCl} \cdot V_{HCl} \cdot M_{Na_2CO_3}}{m_{试样} \times 10^3} \times 100\%$$

$$\omega_{Na_2O} = \frac{\frac{1}{2} c_{HCl} \cdot V_{HCl} \cdot M_{Na_2O}}{m_{试样} \times 10^3} \times 100\%$$

由于试样易吸收水分和 CO_2，应在 270 ~ 300 ℃ 将试样烘干 2 h，以除去吸附水并使 $NaHCO_3$ 全部转化为 Na_2CO_3。由于工业纯碱试样均匀性较差，应称取较多试样，使其更具代表性。测定的允许误差可适当放宽一点。

仪器与试剂

仪器：分析天平，称量瓶，酸式滴定管（50 mL），移液管（25 mL），容量瓶（250 mL），锥形瓶（250 mL），烧杯（250 mL），洗耳球，洗瓶，移液管架，滴定台。

试剂：HCl 标准溶液（0.1 mol·L^{-1}，自行配制且已标定），甲基橙指示剂（0.2%），工业纯碱试样（在台秤上称取 40 g，置于洁净、干燥的瓷蒸发皿中，在 270 ~ 300 ℃ 烘箱中烘干 2 h，稍冷后分装在干燥、具有橡胶塞的广口试剂瓶中，放入干燥器中冷却备用），甲基橙指示剂（0.2%）。

实验步骤

1. 纯碱试样溶液的制备

用减量法准确称取试样 2 g,倾入 250 mL 烧杯中,加少量水使其溶解,必要时可稍加热促进溶解。冷却后,将溶液定量转入 250 mL 容量瓶中,加水稀释至刻度,充分摇匀。

2. 总碱度的测定

平行移取试液 25.00 mL 3 份,分别放入 250 mL 锥形瓶中,加水 20 mL,加入 1~2 滴甲基橙指示剂,用 HCl 标准溶液滴定溶液由黄色恰变为橙色,即为终点。计算试样中 Na_2CO_3 百分含量或 Na_2O 的百分含量,即为总碱度。测定的各次相对偏差应在 ±0.3% 以内。

提示与备注

①工业纯碱试样中除 Na_2CO_3 外,还有杂质和水分,其中 $NaHCO_3$ 影响较大。故称试样应多些,尽量使之具有代表性,并应预先在 270~300 ℃烘干 2 h,目的是使 $NaHCO_3$ 全部转化为 Na_2CO_3,工业分析中称为干基试样。

②由于工业纯碱试样均匀性较差,应称取较多试样溶解,定容后,分取试样进行测定,称为大样法分析。

思考题

1. 工业纯碱试样若不是干基试样,并含有少量 $NaHCO_3$,则测定的总碱度与干基试样相比较(同样的试样质量)有何不同?试述其理由。

2. 工业纯碱试样的主要成分是什么?用甲基橙作为指示剂时,为何测定的是总碱度?可否用酚酞作为指示剂?为什么?

3. 工业纯碱试样为何用减量法称样?

实验 4.23 食醋中总酸度的测定

实验目的

①了解强碱滴定弱酸的反应原理及指示剂的选择。

②熟练掌握滴定管、容量瓶、移液管的使用方法和滴定操作技术。

③学习食醋中总酸度的测定方法。

预习提示

①一元弱酸的解离平衡。

②强碱滴定一元弱酸的滴定曲线绘制过程。

实验原理

食醋的主要成分是醋酸,此外还含有少量其他弱酸(如乳酸)等。

醋酸为一元有机弱酸,其 $K_a^\ominus = 1.75 \times 10^{-5}$。醋酸与 NaOH 的反应为

$$HAc + NaOH \Longequal NaAc + H_2O$$

化学计量点时产物为 NaAc,溶液呈弱碱性,突跃范围在碱性区,选用酚酞等碱性区变色的指示剂。测得的是总酸度,以醋酸的含量($g \cdot mL^{-1}$)表示为

$$c(g \cdot mL^{-1}) = \frac{c_{NaOH} \cdot V_{NaOH} \cdot M_{HAc}}{V_{试样}} \times 10^{-3}$$

仪器与试剂

仪器:碱式滴定管(50 mL),移液管(10 mL 和 25 mL),容量瓶(250 mL),锥形瓶(250 mL),烧杯(100 mL),洗耳球,滴定台。

试剂:氢氧化钠(已标定浓度的 $0.1 \ mol \cdot L^{-1}$ 标准溶液),酚酞指示剂(0.2% 乙醇溶液),食醋。

实验步骤

①食醋稀释溶液的制备。准确吸取醋样 10.00 mL 于 250 mL 容量瓶中,以新煮沸并冷却的蒸馏水稀释至刻度,摇匀。

②食醋酸度的测定。用移液管吸取 25.00 mL 醋样稀释溶液于 250 mL 锥形瓶中,加入 25 mL 新煮沸并冷却的蒸馏水,加酚酞指示剂 2 ~ 3 滴,用 $0.1 \ mol \cdot L^{-1}$ NaOH 标准溶液滴定至呈粉红色并且在 30 s 内不褪色,即为终点。平行测定 3 次,根据 NaOH 溶液的用量计算食醋的总酸度。

提示与备注

①食醋中醋酸的浓度较大,且颜色较深,故必须稀释后再滴定。

②测定醋酸含量时,所用的蒸馏水不能含有 CO_2,否则 CO_2 溶于水生成 H_2CO_3,将同时被滴定。

思考题

1. 强碱滴定弱酸与强碱滴定强酸相比,滴定过程中 pH 变化有哪些不同?

2. 测定醋酸时为什么要用酚酞作指示剂?为什么不用甲基橙或甲基红作指示剂?

实验 4.24 非水滴定法测定 α - 氨基酸含量

实验目的

①掌握非水滴定法的基本原理及特点。

②掌握高氯酸滴定液的配制与标定。

③掌握以冰醋酸为溶剂,高氯酸为标准溶液滴定弱碱的原理和方法。

预习提示

①了解本实验中使用的溶剂及标定标准溶液的基准物质。

②掌握非水滴定 α - 氨基酸含量的基本原理。

③理解空白实验的作用。

实验原理

在非水介质中滴定碱时,常用的溶剂为冰醋酸,滴定剂则采用溶于冰醋酸的高氯酸(其中少量的水可通过加入乙酸酐除去)。高氯酸的浓度用邻苯二甲酸氢钾基准物质标定,以结晶紫为指示剂。

α - 氨基酸分子中含有—NH_2和—COOH,为两性物质,在水溶液中,它作为酸或碱离解的趋势均很弱(如氨基乙酸其羧基上的氢 $K_a^\ominus = 2.5 \times 10^{-10}$,氨基作为碱 $K_b^\ominus = 2.5 \times 10^{-12}$),而且会互相干扰,在水溶液中无法准确滴定,但在非水介质(如冰乙酸)中,冰醋酸酸性比水和氨基酸上的羧基都强,给出质子的能力强,相当于 α - 氨基酸中的氨基碱性增强。可以用 $HClO_4$ 作滴定剂,结晶紫为指示剂准确地被滴定,反应式为

117

$$\underset{\substack{| \\ NH_2}}{R-\overset{\displaystyle H}{\underset{\displaystyle |}{C}}-COOH} + HClO_4 == \underset{\substack{| \\ NH_3^+ClO_4^-}}{R-\overset{\displaystyle H}{\underset{\displaystyle |}{C}}-COOH}$$

产物为 α - 氨基酸的高氯酸盐,呈酸性。

结晶紫在强酸介质中为绿色,pH = 2.0 左右为蓝色,pH 大于 3.0 时为紫色,因而滴定时由紫色变为蓝(绿)色即为终点。

仪器与试剂

仪器:分析天平,滴定管(50 mL),锥形瓶(250 mL),烧杯(100 mL),量筒(10 mL,100 mL)。

试剂:$HClO_4$ - 冰醋酸滴定剂($0.1\ mol \cdot L^{-1}$,在低于 25 ℃ 的 250 mL 冰乙酸中慢慢加入 2 mL 70% ~72% 的高氯酸,混匀后再加入 4 mL 乙酸酐,仔细搅拌均匀并冷却至室温,放置过夜,使试液中所含水分与乙酸酐反应完全),邻苯二甲酸氢钾(AR),结晶紫($20\ g \cdot L^{-1}$),冰醋酸,乙酸酐,甲酸,α - 氨基酸试样(可以选用氨基乙酸、丙氨酸、谷氨酸、甘氨酸等)。

实验步骤

1. $HClO_4$ - 冰醋酸滴定剂的标定

准确称取 $KHC_8H_4O_4$ 基准物质 0.2 g 于洁净、干燥的锥形瓶中,加入 20 ~25 mL 冰醋酸使其溶解完全,必要时可温热数分钟,冷却至室温,加入 1 ~2 滴结晶紫指示剂,用 $HClO_4$ - 冰醋酸滴定剂滴定到由紫色转变为蓝(绿)色即为终点。取同量冰醋酸溶剂作空白试验,标定结果应扣除空白值。

2. α - 氨基酸含量的测定

准确称取试样 0.1 g 于 100 mL 小烧杯中,加入 20 mL 冰醋酸溶解,若试样溶解不完全,可加 1 mL 甲酸助溶,加入 1 mL 乙酸酐以除去试液中的水分,加入 1 滴结晶紫指示剂,以 $HClO_4$ - 冰醋酸溶液滴定,由紫色变为蓝(绿)色即为终点。

平行测定 3 次,计算氨基酸的含量

$$c_{\text{滴定剂}}(mol \cdot L^{-1}) = \frac{\left(\dfrac{m}{M}\right)_{KHC_8H_4O_4} \times 10^{-3}}{(V_{\text{标定}} - V_{\text{空白}})_{\text{滴定剂}}}$$

$$\omega_{\text{氨基酸}} = \frac{c_{\text{滴定剂}} \cdot \left[(V_{\text{测定}} - V_{\text{空白}})\right] \cdot M_{\text{氨基酸}}}{m_{\text{试样}} \times 10^3} \times 100\%$$

提示与备注

①乙酸酐可与水反应形成乙酸,脱去试液中的水分。

②非水滴定过程不能带入水,烧杯、量筒等器皿均要干燥。

③邻苯二甲酸氢钾基准物质在 105 ~110 ℃ 干燥 2 h,在干燥器中用广口瓶保存备用。

思考题

1. 在 $HClO_4$ - 冰醋酸滴定剂中为什么要加入乙酸酐?

2. 邻苯二甲酸氢钾常用于标定 NaOH 水溶液,为何在本实验中作为标定 $HClO_4$ - 冰醋酸的基准物质?

3. 冰醋酸对于 $HClO_4$,H_2SO_4,HCl 和 HNO_3 四种酸是什么溶剂?水对于它们又是什么溶剂?

4. 氨基乙酸在水中以什么形态存在？

5. 非水滴定法与普通酸碱滴定法的主要区别是什么？

6. 配制高氯酸滴定液时,为什么不能将乙酸酐直接加入到高氯酸中? 应如何操作?

实验 4.25　EDTA 标准溶液的配制与标定

实验目的

①了解配位滴定的特点。

②熟悉钙指示剂和二甲酚橙指示剂的性质和使用。

③掌握 EDTA 溶液的配制及浓度的标定方法。

EDTA 标准溶液　　氧化锌基准
的配制　　　　　溶液配制

预习提示

①复习 EDTA 的性质及配位特征。

②熟悉金属指示剂的作用原理。

③了解二甲酚橙指示剂、铬黑 T 指示剂的颜色变化、作用条件。

实验原理

乙二胺四乙酸二钠(简称 EDTA,$Na_2H_2Y \cdot 2H_2O$,常用 H_4Y 表示)为白色晶体,易溶于水,无臭、无味、无毒。在通常实验条件下约吸附 0.3% 的水分,称为湿存水,因此 EDTA 不能直接配成准确浓度的标准溶液,先配成近似浓度后,再用基准物质进行标定。

EDTA 在水中的溶解度为 120 g·L^{-1},可以配成浓度为 0.3 mol·L^{-1}以下的溶液,在滴定分析中常配成 0.02 mol·L^{-1}溶液。

标定 EDTA 溶液常用的基准物质有 $CaCO_3$,ZnO,$MgSO_4 \cdot 7H_2O$ 以及纯金属 Zn,Pb,Bi,Cu 等。通常选用其中与被测定组分具有相同组分的物质为基准物,这样滴定条件较一致,可减少滴定误差。

若 EDTA 溶液用于测定石灰石或白云石中 CaO,MgO 含量时,则宜采用 $CaCO_3$ 作基准物。首先可加 HCl 溶液使其溶解,其反应式为

$$CaCO_3 + 2HCl == CaCl_2 + CO_2 \uparrow + H_2O$$

然后将溶液转移到容量瓶中并稀释,制成钙标准溶液。吸取一定量钙标准溶液,调节酸度至 pH≥12,用钙指示剂,以 EDTA 溶液滴定至溶液由酒红色变纯蓝色,即为终点。其变色原理如下。

钙指示剂(常以 H_3Ind 表示)在水溶液中按下式解离为

$$H_3Ind == 2H^+ + HInd^{2-}$$

在 pH≥12 的溶液中,$HInd^{2-}$ 与 Ca^{2+} 形成比较稳定的配离子,其反应式为

$$HInd^{2-} + Ca^{2+} == CaInd^- + H^+$$

(纯蓝色)　　　　　(酒红色)

所以在钙标准溶液中加入钙指示剂时,溶液呈酒红色。当用 EDTA 溶液滴定时,由于 EDTA 能与 Ca^{2+} 形成比 $CaInd^-$ 更稳定的配离子,因此在滴定终点附近,$CaInd^-$ 不断转化为较稳定的 CaY^{2-} 配离子,而钙指示剂则被游离出来,其反应可表示为

$$CaInd^- + H_2Y^{2-} + OH^- == CaY^{2-} + HInd^{2-} + H_2O$$

(酒红色)　　　　　　　　　(无色)　(纯蓝色)

用此法测定钙时,若有镁离子共存(在调节溶液酸度为 pH ≥ 12 时,Mg^{2+} 离子将形成 $Mg(OH)_2$ 沉淀),则 Mg^{2+} 离子不仅不干扰钙离子测定,而且使终点比钙离子单独存在时变色更加敏锐。当钙、镁离子共存时,终点由酒红色到纯蓝色;当钙离子单独存在时,终点由酒红色到紫蓝色。所以测定单独存在的钙离子时,常常加入少量的镁离子。

EDTA 溶液若用于测定 Pb^{2+}、Bi^{3+} 离子时,则宜用 ZnO 或纯金属 Zn 为基准物。常用二甲酚橙为指示剂,在六次甲基四胺 – HCl 缓冲溶液中,pH 值为 5~6 酸度条件下进行滴定。此时 Zn 与二甲酚橙形成紫红色配合物,滴定到溶液由紫红色变为亮黄色,即为终点。

配位滴定中所用的水不应含有 Fe^{3+},Al^{3+},Cu^{2+},Ca^{2+},Mg^{2+} 等杂质离子。

EDTA 与金属离子大多数为 1:1 配位,因此它们之间的化学计量关系为

$$n_{\text{EDTA}} = n_{\text{M}^{n+}}$$

标定 EDTA 标准溶液浓度时的计算公式为

$$c_{\text{EDTA}}(\text{mol} \cdot \text{L}^{-1}) = \frac{m_{\text{基标物}}/M_{\text{基准物}}}{V_{\text{EDTA}} \times 10^{-3}}$$

仪器与试剂

仪器:分析天平,台秤,酸式滴定管(50 mL),移液管(25 mL),容量瓶(250 mL),锥形瓶(250 mL),烧杯(100 mL),试剂瓶(1 000 mL),量筒(10 mL、100 mL),洗耳球,滴定台。

试剂:EDTA(s,AR),$CaCO_3$(基准物质),HCl 溶液(6.0 mol · L^{-1}),$NH_3 \cdot H_2O$ 溶液(1:1),$MgSO_4$ 溶液(0.5%),NaOH 溶液(10%),钙指示剂(固体指示剂:称取钙指示剂于干燥处理后的 KNO_3 中,按 1:50 混合研磨,放入磨口小试剂瓶中,保存在干燥器内),ZnO(基准物质),二甲酚橙指示剂(0.2%),六次甲基四胺溶液(20%)。

实验步骤

1. 0.01 mol · L^{-1} EDTA 标准溶液的配制

称取 2.3 g EDTA(s)于大烧杯中,加入 300~400 mL 温水溶解,转入 1 000 mL 试剂瓶中,加水稀释至 600 mL,充分摇匀,待标定。

EDTA 标准溶液
的标定

2. EDTA 标准溶液浓度的标定

(1)$CaCO_3$ 基准溶液的制备

准确称取 $CaCO_3$ 0.25~0.3 g 置于 250 mL 烧杯中,加少量水润湿,盖好表面皿,从杯嘴沿玻璃棒滴加 10 mL 6.0 mol · L^{-1} HCl,使之完全溶解,加热煮沸,冷却后,定量转入 250 mL 容量瓶中,加水稀释至刻度,充分摇匀。

(2)ZnO 基准溶液的制备

准确称取 ZnO 基准物 0.20~0.25 g 置于 100 mL 烧杯中,加入少量水润湿,然后逐滴加入 5 mL 6.0 mol · L^{-1} HCl,完全溶解后,定量转入 250 mL 容量瓶中,加水稀释至刻度,充分摇匀。

(3)以 $CaCO_3$ 为基准物标定 EDTA 溶液浓度

用移液管移取 25.00 mL $CaCO_3$ 标准溶液 3 份置于 250 mL 锥形瓶中,加水 25 mL、2 mL Mg^{2+} 溶液、10 mL 10% NaOH 溶液和适量钙指示剂(约 10 mg),摇匀后,用 EDTA 标准溶液滴定,滴至溶液由酒红色恰变为纯蓝色,即为终点,平行测定 3 次。

(4)以 ZnO 为基准物标定 EDTA 溶液浓度

用移液管移取 25.00 mL ZnO 标准溶液 3 份置于 250 mL 锥形瓶中,加水约 30 mL、二甲酚橙指示剂 1~2 滴,此时溶液为黄色,滴加 20% 的六次甲基四胺溶液,使溶液呈现稳定的紫红

色,再多加 3 mL,用 EDTA 标准溶液滴定,滴至溶液由紫红色恰变为亮黄色,即为终点,平行测定 3 次。

提示与备注

①用 $CaCO_3$ 作基准物标定 EDTA 溶液浓度时,为了提高指示剂变色的敏锐性,加入 Mg^{2+} 溶液,此时溶液 pH≥12.0,否则 Mg^{2+} 要与 EDTA 配位,影响滴定结果。当然也可以不加 Mg^{2+} 溶液。

②用 ZnO 作为基准物质标定 EDTA 溶液浓度时,溶液 pH≤6.3,否则变色不灵敏,甚至无色变。

③钙指示剂不能加太多,应适量(约 10 mg)。

思考题

1. 为什么配位滴定中常使用缓冲溶液?

2. 用本实验的两种方法标定 EDTA 溶液的浓度时,为何酸度条件不同?

3. 加入 Mg^{2+} 溶液后,在滴定条件下是否会影响分析结果? 为什么?

4. 用这两种方法标定同一 EDTA 标准溶液的浓度,结果是否完全一致? 如不相同,分析其原因。

实验 4.26　　自来水硬度的测定

实验目的

①了解水的硬度的测定意义和常用硬度的表示方法。

②了解用 EDTA 配位剂测定钙、镁含量的原理。

③掌握铬黑 T(EBT)指示剂的作用条件、颜色变化及终点的判断。

预习提示

①复习 EDTA 配位滴定法测定钙、镁含量的原理。

②铬黑 T 指示剂的作用原理及使用条件。

③水的硬度定义及水硬度的表示方法。

实验原理

工业用水常形成锅垢,这是水中所含钙、镁盐等所致。水中钙、镁盐等的含量用"硬度"表示,其中钙、镁离子含量是计算硬度的主要指标。

水的总硬度包括暂时硬度和永久硬度。在水中以碳酸氢盐形式存在的钙、镁,加热能被分解,析出沉淀而除去,这类盐所形成的硬度称为暂时硬度。例如:

$$Ca(HCO_3)_2 \xrightarrow{\quad\quad} CaCO_3 \downarrow (完全沉淀) + H_2O + CO_2 \uparrow$$

$$2Mg(HCO_3)_2 \xrightarrow{\quad\quad} Mg_2(OH)_2CO_3 \downarrow + 3CO_2 \uparrow + H_2O$$

而钙、镁的硫酸盐、氯化物、硝酸盐,在加热时亦不沉淀,称为永久硬度。

硬度对工业用水关系很大,如锅炉给水,经常要进行硬度分析,为水的处理提供依据,测定水的硬度就是测定水中钙、镁的总含量,称为水的总硬度(以 Ca 换算为相应的硬度单位),若分别测定 Ca 和 Mg 的含量,则称为钙、镁的硬度。

测定水的总硬度,一般采用 EDTA 配位滴定法,即在 pH = 10 的氨性缓冲溶液中,以铬黑 T 作指示剂,用 EDTA 标准溶液直接滴定水中 Ca^{2+} 和 Mg^{2+},溶液由酒红色经蓝紫色转变为蓝色,即为终点,其反应式如下。

滴定前:$EBT + Ca^{2+}$(或 Mg^{2+}) $\Longrightarrow$ $Ca - EBT$(或 $Mg - EBT$)

（酒红色）

滴定开始至计量点前:$H_2Y^{2-} + Ca^{2+} \Longrightarrow CaY^{2-} + 2H^+$

$$H_2Y^{2-} + Mg^{2+} \Longrightarrow MgY^{2-} + 2H^+$$

（无色）

计量点时:$H_2Y^{2-} + Mg - EBT \Longrightarrow MgY^{2-} + EBT + 2H^+$

（酒红色）　　　　　　　（蓝色）

测定结果的钙、镁离子总量常以氧化钙的量来计算水的硬度。

各国对水的硬度表示方法不同。我国沿用的硬度有两种方法表示:一种采用德国表示硬度的方法,以度计,也称德国度,符号为(°DH)。1 硬度单位表示十万份水中含 1 份 CaO(即每升水中含 10 mg CaO),即 $1°DH = 10 \ mg \cdot L^{-1}$ CaO;另一种以 CaO 的毫克当量数/升表示,即 1 升水中含 CaO 的酸碱毫克当量数,表示为:

$$c_{CaO}(mg \cdot L^{-1}) = \frac{c_{EDTA} \cdot V_{EDTA} \cdot M_{CaO} \times 10^3}{V_{水样}}$$

$$自来水硬度(°DH) = \frac{c_{CaO}}{10}$$

水质分类:$0 \sim 4°$为很软的水;$4 \sim 8°$为软水;$8 \sim 16°$为中等硬度水;$16 \sim 30°$为硬水;30°以上为很硬的水。

仪器与试剂

仪器:酸式滴定管(50 mL),移液管(100 mL),锥形瓶(250 mL),烧杯(100 mL),洗耳球,滴定台等。

试剂:EDTA($0.01 \ mol \cdot L^{-1}$,学生已配制并标定),铬黑 T 指示剂(0.5%),氨性缓冲溶液($pH \approx 10$)。

实验步骤

用移液管移取 100 mL 自来水水样放入 250 mL 锥形瓶中,加入 5 mL 氨性缓冲溶液,加入 1~2 滴铬黑 T 指示剂(如用固体指示剂,即用小勺加入相当于火柴头大小的量),摇匀后,此时溶液呈酒红色,用 EDTA 标准溶液缓慢滴定,并充分摇匀,滴至溶液由酒红色变为纯蓝色,即为终点,平行测定 3 份。

提示与备注

①铬黑 T 与 Mg^{2+} 的显色比与 Ca^{2+} 的显色灵敏度高,当水样中 Mg^{2+} 含量较低时(对 Ca^{2+} 小于 5% 的 Mg^{2+}),用 EBT 做指示剂往往终点变色不敏锐,可在 EDTA 中加适量 Mg^{2+}(标定前加 Mg^{2+},对终点无影响,或在缓冲溶液中加入一定量 Mg^{2+}),利用置换滴定法的原理来提高终点变色的敏锐性。

②自来水样一次取够多次平行测定的量,不然影响平行测定结果。

③若水样的硬度较大,可以适当减少取样量。若水样不澄清,应使用干燥的过滤器过滤。

④若水样中含有 Fe^{3+},Al^{3+},Cu^{2+} 等离子,会干扰测定。Fe^{3+},Al^{3+} 可用三乙醇胺掩蔽,Cu^{2+} 则用 Na_2S 溶液沉淀掩蔽。

思考题

1. 将测定的水硬度换算成以 $mg \cdot L^{-1}$ $CaCO_3$ 的表示方法。

2. 试拟定测定水样钙硬度和镁硬度的实验方案。

3. 在用 EDTA 测定水硬度的反应中,铬黑 T 指示剂的变色原理是什么? 为什么要控制溶液的 pH 值?

4. 为什么接近终点时要缓慢滴定,并充分摇匀?

实验 4.27 铅、铋混合溶液中铅、铋含量的连续测定

实验目的
①了解用控制酸度法进行铋和铅的连续配位滴定原理。
②了解二甲酚橙指示剂的作用原理和使用条件。
③学会铋和铅的连续配位滴定的分析方法。

预习提示
①复习理论课本中关于混合金属离子共存时的滴定条件和滴定方法。
②复习 Ringbom 曲线的应用。
③二甲酚橙指示剂的作用原理和使用条件。

实验原理
混合离子的滴定常采用控制酸度法、掩蔽法进行,可根据副反应系数原理进行计算,论证它们能否被分别滴定的可能性。

Pb^{2+}、Bi^{3+} 均能与 EDTA 形成稳定的 1:1 配合物,$lg K_{MY}^{\ominus}$ 值分别为 18.04 和 27.94。由于两者的 $lg K_{MY}^{\ominus}$ 值相差很大,$\Delta pK_{MY}^{\ominus} = 9.90 > 6$。故可利用酸效应,用控制酸度的方法在一份溶液中连续滴定 Bi^{3+} 和 Pb^{2+}。在测定中,均以二甲酚橙(XO)作指示剂,XO 在 pH < 6.3 时呈黄色,在 pH > 6.3 时呈红色;而它与 Bi^{3+},Pb^{2+} 所形成的络合物呈紫红色,它们的稳定性与 Bi^{3+},Pb^{2+} 和 EDTA 所形成的络合物相比要低;而 $K_{MY}^{\ominus}(Bi\text{-}XO) > K_{MY}^{\ominus}(Pb\text{-}XO)$。通常在 pH ≈ 1 时滴定 Bi^{3+},在 pH ≈ 5 ~ 6 时滴定 Pb^{2+}。

在 Pb^{2+},Bi^{3+} 混合溶液中,首先调节溶液的 pH ≈ 1,以二甲酚橙为指示剂,用 EDTA 标准溶液滴定 Bi^{3+}。此时 Bi^{3+} 与指示剂形成紫红色配合物(Pb^{2+} 在此条件下不形成紫红色配合物),然后用 EDTA 标准溶液滴定 Bi^{3+},至溶液由紫红色变为亮黄色,即为滴定 Bi^{3+} 的终点。

在滴定 Bi^{3+} 的溶液中,加入六次甲基四胺溶液,调节溶液 pH ≈ 5 ~ 6,此时 Pb^{2+} 与二甲酚橙形成紫红色配合物,溶液再次呈现紫红色,然后用 EDTA 标准溶液继续滴定,至溶液由紫红色变为亮黄色时,即为滴定 Pb^{2+} 的终点。反应如下。

pH = 1.0 时:

滴定前 $XO + Bi^{3+} \rightleftharpoons Bi\text{-}XO$
　　　　　　　　　　　（紫红色）

滴定时 $EDTA + Bi^{3+} \rightleftharpoons Bi\text{-}EDTA$
　　　　　　　　　　　　　　（无色）

终点时 $EDTA + Bi^{3+}\text{-}XO \rightleftharpoons Bi\text{-}EDTA + XO$
　　　　　　（紫红色）　　　　　　　　　（黄色）

pH = 5~6 时：

滴定前　XO + Pb^{2+} ══ Pb-XO

（紫红色）

滴定时　EDTA + Pb^{2+} ══ Pb-EDTA

（无色）

终点时　EDTA + Pb^{2+}-XO ══ Pb-EDTA + XO

（紫红色）　　　　　　　（黄色）

Pb^{2+}、Bi^{3+} 与 EDTA 反应完全时的化学计量关系为

$$n_{Pb^{2+}} = n_{EDTA} \qquad n_{Bi^{3+}} = n_{EDTA}$$

Pb^{2+}、Bi^{3+} 混合溶液中 Pb^{2+}，Bi^{3+} 离子含量的计算公式为

$$c_{Bi^{3+}}(g \cdot mL^{-1}) = \frac{c_{EDTA} \cdot V_1 \cdot M_{Bi}}{V_{试样}}$$

$$c_{Pb^{2+}}(g \cdot ml^{-1}) = \frac{c_{EDTA} \cdot V_2 \cdot M_{Pb}}{V_{试样}}$$

仪器与试剂

仪器：酸式滴定管（50 mL），移液管（25 mL），容量瓶（250 mL），锥形瓶（250 mL），烧杯（100 mL），洗耳球，滴定台等。

试剂：EDTA 标准溶液（0.01 mol·L^{-1}，学生已配制并标定），六次甲基四胺溶液（20%）、二甲酚橙指示剂（0.2%），Pb^{2+}，Bi^{3+} 混合溶液（用 Bi(NO$_3$)$_3$、Pb(NO$_3$)$_2$－浓 HNO$_3$ 配制，使混合溶液中 Pb^{2+}，Bi^{3+} 浓度均约为 0.1 mol·L^{-1}，c_{H^+} = 1.0 mol·L^{-1}）。

实验步骤

1. 试样稀释溶液的制备

用公用移液管移取 25.00 mL Bi^{3+}、Pb^{2+} 混合液于 250 mL 容量瓶中，加水稀释至标线，充分摇匀。

2. Pb^{2+}、Bi^{3+} 混合溶液的连续测定

移取 3 份 25.00 mL 试样稀释溶液于 250 mL 锥形瓶中，加入 2 滴二甲酚橙指示剂，用 EDTA 标准溶液滴定由紫红色突然变为亮黄色，即为终点，记录 EDTA 消耗体积 V_1。补加 1~2 滴二甲酚橙指示剂，然后滴加六次甲基四胺溶液至溶液呈稳定的紫红色，再过量 3 mL，继续用 EDTA 标准溶液滴定至溶液呈亮黄色为终点，记录 EDTA 消耗体积 $V_总$，$V_2 = V_总 - V_1$。平行测定 3 次。

提示与备注

①指示剂一定不要加多，否则颜色深，终点判断困难。

②近终点时要摇动锥形瓶，防滴过，边滴边摇。

③第一个终点不易读准。由紫红色变为橙红后，改为半滴加入，变为亮黄色为 V_1，V_1 会影响 V_2。

铅、铋混合液中
铅铋含量的
连续测定

思考题

1. 滴定 Bi^{3+} 时要控制溶液 pH≈1，酸度过低或过高对测定结果有何影响？实验中是如何控制这个酸度的？

2. 滴定 Pb^{2+} 前要调节 pH≈5，为什么用六次甲基四胺而不用强碱或氨水、乙酸钠等弱碱？

3. 能否在同一份试样溶液中先滴定 Pb^{2+} 再滴定 Bi^{3+}?

实验 4.28   石灰石或白云石中钙镁含量的测定

实验目的

①练习酸溶法的溶解固体试样的方法。

②掌握配位滴定法测定石灰石中钙、镁含量的方法和原理。

③了解沉淀分离法在本测定中的应用。

④学习配位滴定法中采用掩蔽剂消除共存离子的干扰及反应条件。

预习提示

①用 EDTA 配位滴定法测定钙、镁含量的原理。

②钙指示剂、铬黑 T(EBT)指示剂的作用原理及使用条件。

③固体试样的溶解方法。

④过滤操作。

实验原理

石灰石的主要成分为 $CaCO_3$ 和 $MgCO_3$,此外,还常常含有其他碳酸盐、石英、FeS_2、黏土、硅酸盐和磷酸盐等。石灰石中钙、镁含量的测定原理如下。

一般的石灰石用盐酸就能使其溶解,其中 Ca^{2+},Mg^{2+} 等以离子形式转入溶液中。有些试样经盐酸处理后仍不能全部溶解,则需以碳酸钠熔融,或用高氯酸处理,也可将试样先在 950 ~ 1 050 ℃的高温下灼烧成氧化物,这样就易被酸分解(在灼烧中黏土和其他难于被酸分解的硅酸盐会变为可被酸分解的硅酸钙和硅酸镁等)。

由于试样中含有少量铁、铝等干扰杂质,所以滴定前在酸性条件下加入三乙醇胺掩蔽 Fe^{3+},Al^{3+},若其量不多,可在 pH 值为 5.5 ~ 6.5 的条件下使之沉淀为氢氧化物而除去。在这样的条件下,由于沉淀少,因此吸附现象极微,不至影响分析结果。

如试样中含有铜、钛、镉、铋等微量金属,可加入铜试剂(DDTC)消除干扰。如试样成分复杂,样品溶解后,可在试液中加入六次甲基四胺和铜试剂,使 Fe^{3+},Al^{3+} 和重金属离子同时沉淀除去,过滤后即可按上述方法分别测定钙、镁。

钙、镁含量的测定:将石灰石溶解并除去干扰元素后,调节溶液酸度至 pH≥12,以钙指示剂(NN)指示终点,用 EDTA 标准溶液滴定,即得到钙量。再取一份试样,调节其酸度至 pH≈10,以铬黑 T(EBT)作指示剂,用 EDTA 标准溶液滴定,此时得到钙、镁总量。由此二量相减即得镁量。其反应如下。

pH≈10 时:消耗 EDTA 溶液 V_1 mL。

加入指示剂:$EBT + Ca^{2+}$(或 Mg^{2+})$\Longrightarrow$ Ca-EBT(或 Mg-EBT)

(酒红色)

滴定未达终点:$H_2Y^{2-} + Ca^{2+} \Longrightarrow CaY^{2-} + 2H^+$

$$H_2Y^{2-} + Mg^{2+} \Longrightarrow MgY^{2-} + 2H^+$$

(无色)

滴定终点:H_2Y^{2-} + Mg-EBT $\Longrightarrow MgY^{2-}$ + EBT + $2H^+$

(酒红色)   (蓝色)

pH ≥ 12 时：消耗 EDTA 溶液 V_2 mL。

$$Mg^{2+} + 2OH^- \Longrightarrow Mg(OH)_2 \downarrow$$

$$Ca^{2+} + NN \Longrightarrow Ca\text{-}NN$$
$$\text{（酒红色）}$$

$$H_2Y^{2-} + Ca^{2+} \Longrightarrow CaY^{2-} + 2H^+$$

$$H_2Y^{2-} + Ca\text{-}NN \Longrightarrow CaY^{2-} + NN + 2H^+$$
$$\text{（酒红色）} \qquad \text{（纯蓝色）}$$

石灰石中钙、镁含量计算公式为

$$\omega_{Mg^{2+}}(g \cdot L^{-1}) = \frac{c_{EDTA} \cdot (V_1 - V_2) \cdot M_{Mg}}{m_{试样} \times \dfrac{25}{250} \times 10^3}$$

$$\omega_{Ca^{2+}}(g \cdot L^{-1}) = \frac{c_{EDTA} \cdot V_2 \cdot M_{Ca}}{m_{试样} \times \dfrac{25}{250} \times 10^3}$$

仪器与试剂

仪器：电子天平，酸式滴定管（50 mL），移液管（25 mL），容量瓶（250 mL），锥形瓶（250 mL），烧杯（250 mL），试剂瓶（1 000 mL），洗耳球，漏斗，表面皿，滴定台等。

试剂：EDTA 标准溶液（0.02 mol·L⁻¹），铬黑 T 指示剂（0.5%），氨性缓冲溶液（pH≈10），HCl 溶液（1:1），氨水（1:1），$NH_3 \cdot H_2O$-NH_4Cl 缓冲溶液（pH = 10），NaOH 溶液（10%），钙指示剂（s,1:100），铬黑 T 指示剂（0.5%），甲基红指示剂（0.2%），镁溶液（0.5%），三乙醇胺溶液（1:1）。

实验步骤

1. 石灰石试样溶液的制备

用分析天平准确称取石灰石试样 0.5 ~ 0.7 g 放入 250 mL 烧杯中，徐徐加入 8 ~ 10 mL（1:1）HCl 溶液，盖上表面皿，用小火加热至近沸，待作用停止后，再用（1:1）HCl 溶液检查试样溶解是否完全（如何判断?）。如已完全溶解，移开表面皿，并用水吹洗表面皿。加水 50 mL，加入 1 ~ 2 滴甲基红指示剂，用（1:1）氨水中和至溶液刚刚呈现黄色（为什么?）。煮沸 1 ~ 2 min，趁热过滤于 250 mL 容量瓶中，用热水洗涤 7 ~ 8 次。冷却滤液，加水稀释至刻度，摇匀待用。

2. 钙含量的测定

先进行一次初步滴定：吸取 25 mL 试液，以 25 mL 水稀释，加 4 mL 10% NaOH 溶液，摇匀，使溶液 pH 值达 12 ~ 14，再加约 0.01 g 钙指示剂（用试剂勺小头取一勺即可），用 EDTA 标准溶液滴定至溶液呈蓝色（在快到终点时，必须充分振摇），记录所用 EDTA 溶液的体积。

正式滴定：准确吸取 25.00 mL 试液，加 25 mL 水稀释，加入比初步滴定时所用约少 1 mL 的 EDTA 溶液，再加 4 mL 10% NaOH 溶液，然后再加入 0.01 g 钙指示剂，继续以 EDTA 溶液滴定至终点，记下滴定所用去的体积 V_1。

3. 钙、镁总量的测定

准确吸取 25.00 mL 试液，加 25.00 mL 水稀释，加 5.0 mL $NH_3 \cdot H_2O$-NH_4Cl 缓冲溶液，使溶液酸度保持在 pH = 10 左右，摇匀，再加入 0.01 g 铬黑 T 指示剂，以 EDTA 标准溶液滴定至

终点,记下滴定所用去的体积 V_2。

提示与备注

①在教学时数允许时,采用分离的方法除去 Fe^{3+},Al^{3+} 等干扰离子,这样可以对沉淀、分离、洗涤等操作再进行一次训练。教学时数不足时,可以采用掩蔽的方法,即在石灰石试样经酸溶解完全后,用容量瓶稀释至 250 mL。然后在测定钙量和钙、镁总量时吸取 25 mL 溶液,加入(1:1)三乙醇胺 3 mL,其他步骤不变。

②进行初步滴定的目的,是为了便于在临近终点时才加入 NaOH 溶液,这样可以减少 $Mg(OH)_2$ 沉淀对 Ca^{2+} 离子的吸附作用,以防止终点的提前到达。

思考题

1. 配位滴定法测定石灰石中钙、镁含量的原理是什么? 这时钙、镁共存,相互有无妨碍? 为什么?

2. 怎样分解石灰石试样? 怎样知道试样溶解已经完全?

3. 用(1:1)氨水中和溶液至刚刚使甲基红指示剂呈现黄色时溶液的 pH 值为多少?

4. 本法测定钙、镁含量时,试样中存在的少量铁、铝等物质有干扰吗? 用什么方法可以除去铁、铝的干扰?

实验 4.29   硫代硫酸钠标准溶液的配制与标定

结晶硫代硫酸钠($Na_2S_2O_3 \cdot 5H_2O$)一般含少量杂质,如 S,Na_2SO_4,Na_2CO_3,NaCl 等,在空气中又易风化和潮解,所以 $Na_2S_2O_3$ 标准溶液不能用直接法配制。$Na_2S_2O_3$ 溶液由于受空气中 CO_2 或 O_2、水中微生物、光线及微量的 Cu^{2+},Fe^{3+} 等作用不稳定,容易分解,反应式为

$$Na_2S_2O_3 \xrightarrow{\text{微生物}} Na_2SO_3 + S\downarrow$$

$$S_2O_3^{2-} + H_2CO_3 =\!=\!= HSO_3^- + HCO_3^- + S\downarrow$$

$$S_2O_3^{2-} + \frac{1}{2}O_2 =\!=\!= SO_4^{2-} + S\downarrow$$

一般溶液的标定与它的使用时间不应间隔太久。通常是将 $Na_2S_2O_3$ 配成近似浓度的溶液,将溶液放置 10~14 天,待溶液稳定后,用基准物标定使用。$Na_2S_2O_3$ 标准溶液使用一段时间后要重新标定。如果发现溶液变浑浊或析出硫,应过滤后再标定,或者另配溶液。

标定 $Na_2S_2O_3$ 溶液的基准物有很多种,常用的基准物有 $K_2Cr_2O_7$,KIO_3,纯碘和电解铜等。

方法一 $K_2Cr_2O_7$ 法

实验目的

①掌握 $Na_2S_2O_3$ 标准溶液的配制方法和保存条件。

②了解标定 $Na_2S_2O_3$ 溶液浓度的原理和方法。

③掌握直接碘量法和间接碘量法的测定条件。

预习提示

①了解间接碘量法的基本原理。

②掌握 $Na_2S_2O_3$ 的性质及配制方法。

硫代硫酸钠
标准溶液的配制

硫代硫酸钠
准标溶液的标定

③比较直接碘量法和间接碘量法指示剂的加入时机。

实验原理

本实验采用间接碘量法,用 $K_2Cr_2O_7$ 作为基准物标定 $Na_2S_2O_3$ 溶液浓度。在酸性介质下,一定量 $K_2Cr_2O_7$ 先与过量的 KI 反应,析出 I_2,再用 $Na_2S_2O_3$ 溶液滴定,以淀粉作指示剂。有关反应式为

$$Cr_2O_7^{2-} + 6I^- + 14H^+ \Longrightarrow 2Cr^{3+} + 3I_2 + 7H_2O$$

$$I_2 + 2S_2O_3^{2-} \Longrightarrow S_4O_6^{2-} + 2I^-$$

$K_2Cr_2O_7$ 与 KI 作用而析出定量 I_2 的反应,反应速度慢,适当增加溶液的酸度能使反应加速。为使反应进行完全,防止 I_2 的挥发和增加 I_2 的溶解性,加入过量的 KI 溶液,使 I_2 形成 I_3^- 配离子,并在碘量瓶中进行反应。反应时不要剧烈摇动,以减少 I_2 的挥发。I^- 被空气中的 O_2 氧化,随光照和酸度的增加而加快,因此反应时,应将碘量瓶置于暗处 5 min。

在使用 $Na_2S_2O_3$ 溶液滴定析出 I_2 时,酸度不可太高,应在滴定前调整好酸度,将溶液充分稀释,析出 I_2 后,立即进行滴定。滴定不可太快或太慢,一定在接近终点时才加入淀粉指示剂。

仪器与试剂

仪器:分析天平,棕色酸式滴定管(50 mL),棕色试剂瓶(1 000 mL),碘量瓶(250 mL),量筒(10 mL、100 mL),烧杯(1 000 mL)。

试剂:$Na_2S_2O_3 \cdot 5H_2O$(AR),Na_2CO_3(AR),KI(AR),$K_2Cr_2O_7$(AR)、HCl 溶液(6.0 mol·L^{-1}),1% 淀粉溶液(称取可溶性淀粉 1 g,加少量纯水调成糊状,在搅拌下倾入 100 mL煮沸的蒸馏水中,微沸 2 min,冷却,取上层清液使用。用时新鲜配制)。

实验步骤

1. 0.1 mol·L^{-1} $Na_2S_2O_3$ 标准溶液的配制

称取 15 g $Na_2S_2O_3 \cdot 5H_2O$ 固体试剂于 1 000 mL 烧杯中,加入新煮沸并冷却的蒸馏水 600 mL,再加入 0.1 g Na_2CO_3 固体,搅拌使之全部溶解,转入试剂瓶中,摇匀。溶液置于避光处 10~14 天后标定。

2. $Na_2S_2O_3$ 标准溶液的标定

准确称取 $K_2Cr_2O_7$ 基准物质 0.1~0.15 g 置于 250 mL 碘量瓶中,加入 20 mL 新煮沸并冷却后的蒸馏水溶解,加入 5 mL 6.0 mol·L^{-1} HCl 溶液和 1.5 g KI 固体。立刻盖上碘量瓶塞,摇匀,瓶口加少许蒸馏水液封,以防止 I_2 的挥发。在暗处放置 5 min,然后打开瓶塞,用蒸馏水冲洗磨口瓶塞及瓶颈内壁,加入新煮沸并冷却后的蒸馏水稀释至约 100 mL,立即用待标定的 $Na_2S_2O_3$ 标准溶液滴定。滴定过程中不要剧烈摇晃碘量瓶(为什么?)。当溶液呈浅绿黄色时加入 1 mL 1% 淀粉溶液,继续滴定到溶液的蓝色突然消失,溶液变为亮绿色,并保持 30 s 不变色即为终点(为什么?)。记录消耗 $Na_2S_2O_3$ 标准溶液的体积 V(mL),平行测定 3 次。按下式计算 $Na_2S_2O_3$ 标准溶液的浓度

$$c_{Na_2S_2O_3}(mol \cdot L^{-1}) = \frac{6\ m_{K_2Cr_2O_7} \times 10^3}{V_{Na_2S_2O_3} \cdot M_{K_2Cr_2O_7}}$$

提示与备注

①$Na_2S_2O_3$ 易受 CO_2、空气中的 O_2 和水中微生物的作用而分解,所以应用新煮沸后冷却的蒸馏水来配制。$Na_2S_2O_3$ 在酸性溶液中极不稳定,在 pH = 9~10 最稳定,所以在配制该标准溶

128

液时需加入少量 Na_2CO_3 ,以防止 $Na_2S_2O_3$ 分解,而且抑制细菌生长。日光也能促进 $Na_2S_2O_3$ 分解,故 $Na_2S_2O_3$ 标准溶液应储存于棕色试剂瓶中置于暗处保存。长期使用的 $Na_2S_2O_3$ 标准溶液要定期标定。

②在合适的酸度条件下, $K_2Cr_2O_7$ 与过量 KI 的定量反应大约需 5 min 才能反应完全。

③为防止 I_2 的挥发,溶液不可受热。开始滴定时,滴定速度可快些,接近终点时要慢滴快摇,以免滴过终点。

④淀粉溶液应在接近终点前加入,否则大量的 I_2 与淀粉结合成蓝色物质不易与 $Na_2S_2O_3$ 反应,使滴定产生误差。

⑤滴定至终点后,如果经过 5 ~ 10 min 后溶液变蓝,这是由于空气中的 O_2 氧化 I^- 为 I_2 所致。如果溶液很快且不断变蓝,说明溶液稀释过早, $K_2Cr_2O_7$ 与 KI 作用不完全,应重新标定。

思考题

1. 间接碘量法和直接碘量法的基本原理是什么?

2. 配制和保存 $Na_2S_2O_3$ 标准溶液应该注意哪些问题? 为什么? 在本实验中采取了哪些措施?

3. 用 $K_2Cr_2O_7$ 标定 $Na_2S_2O_3$ 溶液时,为什么加入过量的 KI 和 HCl 溶液? 为什么要放置 5 min 后才加水稀释?

4. 本实验的 3 份溶液是否可同时加入 KI,然后一一滴定? 如果加 KI 而未加 HCl 溶液;加酸及 KI 后未放置暗处;放置时间太短即加水稀释,则对标定有何影响?

5. 试讨论本实验标定 $Na_2S_2O_3$ 溶液的主要误差来源,在操作中应注意什么?

6. 为什么滴定结束后的溶液放置一段时间后会变成蓝色?

7. 为什么当滴定到溶液出现浅黄绿色时才加入淀粉指示剂?

8. 淀粉指示剂为何要新鲜配制?

9. 配制 $Na_2S_2O_3$ 标准溶液时为什么要用新煮沸的蒸馏水? 加入 Na_2CO_3 的目的是什么?

方法二　KIO_3 法

实验目的

①掌握碘量法的基本原理。掌握碘量法操作的基本技能。

②掌握 KIO_3 法标定 $Na_2S_2O_3$ 标准溶液的方法。

预习提示

①了解 KIO_3 法的实验原理及方法。

②掌握间接碘量法的操作步骤及实验条件。

实验原理

KIO_3 法标定 $Na_2S_2O_3$ 标准溶液的方法为间接碘量法。与 $K_2Cr_2O_7$ 法相似,将一定量的基准物质 KIO_3 与过量 KI 反应,析出的 I_2 再用 $Na_2S_2O_3$ 溶液滴定,以淀粉为指示剂。有关反应式为

$$IO_3^- + 5I^- + 6H^+ \Longrightarrow 3I_2 + 3H_2O$$

$$I_2 + 2S_2O_3^{2-} \Longrightarrow S_4O_6^{2-} + 2I^-$$

与 $K_2Cr_2O_7$ 法不同, KIO_3 与过量 KI 反应时不需要放置,应及时进行滴定。由消耗的 $Na_2S_2O_3$ 溶液的体积即可求出 $Na_2S_2O_3$ 标准溶液的浓度,公式为

$$c_{Na_2S_2O_3}(\mathrm{mol \cdot L^{-1}}) = \frac{6\, m_{KIO_3} \times 10^3}{V_{Na_2S_2O_3} \cdot M_{KIO_3}}$$

仪器与试剂

仪器：分析天平，滴定管（50 mL），棕色试剂瓶（1 000 mL），锥形瓶（250 mL），量筒（10、100 mL），烧杯（500 mL）。

试剂：$Na_2S_2O_3 \cdot 5H_2O$（AR），Na_2CO_3（AR），KI（AR），KIO_3（AR），HCl 溶液（6.0 mol·L^{-1}），淀粉溶液（1%）。

实验步骤

1. 0.2 mol·L^{-1} $Na_2S_2O_3$标准溶液的配制

称取 26 g $Na_2S_2O_3 \cdot 5H_2O$（或 16 g 无水硫代硫酸钠 $Na_2S_2O_3$）配制成 500 mL $Na_2S_2O_3$溶液，具体配制步骤见方法一。

2. $Na_2S_2O_3$标准溶液的标定

准确称取 KIO_3基准物质 0.15～0.20 g 置于 250 mL 锥形瓶中，加入 30 mL 新煮沸并冷却后的蒸馏水溶解，加入 5 mL 6.0 mol·L^{-1} HCl 溶液和 2 g KI 固体。加蒸馏水 100 mL 稀释，立即用待标定的 $Na_2S_2O_3$标准溶液滴定。当溶液呈浅绿黄色时加入 1 mL 1% 淀粉溶液，继续滴定到溶液由蓝色变为无色（淀粉质量不好时，溶液呈浅紫色），即为终点（如变为无色的溶液在 5 min 后又变蓝，则为空气中 O_2氧化所致）。记录消耗 $Na_2S_2O_3$标准溶液的体积 V。平行测定 3 次，计算 $Na_2S_2O_3$标准溶液的浓度。

提示与备注

①KIO_3与过量 KI 反应时不需要放置，应及时进行滴定。

②如果 KI 溶液显黄色，则应事先用 $Na_2S_2O_3$溶液滴定至无色再使用。

思考题

1. KIO_3法标定 $Na_2S_2O_3$标准溶液，与 $K_2Cr_2O_7$法相比，有什么不同？

2. 本实验为什么不需要用碘量瓶而直接用锥形瓶滴定？

3. 何时加入淀粉指示剂？为什么？

4. KIO_3法标定 $Na_2S_2O_3$标准溶液时，是否需要在滴定前放置 5 min，使反应进行完全？

实验 4.30　硫酸铜中铜含量的测定

实验目的

①了解间接碘量法的基本原理及应用。

②掌握间接碘量法测定中引起误差的因素及在实验中应采取的措施。

预习提示

①了解间接碘量法指示剂的加入时机。

②了解沉淀转化剂的加入时机。

实验原理

在弱酸性溶液中，Cu^{2+}与过量的 KI 作用，生成 CuI 沉淀，同时定量析出 I_2。以淀粉为指示剂，用 $Na_2S_2O_3$标准溶液滴定，由此可以计算出铜的含量。反应式为

硫酸铜中铜
含量的测定

$$2Cu^{2+} + 4I^- \Longrightarrow 2CuI\downarrow + I_2$$
$$I_2 + 2S_2O_3^{2-} \Longrightarrow 2I^- + S_4O_6^{2-}$$

Cu^{2+} 与 I^- 之间的反应是可逆的,为了促使反应趋于完全,必须加入过量的 KI。由于 CuI 沉淀强烈地吸附 I_2,使测定结果偏低,所以应加入 KSCN,使 CuI ($K_{sp}^\ominus = 1.1 \times 10^{-12}$) 转化为溶解度更小的 CuSCN ($K_{sp}^\ominus = 4.8 \times 10^{-15}$),反应式为

$$CuI + SCN^- \Longrightarrow CuSCN\downarrow + I^-$$

沉淀转化不仅能释放被吸附的 I_2,而且产生反应所需的 I^-,使反应更加完全。KSCN 只能在接近终点时加入,否则有可能直接还原 Cu^{2+},使测定结果偏低,反应式为

$$6Cu^{2+} + 7SCN^- + 4H_2O \Longrightarrow 6CuSCN\downarrow + SO_4^{2-} + HCN + 7H^+$$

测定时溶液的 pH 值为 3.0~4.0,酸度过低,铜盐会水解,使反应不完全,结果偏低,并且反应速度慢,终点拖长;酸度过高,I^- 在 Cu^{2+} 催化下易被空气中的 O_2 氧化为 I_2,使结果偏高。

大量的 Cl^- 能与 Cu^{2+} 形成配合物,影响 I^- 对二价铜离子的定量还原,所以最好使用硫酸调节溶液酸度。

仪器与试剂

仪器:分析天平,碱式滴定管(50mL),台秤,锥形瓶(250 mL),量筒(10、100 mL)。

试剂:$Na_2S_2O_3$ 标准溶液(0.1 mol·L^{-1},学生已配制并标定),硫酸铜试样,KI(AR),H_2SO_4(1 mol·L^{-1}),KSCN 溶液(10%),淀粉溶液(1%)。

实验内容

准确称取硫酸铜试样(计算称量范围)于 250 mL 锥形瓶中,加 1 mol·L^{-1} H_2SO_4 溶液 3 mL 和水 30 mL 使之溶解。加入 KI 约 1.2 g,立即用 $Na_2S_2O_3$ 标准溶液滴定至呈浅黄色。然后加入 1% 淀粉溶液 1 mL,继续滴定到呈浅蓝色。再加入 5 mL 的 10% KSCN 溶液,此时溶液应转为深蓝色,再继续滴定到蓝色恰好消失,即为终点。

提示与备注

1. $Na_2S_2O_3$ 的配制与标定见实验 4.29,长期使用的 $Na_2S_2O_3$ 标准溶液要定期标定。

2. 硫酸铜试样的来源:分析纯试样或学生提纯后的粗硫酸铜试样。

思考题

1. 为什么试液加入 KI 后要立即滴定?

2. 间接碘法中加入 KI 的作用是什么?对 KI 的加入量有何要求?

3. 为什么说沉淀转化可使 Cu^{2+} 与 I^- 的反应更加完全?

实验 4.31 高锰酸钾标准溶液的配制与标定

实验目的

①掌握氧化还原反应的理论要点。

②掌握以 $Na_2C_2O_4$ 为基准物标定高锰酸钾溶液浓度的方法、原理及滴定条件。

③掌握温度、滴定速率等对滴定分析的影响。

预习提示

①了解高锰酸钾标准溶液的配制方法和保存条件。

②熟悉 $Na_2C_2O_4$ 基准物的性质。

实验原理

市售的高锰酸钾常含有少量杂质,如硫酸盐、硝酸盐及氯化物等,所以不能用准确称量高锰酸钾来直接配制准确浓度的溶液。$KMnO_4$ 是强氧化剂,易与水中的有机物、空气中的尘埃及氨等还原性物质作用。$KMnO_4$ 能自行分解,其分解反应式为

$$4KMnO_4 + 2H_2O = 4MnO_2 + 4KOH + 3O_2 \uparrow$$

分解速度随溶液的 pH 值而变化。在中性溶液中分解很慢,但 Mn^{2+} 和 MnO_2 能加速 $KMnO_4$ 的分解,见光则分解更快。由此可知,高锰酸钾溶液的浓度容易改变,必须正确地配制和保存。

配制的 $KMnO_4$ 溶液应呈中性,不含 MnO_2,这样的溶液浓度就比较稳定,放置数月后浓度大约只降低 0.5%,但是如果长期使用,应定期标定。

常用 $Na_2C_2O_4$ 为基准物来标定 $KMnO_4$ 溶液。草酸钠不含结晶水,容易精制。用 $Na_2C_2O_4$ 标定 $KMnO_4$ 溶液的反应式为

$$2MnO_4^- + 5H_2C_2O_4 + 6H^+ = 2Mn^{2+} + 10CO_2 \uparrow + 8H_2O$$

滴定时可利用 $KMnO_4$ 的 MnO_4^- 本身的颜色指示滴定终点。

滴定时应注意以下几点。

①温度。在室温下,上述反应速率较慢,通常需将溶液加热至 75~85 ℃,趁热滴定。加热温度不宜过高,否则草酸会部分分解。

$$H_2C_2O_4 = CO_2 \uparrow + CO \uparrow + H_2O$$

②酸度。该反应需要在酸性介质中进行,通常用 H_2SO_4 控制溶液的酸度,避免使用 HCl 或 HNO_3,因 Cl^- 具有还原性,可与 MnO_4^- 作用,而 HNO_3 具有氧化性,可能氧化被滴定的还原性物质。一般酸度控制在 0.5~1.0 $mol \cdot L^{-1}$。

③滴定速率。该反应为自动催化反应,反应生成的 Mn^{2+} 有自动催化作用。因此滴定开始时不宜太快,应逐滴加入,当加入第一滴 $KMnO_4$ 溶液颜色褪去生成 Mn^{2+} 后再加入第二滴,否则加入的 $KMnO_4$ 溶液来不及与 $C_2O_4^{2-}$ 反应,就在热的溶液中分解,导致结果偏低。

$$4MnO_4^- + 12H^+ = 4Mn^{2+} + 5O_2 \uparrow + 6H_2O$$

④滴定终点。反应完全后过量一滴 $KMnO_4$ 在溶液中呈现微红色,若在 30 s 内不褪色即为滴定终点。长时间放置,由于空气中还原性物质可与 MnO_4^- 作用而使微红色褪去。

仪器与试剂

仪器:分析天平,移液管(25 mL),滴定管(50 mL),锥形瓶(250 mL),量筒(10 mL,100 mL),棕色试剂瓶(500 mL)。

试剂:$KMnO_4$(AR),$Na_2C_2O_4$(AR),H_2SO_4 溶液(3.0 $mol \cdot L^{-1}$)。

实验步骤

1.0.02 $mol \cdot L^{-1}$ $KMnO_4$ 标准溶液的配制

称取 1.6 g $KMnO_4$ 溶于 500 mL 的水中,加热煮沸 20~30 min,冷却后在暗处放置 7~10 天,然后用玻璃砂芯漏斗或玻璃纤维过滤除去 MnO_2 等杂质,滤液储于洁净的玻璃塞棕色试剂瓶中,放置暗处保存。如果溶液经煮沸并在水浴上保温 1 h,冷却后过滤,则不必长期放置,就可以标定其浓度。

2. KMnO₄标准溶液的标定

准确称取在 130 ℃烘干的 Na₂C₂O₄ 0.15 ~ 0.2 g 置于 250 mL 锥形瓶中,加入蒸馏水40 mL 及 3.0 mol·L⁻¹ H₂SO₄溶液 10 mL,加热至 75 ~ 85 ℃(瓶口开始冒气,不可煮沸),立即用待标定的 KMnO₄溶液滴定。开始滴定时反应速率慢,待溶液中产生 Mn^{2+} 后,滴定速度可加快,至溶液呈微红色经 30 s 不褪色,即为终点,记录消耗 KMnO₄溶液的体积 V。

平行测定 3 次。按下式计算 KMnO₄标准溶液的浓度

$$c_{KMnO_4}(mol \cdot L^{-1}) = \frac{2}{5} \times \frac{m_{Na_2C_2O_4} \times 10^3}{V_{KMnO_4} \times M_{Na_2C_2O_4}}$$

提示与备注

①KMnO₄溶液在加热及放置时均应盖上表面皿,以免灰尘及有机物等落入。

②KMnO₄溶液作氧化剂通常是在酸性溶液中进行反应的。若在滴定过程中发现棕色浑浊,这是酸度不足引起的,应立即加入 H₂SO₄;如已经到达终点,此时加 H₂SO₄已无效,应重做实验。

③加热可使反应加快,但不应热至沸腾,否则会引起部分草酸分解。滴定时的适宜温度为 75 ~ 85 ℃。在滴定到终点时溶液的温度应不低于 60 ℃。

④开始滴定时,反应速度较慢,待溶液中产生了 Mn^{2+} 后,滴定速度可加快。但不能让 KMnO₄溶液像流水似的流下去,接近终点时更需小心地缓慢滴入。

思考题

1. 配制 KMnO₄溶液时为什么要把 KMnO₄水溶液煮沸?配好的 KMnO₄溶液为什么要过滤后才能保存?过滤时能不能用滤纸?

2. 用草酸钠标定 KMnO₄溶液浓度时,酸度过高或过低有无影响?溶液的温度过高或过低有无影响?为什么?

3. 标定 KMnO₄溶液时,为什么第一滴 KMnO₄溶液加入后红色褪去很慢,以后褪色较快?

4. 标定 KMnO₄溶液时控制酸度为什么不用 HCl 或 HNO₃?

5. 本实验的滴定速率如何掌握?

6. 何为自身催化作用?本实验中是如何体现自身催化的?

7. 你能提出另一种标定 KMnO₄溶液的方法吗?

实验 4.32　过氧化氢含量的测定

实验目的

①掌握 KMnO₄溶液的配制及标定过程。对自动催化反应有所了解。

②学习 KMnO₄法测定 H₂O₂的原理及方法。

预习提示

①进一步掌握 KMnO₄法的操作。

②对 KMnO₄自身指示剂的特点有所体会。

实验原理

过氧化氢在工业、生物、医药等方面应用很广泛。利用 H₂O₂的氧化性漂白毛、丝织物;医

药上常用它消毒和杀菌;纯 H_2O_2 用作火箭燃料的氧化剂;工业上利用 H_2O_2 的还原性除去氯气,反应式为

$$H_2O_2 + Cl_2 == 2Cl^- + O_2 + 2H^+$$

植物体内的过氧化氢酶也能催化 H_2O_2 的分解反应,故在生物上利用这个性质测量 H_2O_2 分解所放出的氧来测量过氧化氢酶的活性。由于过氧化氢有着广泛的应用,常需要测定它的含量。

H_2O_2 的分子中有一个过氧键—O—O—,在酸性溶液中它是一个强氧化剂,但遇到 $KMnO_4$ 时表现为还原剂。在酸性溶液中 H_2O_2 容易被 $KMnO_4$ 氧化而生成氧气和水,反应式为

$$2MnO_4^- + 5H_2O_2 + 6H^+ == 2Mn^{2+} + 5O_2\uparrow + 8H_2O$$

滴定开始时反应较慢,一经反应生成 Mn^{2+} 后,由于 Mn^{2+} 的催化作用,反应速率加快,故能顺利地滴定到呈现稳定的微红色为终点,因而称为自动催化反应。稍过量的滴定剂 $(2 \times 10^{-6} mol \cdot L^{-1})$ 本身的紫红色即显示终点。

仪器与试剂

仪器:分析天平,移液管(25 mL,10 mL),滴定管(50 mL),锥形瓶(250 mL),容量瓶(250 mL),量筒(10 mL,100 mL),棕色试剂瓶(500 mL)。

试剂: $Na_2C_2O_4$ (AR), H_2SO_4 溶液(3.0 mol·L⁻¹)、$KMnO_4$ 溶液(0.02 mol·L⁻¹)、$MnSO_4$ 溶液(1.0 mol·L⁻¹)、H_2O_2 样品(约30%)。

实验步骤

1. $KMnO_4$ 溶液的配制

配制方法见实验4.31。

2. 用 $Na_2C_2O_4$ 标定 $KMnO_4$ 溶液

标定方法见实验4.31。

3. H_2O_2 含量的测定

用移液管吸取 1.00 mL 原装 H_2O_2 样品置于 250 mL 容量瓶中,加水稀释至刻度,充分摇匀。用移液管移取 25.00 mL 溶液置于 250 mL 锥形瓶中,加入 60 mL 水,加入 5 mL H_2SO_4,用 $KMnO_4$ 标准溶液滴定至微红色,在 30 s 内不消失即为终点。

因 $KMnO_4$ 和 H_2O_2 溶液开始反应速率很慢,可加入 2~3 滴 $MnSO_4$ 溶液为催化剂,以加快反应速率。

重复平行测定 3 次,计算未经稀释样品中 H_2O_2 的含量。

提示与备注

①蒸馏水中常含有少量的还原性物质,使 $KMnO_4$ 还原为 MnO_2。它能加速 $KMnO_4$ 的分解,故通常将 $KMnO_4$ 溶液煮沸一段时间,放置 7~10 天,使之充分作用,然后将沉淀物过滤除去。

②在室温条件下,$KMnO_4$ 与 $C_2O_4^{2-}$ 之间的反应速率缓慢,故加热提高反应速率。但温度不能太高,若超过 90 ℃,则有部分 $H_2C_2O_4$ 分解,反应式为

$$H_2C_2O_4 == CO_2\uparrow + CO\uparrow + H_2O$$

③原装 H_2O_2 约30%,密度为 1.1 g·cm⁻³,吸取 1.00 mL 30% H_2O_2 或者移取 10.00 mL 3% H_2O_2 均可。

④若 H_2O_2 试样系工业产品,用上述方法测定误差较大,因产品中常加入少量乙酰苯胺等

有机物质作稳定剂,此类有机物也消耗 $KMnO_4$。遇此情况应采用碘量法测定,即利用 H_2O_2 和 KI 作用,析出 I_2,然后用 $S_2O_3^{2-}$ 标准溶液滴定,反应式为

$$H_2O_2 + 2H^+ + 2I^- \Longrightarrow 2H_2O + I_2$$
$$I_2 + 2S_2O_3^{2-} \Longrightarrow S_4O_6^{2-} + 2I^-$$

思考题

1. 除 $KMnO_4$ 法外,还有什么方法能测定 H_2O_2 含量?应注意哪些事项?

2. 找出 $KMnO_4$ 与 H_2O_2 反应的摩尔比,自拟计算 $\omega_{H_2O_2}$ 的公式。

3. 用 $KMnO_4$ 溶液滴定 H_2O_2 时,能否用 HNO_3、HCl 或 HAc 控制酸度?为什么?

4. 配制 $KMnO_4$ 溶液应注意什么?用 $Na_2C_2O_4$ 标定 $KMnO_4$ 时,为什么开始滴入的 $KMnO_4$ 紫色消失缓慢,后来却会消失得越来越快,直至滴定终点出现稳定的微红色?

5. 试述 H_2O_2 有哪些重要性质?使用时应注意什么?

6. 配制 $KMnO_4$ 溶液时,过滤后的过滤器上沾附的物质是什么?应选用什么物质才能清洗干净?

实验 4.33　铁矿石中铁含量的测定(无汞定铁法)

实验目的

①学习用酸分解矿石试样的方法。

②掌握不用汞盐的重铬酸钾法测定铁的原理和方法。

③掌握预还原的目的和方法。

预习提示

①预还原的目的、原理和方法。

②掌握重铬酸钾法的基本操作及注意事项。

实验原理

铁矿石的主要成分是 Fe_2O_3,测定铁矿石中铁的含量时,通常用 HCl 作溶剂。铁矿石试样用 $6\ mol \cdot L^{-1}$ HCl 溶解后,溶液中含有 Fe^{3+},Fe^{2+} 离子。必须用还原剂将 Fe^{3+} 预先还原为 Fe^{2+},才能用氧化性 $K_2Cr_2O_7$ 标准溶液滴定。首先用 $SnCl_2$ 将 Fe^{3+} 还原成 Fe^{2+},并过量 $1 \sim 2$ 滴。经典方法是用 $HgCl_2$ 氧化过量的 $SnCl_2$,除去 Sn^{2+} 的干扰,但是 $HgCl_2$ 造成环境污染。本实验采用无汞定铁法,即先用 $SnCl_2$ 将大部分 Fe^{3+} 还原,以钨酸钠为指示剂,再用 $TiCl_3$ 溶液还原剩余 Fe^{3+},还原反应为

$$2Fe^{3+} + Sn^{2+} \Longrightarrow 2Fe^{2+} + Sn^{4+}$$
$$Fe^{3+}(剩余) + Ti^{3+} + H_2O \Longrightarrow Fe^{2+} + TiO^{2+} + 2H^+$$

当 Fe^{3+} 被定量地还原后过量 1 滴 $TiCl_3$ 溶液就会使溶液中作为指示剂的钨酸钠还原为钨蓝,以 $K_2Cr_2O_7$ 溶液使钨蓝褪色,消除过量的 Ti^{3+}。最后在硫酸 - 磷酸介质中,以二苯胺磺酸钠为指示剂,用 $K_2Cr_2O_7$ 标准溶液滴定至溶液呈现紫色,即达终点。离子反应式为

$$6Fe^{2+} + Cr_2O_7^{2-} + 14H^+ \Longrightarrow 6Fe^{3+} + 2Cr^{3+} + 7H_2O$$

滴定突跃范围为 $0.93 \sim 1.34\ V$。由于滴定过程中生成黄色的 Fe^{3+} 离子,影响终点的正确判断,故加入 H_3PO_4,使之与 Fe^{3+} 离子络合成无色的 $Fe(HPO_4)^+$ 络离子。这样既消除了 Fe^{3+}

离子黄色的影响,又减少了 Fe^{3+} 浓度,从而降低了 Fe^{3+}/Fe^{2+} 电对的条件电极电位,使滴定时电位突跃增大,变成 0.71~1.34 V,指示剂可在此范围内变色,终点判断正确,反应也更完全。

仪器与试剂

仪器:分析天平,移液管(25 mL),酸式滴定管(50 mL),锥形瓶(250 mL),容量瓶(250 mL),量筒(50 mL),表面皿。

试剂:HCl 溶液(6.0 mol·L^{-1}),二苯胺磺酸钠指示剂(2 g·L^{-1}),H_2SO_4 – H_3PO_4 混酸(将 15 mL 浓 H_2SO_4 缓慢加至 70 mL 水中,冷却后加入 15 mL 浓 H_3PO_4 混匀),$K_2Cr_2O_7$ 标准溶液(0.008 mol·L^{-1}),铁矿石试样。

$SnCl_2$(60 g·L^{-1}):称取 6.0 g $SnCl_2$·$2H_2O$ 溶于 20 mL 热盐酸中,加水稀释至 100 mL。

$TiCl_3$ 溶液(1∶19):取 15%~20% $TiCl_3$ 溶液,用 1∶9 盐酸稀释 20 倍,加一层液体石蜡保护。

Na_2WO_4 溶液(250 g·L^{-1}):称取 25 g Na_2WO_4 溶于适量水中(若浑浊应过滤),加入 5 mL 浓 H_3PO_4,加水稀释至 100 mL。

实验步骤

准确称取 0.15~0.20 g 铁矿石试样置于 250 mL 锥形瓶中,加几滴水润湿样品,再加入 10~20 mL 6.0 mol·L^{-1} HCl,盖上表面皿,低温加热 10~20 min 分解试样,若有带色不溶残渣,可滴加 20~30 滴 $SnCl_2$ 溶液助溶,至剩余残渣为白色或浅灰色表示溶解完全(如残渣颜色较深,则需分离出残渣,用氢氟酸或焦硫酸钾处理,所得溶液并入上面的溶液中),用少量水冲洗表面皿及瓶壁,冷却后转移至 250 mL 容量瓶中,稀释至刻度并摇匀。

移取试样溶液 25.00 mL 于锥形瓶中,加 8 mL 浓 HCl 溶液,加热接近沸腾,趁热滴加 $SnCl_2$ 溶液,至溶液呈浅黄色,调整溶液体积为 150~200 mL,加 15 滴 Na_2WO_4 溶液,加 $TiCl_3$ 至溶液呈蓝色。再滴加 $K_2Cr_2O_7$ 标准溶液至无色(不能过量,不计读数),立即加入 10 mL 硫酸 – 磷酸混酸和 5 滴二苯胺磺酸钠指示剂,立即用 $K_2Cr_2O_7$ 标准溶液滴定至稳定的紫色,即为终点。

平行测定 3 次,根据滴定结果,计算铁矿石中用 Fe 及 Fe_2O_3 表示的铁的质量分数。

$$\omega_{Fe} = \frac{6c_{K_2Cr_2O_7} \cdot V_{K_2Cr_2O_7} \cdot M_{Fe}}{m_{试样} \times 10^3} \times 100\%$$

$$\omega_{Fe_2O_3} = \frac{3c_{K_2Cr_2O_7} \cdot V_{K_2Cr_2O_7} \cdot M_{Fe_2O_3}}{m_{试样} \times 10^3} \times 100\%$$

提示与备注

①溶解样品时,温度不能太高,不应沸腾,必须盖上表面皿,以防止 $FeCl_2$ 挥发或溶液溅出,溶解样品时如酸挥发太多,应适当补加盐酸,使最后溶液中的盐酸量不少于 10 mL。

②氧化、还原和滴定时溶液温度控制在 20~40 ℃较好,如 $SnCl_2$ 过量,应滴加少量 $KMnO_4$ 溶液至溶液呈浅黄色。

③在酸性溶液中,Fe^{2+} 易被氧化,故加入硫酸 – 磷酸混合后应立即滴定,一般还原后,20 min 以内进行滴定,重现性良好。

④配制 $K_2Cr_2O_7$ 标准溶液时,按计算称量后,计算出 $K_2Cr_2O_7$ 标准溶液的准确浓度。

思考题

1. 本实验使用无汞定铁法有什么优点?

2. 用重铬酸钾法测定铁矿中铁含量,整个反应过程如何?给出测定过程的流程图和测定过程中各反应的反应式。

3. 先后用 $SnCl_2$ 和 $TiCl_3$ 作还原剂的目的何在?

4. 加入硫酸 - 磷酸混酸的目的何在?

5. $K_2Cr_2O_7$ 为什么可以直接称量配制准确浓度的溶液?

实验 4.34　食盐中含碘量的测定

实验目的

①掌握碘量法的基本原理。

②学会运用碘量法测定食盐中碘的含量。

预习提示

①查阅食盐中加碘的目的和意义。

②复习间接碘量法的原理和方法。

实验原理

碘是人类生命活动不可缺少的元素之一,缺碘会导致人体一系列疾病的产生,如智力下降、甲状腺肿大等。因而在人们日常生活中,每天摄入一定量的碘是非常有必要的。将碘加入食盐中是一个很有效的办法。食盐加碘,不是在食盐中加入单质碘,而是添加少量合适的碘化物,通常将 KI 加入到食盐中,以达到补碘的目的。食盐中碘的含量一般为 $2\times10^{-3}\%$ ~$5\times10^{-3}\%$（$20\sim50$ $\mu g \cdot g^{-1}$）。

食盐中 I^- 测定的原理为:在酸性溶液中将 I^- 经 Br_2 氧化为 IO_3^-,过量的 Br_2 用甲酸钠除去。加入过量的 KI,用 IO_3^- 将其氧化析出 I_2,然后用 $Na_2S_2O_3$ 标准溶液滴定,测定食盐中 I^- 的含量。其反应式为

$$I^- +3Br_2 +3H_2O \Longrightarrow IO_3^- +6Br^- +6H^+$$

$$Br_2 +HCOO^- +H_2O \Longrightarrow CO_3^{2-} + 3H^+ +2Br^-$$

$$IO_3^- +5I^- +6H^+ \Longrightarrow 3I_2 +3H_2O$$

$$I_2 +2S_2O_3^{2-} \Longrightarrow S_4O_6^{2-} + 2I^-$$

仪器与试剂

仪器:碱式滴定管(50 mL),容量瓶(1 000 mL),移液管(10 mL),碘量瓶(250 mL),棕色试剂瓶(1 000 mL),量筒(10 mL,100 mL),滴管。

试剂:$Na_2S_2O_3 \cdot 5H_2O$(AR),KIO_3(AR),Na_2CO_3(AR),5% KI 溶液(新配),HCl（1.0 $mol \cdot L^{-1}$）溶液,饱和溴水,甲酸钠(10%),0.5% 淀粉溶液(新配),加碘食盐样品。

实验步骤

1.0.000 3 $mol \cdot L^{-1}$ KIO_3 标准溶液的配制

准确称取 1.4 g 于 110 ±2 ℃烘干至恒重的 KIO_3 固体,加水溶解,定容于 1 000 mL 容量瓶中,再用水稀释 20 倍得浓度为 0.000 3 $mol \cdot L^{-1}$ KIO_3 标准溶液。

KIO_3 标准溶液的浓度为

$$c_{KIO_3} = \frac{m_{KIO_3}}{M_{KIO_3} \cdot V} \times \frac{1}{20}$$

2. 0. 002 mol · L^{-1} $Na_2S_2O_3$标准溶液的配制与标定

准确称取 5 g $Na_2S_2O_3$ · $5H_2O$ 溶解在 1 L 新煮沸并冷却了的蒸馏水中,加入 0. 2 g Na_2CO_3 溶解后储于棕色瓶中,放置一周后取上清液 200 mL 于棕色瓶中,用无 CO_2 的蒸馏水稀释至 2 L。

取 10. 00 mL 0. 000 3 mol · L^{-1} KIO_3 标准溶液于 250 mL 碘量瓶中,加 90 mL 水,加 2 mL 1. 0 mol · L^{-1} HCl,摇匀后加入 5 mL 5% KI 溶液,立即用 $Na_2S_2O_3$ 标准溶液滴定,至溶液呈浅黄色时加 5 mL 0. 5% 淀粉溶液,继续滴定至蓝色恰好消失为止,记录消耗 $Na_2S_2O_3$ 的体积。

平行测定 3 次,$Na_2S_2O_3$ 标准溶液的浓度为

$$c_{Na_2S_2O_3}(mol \cdot L^{-1}) = \frac{6c_{KIO_3} \cdot V_{KIO_3}}{V_{Na_2S_2O_3} \times 10^{-3}}$$

3. 食盐中碘含量的测定

准确称取 10 g(准确至 0. 01 g)均匀加碘食盐置于 250 mL 碘量瓶中,加 100 mL 蒸馏水溶解,加 2 mL 1. 0 mol · L^{-1}HCl 和 2 mL 饱和溴水,混匀,放置 5 min,摇动几下加入 5 mL 10% 甲酸钠水溶液,放置 5 min 后加 5 mL 5% KI 溶液,静置 10 min,用 $Na_2S_2O_3$ 标准溶液滴定至溶液呈浅黄色时,加 5 mL 0. 5% 淀粉溶液,继续滴定至蓝色恰好消失为止,记录此时消耗 $Na_2S_2O_3$ 的体积。

平行测定 3 次,食盐样品中碘的含量为

$$\omega_{I^-} = \frac{1}{6} \times \frac{c_{Na_2S_2O_3} \cdot V_{Na_2S_2O_3} \cdot M_{I^-}}{m_{食盐样品} \times 10^3} \times 100\%$$

提示与备注

①本实验可用 2 g 水杨酸固体代替 5 mL 10% 甲酸钠溶液,除去过量的 Br_2。

②需控制好 KIO_3 与 KI 反应的酸度。酸度太低,反应速度慢;酸度太高,则 I^- 易被空气中的 O_2 氧化。

③为防止生成的 I_2 挥发,反应需在碘量瓶中进行,且需避光放置。

思考题

1. 食盐中为什么要加碘?

2. 本实验为何要控制酸度? 用哪种试剂控制酸度?

3. 淀粉指示剂能否在滴定前加入? 为什么?

4. 食盐中的碘成分以哪种形式存在? 如何检验?

5. 本实验为何要使用碘量瓶? 使用碘量瓶应注意什么?

6. 加入 10% 甲酸钠溶液的作用是什么?

实验 4. 35　土壤中有机质含量的测定

实验目的

①掌握用重铬酸钾法测定土壤中有机质含量的原理和方法。

②进一步练习滴定操作。

预习提示

①熟悉重铬酸钾法测定土壤中有机质含量的基本原理。

②熟悉返滴定法的应用。

实验原理

土壤中的有机质含量通常作为土壤肥力水平高低的一个重要指标。它不仅是土壤各种养分特别是氮、磷的重要来源,并且对土壤理化性质(如结构性、保肥性和缓冲性等)有着积极的影响。测定土壤中有机质的方法很多,本实验用重铬酸钾法。

土壤中有机质的含量是通过测定土壤中碳的含量而换算的。在浓 H_2SO_4 存在下,用过量的 $K_2Cr_2O_7$ 溶液与土壤共热($170 \sim 180 \, ℃$),使土壤中的有机碳被氧化为 CO_2 逸出,剩余量的重铬酸钾用 $FeSO_4$ 溶液回滴。以二苯胺磺酸钠为指示剂,滴定到指示剂蓝紫色褪去,呈现亮绿色为终点。反应式为

$$2K_2Cr_2O_7 + 3C + 8H_2SO_4 =\!=\!= 2K_2SO_4 + 2Cr_2(SO_4)_3 + 3CO_2\uparrow + 8H_2O$$
(过量)

$$K_2Cr_2O_7 + 6FeSO_4 + 7H_2SO_4 =\!=\!= K_2SO_4 + Cr_2(SO_4)_3 + 3Fe_2(SO_4)_3 + 7H_2O$$
(剩余量)

滴定过程中,加入 H_3PO_4 以排除 Fe^{3+} 的颜色干扰,并扩大滴定曲线的突跃范围。氧化有机质时,加入 Ag_2SO_4 为催化剂,促进氧化还原反应迅速完成,同时也可以与土壤中的 Cl^- 形成 AgCl 沉淀,以尽可能排除 Cl^- 的干扰。

为方便计算,土壤中有机质常以碳表示。一般土壤中有机质含碳量平均为 58%。由土壤中含碳量换算为有机质时,应乘以换算系数 $100/58 = 1.724$。另外,方法本身在 Ag_2SO_4 催化剂的存在下,也只能氧化有机质 96% 左右,所以有机质的氧化校正系数为 $100/96 = 1.04$。因此,计算土壤中碳含量后,换算为有机质含量应为

$$\omega_{有机质} = \omega_{碳} \times 1.724 \times 1.04$$

本方法存在一定的误差,数据只需保留 3 位有效数字。

土壤中有机质含量参考指标见表 4.26。

表 4.26　土壤中有机质含量参考指标

土壤有机质含量(%)	丰缺程度
≤1.5	极低
1.5 ~ 2.5	低
2.5 ~ 3.5	中
3.5 ~ 5.0	高
>5	极高

仪器与试剂

仪器:分析天平,移液管(10 mL,50 mL),硬质试管,滴定管(50 mL),锥形瓶(250 mL),小漏斗,量筒(10 mL,100 mL),容量瓶(100 mL)。

试剂:固体 Ag_2SO_4(AR),$0.02 \, mol \cdot L^{-1} K_2Cr_2O_7$ 标准溶液,H_2SO_4($3.0 \, mol \cdot L^{-1}$),二苯胺磺酸钠溶液(0.5%),H_3PO_4(85%),$0.01 \, mol \cdot L^{-1} \, K_2Cr_2O_7 -$ 浓 H_2SO_4 混合液。

$FeSO_4$ 标准溶液:称取 $FeSO_4 \cdot 7H_2O$ 28 g 溶于 30 mL H_2SO_4 中,溶解后定量转入 100 mL 容

量瓶中,定容,摇匀,用 $0.02\ mol \cdot L^{-1}\ K_2Cr_2O_7$ 标准溶液标定。$FeSO_4$ 易氧化,使用前必须重新标定。

实验步骤

准确称取过 100 目筛的风干土样 0.1~0.5 g(按有机质含量定),倒入干燥硬质玻璃试管中,加样时勿使样品沾附在试管壁上。加入 0.1 g Ag_2SO_4,用移液管移取 10.00 mL $0.01\ mol \cdot L^{-1}\ K_2Cr_2O_7$ – 浓 H_2SO_4 混合液,混合均匀。试管口加一个小漏斗作回流用,将试管放在 170~180 ℃的石蜡浴中加热,从试管溶液开始沸腾时计时,加热消毒 5 min,取出试管,擦净试管外壁油污,冷却。加入少量蒸馏水稀释,将试管内溶物小心定量地转移至已放有 50 mL 水的 250 mL 锥形瓶中。用水洗试管,洗液倒入锥形瓶中,稀释至 100 mL, 加 85% H_3PO_4 5 mL 及二苯胺磺酸钠指示剂 6 滴,用 $FeSO_4$ 标准溶液滴定。溶液起初为褐色,接近滴定终点时为蓝色,终点时呈亮绿色。记录 $FeSO_4$ 标准溶液用量 $V(mL)$。

另取 $0.01\ mol \cdot L^{-1}\ K_2Cr_2O_7$ – 浓 H_2SO_4 混合液 10 mL,加入 0.1 g Ag_2SO_4,其余步骤同上述过程,滴定消耗 $FeSO_4$ 标准溶液的体积为 $V_0(mL)$。

按下式计算土壤中有机质的含量

$$\omega_{有机质} = \frac{(V_0 - V) \cdot c_{FeSO_4} \cdot M_{\frac{1}{4}C}}{m_{土样}} \times 1.724 \times 1.04 \times 10^3 \times 100\%$$

提示与备注

①土样应为风干土样,可在温度 25~35 ℃通风干燥的地方进行。在半干时需将大土块捏碎,一般需风干 3~5 天。

②称取风干土样的量时,按有机质含量而定。有机质含量 ω 为 7%~15% 称取 0.1 g;2%~4% 称取 0.3 g;少于 2% 称取 0.5 g。

③$FeSO_4$ 溶液在空气中易氧化,所以配好后不要放太长时间,在每次使用前(1~2 天内)应重新标定浓度。

思考题

1. 加入 H_3PO_4 的作用是什么?

2. 与 $KMnO_4$ 法比较,说明 $K_2Cr_2O_7$ 法的特点。

3. 氧化有机质时,为什么要加入 Ag_2SO_4?

4. 如果消煮时少量溶液冲出,结果会如何? 消煮后试管未洗净,结果如何?

5. 加入指示剂用 $FeSO_4$ 滴定,滴了不到 1 mL,颜色就变为砖红色(一般应用 10 mL 以上),这可能是什么原因造成的? 如何改进?

实验 4.36 氯化物中氯含量的测定(Mohr 法)

实验目的

①学习 $AgNO_3$ 标准溶液的配制和标定方法。

②掌握沉淀滴定法中以 K_2CrO_4 为指示剂测定氯离子含量的方法和原理。

预习提示

①$AgNO_3$ 标准溶液的配制和标定方法。

②莫尔(Mohr)法测定氯含量的原理。

③Mohr 法测定氯含量的干扰因素及消除方法。

实验原理

测定某些可溶性氯化物中氯含量常采用莫尔法,即在中性或弱碱性溶液中,以 K_2CrO_4 为指示剂,用 $AgNO_3$ 标准溶液进行滴定。由于 AgCl 的溶解度小于 Ag_2CrO_4 的溶解度,所以,当 AgCl 定量沉淀后,即生成砖红色的 Ag_2CrO_4 沉淀,表示到达终点。反应式为

$$Ag^+ + Cl^- \Longrightarrow AgCl \downarrow \qquad K_{sp}^\ominus = 1.8 \times 10^{-10}$$
$$\text{(白色)}$$

$$2Ag^+ + CrO_4^{2-} \Longrightarrow Ag_2CrO_4 \downarrow \qquad K_{sp}^\ominus = 2.0 \times 10^{-12}$$
$$\text{(砖红色)}$$

滴定必须在中性或弱碱性溶液中进行,最适宜的 pH 值范围为 6.5~10.5。酸度过高,不产生 Ag_2CrO_4 沉淀;酸度过低,则形成 Ag_2O 沉淀。

指示剂的用量不当对滴定终点的准确判断有影响,一般用量以 5.0×10^{-3} mol·L^{-1} 为宜。

凡能与 Ag^+ 生成难溶化合物或配合物的阴离子都干扰测定,如 PO_4^{3-},AsO_4^{3-},SO_3^{2-},S^{2-},CO_3^{2-},$C_2O_4^{2-}$ 等离子,其中 S^{2-} 可生成 H_2S,经加热煮沸而除去;SO_3^{2-} 可经氧化成 SO_4^{2-} 而不发生干扰。大量 Cu^{2+},Ni^{2+},Co^{2+} 等有色离子将影响终点观察。凡是能与 CrO_4^{2-} 离子生成难溶化合物的阳离子也干扰测定。如 Ba^{2+},Pb^{2+} 离子与 CrO_4^{2-} 离子分别生成 $BaCrO_4$ 和 $PbCrO_4$ 沉淀,但 Ba^{2+} 的干扰可借加入过量的 Na_2SO_4 而消除。

Fe^{3+},Al^{3+},Bi^{3+},Zr^{4+} 等高价金属离子在中性或弱碱性溶液中易水解产生沉淀,也不应存在。若存在,改用 Volhard 法测定氯化物中氯含量。

反应完全时 $AgNO_3$ 与氯化物中 Cl^- 的化学计量关系及氯化物中氯含量的计算公式为

$$n_{AgNO_3} = n_{Cl^-}$$

$$c_{AgNO_3}(\text{mol} \cdot \text{L}^{-1}) = \frac{m_{NaCl}/M_{NaCl}}{V_{AgNO_3} \times 10^{-3}}$$

$$\omega_{Cl^-} = \frac{c_{AgNO_3} \cdot V_{AgNO_3} \cdot M_{Cl^-}}{m_{试样} \times 10^3} \times 100\%$$

仪器与试剂

仪器:分析天平,酸式滴定管(50 mL),移液管(25 mL),容量瓶(250 mL),锥形瓶(250 mL),烧杯(100 mL,250 mL),棕色试剂瓶(500 mL),洗耳球,滴定台等。

试剂:$AgNO_3$(s,AR),NaCl(基准试剂),K_2CrO_4 溶液(5%)。

实验步骤

1. 0.05 mol·L^{-1} $AgNO_3$ 标准溶液的配制

在台秤上称取 4.2 g $AgNO_3$ 于 100 mL 烧杯中,用蒸馏水溶解后转入 500 mL 棕色试剂瓶中,加水稀释至约 500 mL,充分摇匀。置暗处保存,以减缓因见光而分解的作用。

2. 0.05 mol·L^{-1} $AgNO_3$ 标准溶液的标定

准确称取适量的 NaCl 基准物(请仔细计算基准 NaCl 的称量范围)置于 250 mL 锥形瓶中,加 25 mL 水溶解,加入 1 mL 5% K_2CrO_4 溶液,在不断摇动下用 $AgNO_3$ 标准溶液滴定,至白色沉淀中出现砖红色,即为终点。平行标定 3 次。

3. 试样溶液的制备

准确称取适量(学生自行计算)的含氯试样置于 250 mL 烧杯中,加水 100 mL 溶解,转入 250 mL 容量瓶中,加水稀释至刻线,摇匀。

4. 试样溶液的分析

准确移取 25.00 mL 试样溶液于 250 mL 锥形瓶中,加 25 mL 水,1 mL 5% K_2CrO_4 溶液,在不断摇动下用 $AgNO_3$ 标准溶液滴定,至白色沉淀中出现砖红色,即为终点。平行测定 3 次。

提示与备注

①如果 pH > 10.5,产生 Ag_2O 沉淀;pH < 6.5,则大部分 CrO_4^{2-} 转变为 $Cr_2O_7^{2-}$,使终点推迟出现。如果有铵盐存在,为了避免产生[$Ag(NH_3)_2^+$],滴定时溶液的 pH 应控制在 6.5 ~ 7.2 的范围内,当 NH_4^+ 的浓度大于 0.1 mol·L^{-1} 时,则不能用莫尔法进行测定。

②如果测定天然水中氯离子的含量,可将 0.100 0 mol·L^{-1} $AgNO_3$ 溶液浓度稀释 10 倍,取水样 50 mL 进行滴定。

③指示剂用量大小对测定有影响,必须定量加入。溶液较稀时,须作指示剂的空白校正,方法如下:取 1 mL K_2CrO_4 指示剂溶液加入适量水,然后加入无 Cl^- 的 $CaCO_3$ 固体(相当于滴定时 AgCl 的沉淀量),制成相似于实际滴定的浑浊溶液。逐渐滴入 $AgNO_3$,至与终点颜色相同为止,记录读数,从滴定试液所消耗的 $AgNO_3$ 体积中扣除此读数。

④沉淀滴定中,为减少沉淀对被测离子的吸附,一般滴定的体积以大些为好,故须加水稀释试液。

思考题

1. 莫尔法测定 Cl^- 时,为什么溶液 pH 值要控制在 6.5 ~ 10.5?

2. 用 K_2CrO_4 为指示剂时,其浓度太大或太小对测定结果有何影响?

3. 滴定过程中,为什么要充分摇匀溶液?

4. 使用 NaCl 基准物前要经电炉在 250 ~ 350 ℃加热处理,如用未经处理的 NaCl 基准物来标定 $AgNO_3$ 标准溶液,将产生什么影响?

实验 4.37　氯化物中氯离子含量的测定(Volhard 法)

实验目的

①掌握沉淀滴定法中的 Volhard 法的实验原理及应用。

②练习 NH_4SCN 标准溶液的配制和标定。

③熟悉 Volhard 法判别终点的方法。

预习提示

①$AgNO_3$ 标准溶液的配制和标定方法。

②Volhard 法测定原理。

实验原理

有几种方法确定沉淀滴定的终点,除莫尔(Mohr)法以外,还有佛尔哈德(Volhard)法、法扬司(Fajans)法和等浑浊度法。

佛尔哈德法的原理表示为

$$Cl^- \quad + \quad Ag^+ \quad === \quad AgCl\downarrow$$
（待测）　（定量且过量）　　　（白色）
$$Ag^+ \quad + \quad SCN^- \quad === \quad AgSCN\downarrow$$
（剩余量）　（标准溶液）　　　（白色）
$$3SCN^- \quad + \quad Fe^{3+} \quad === \quad [Fe(NCS)_n]^{3-n}$$
（微过量）　（指示剂）　　　（血红色）

微过量的 SCN^- 离子与指示剂中的 Fe^{3+} 离子形成血红色配合物 $[Fe(NCS)_n]^{3-n}$（在浓度稀时为肉色），以指示终点的到达。佛尔哈德法只适于酸性溶液,因在中性或碱性溶液中指示剂 Fe^{3+} 离子将生成沉淀。

由于 AgCl 和 AgSCN 沉淀都易吸附 Ag^+,所以在终点前需剧烈振摇,以减少 Ag^+ 的被吸附。但到终点时,要轻轻摇动,因为 AgSCN 沉淀的溶解度比 AgCl 小,剧烈地摇动又易使 AgCl 转化为 AgSCN,从而引入误差。

仪器与试剂

仪器:电子天平,酸式滴定管(50 mL),移液管(25 mL),容量瓶(250 mL),锥形瓶(250 mL),烧杯(100 mL,250 mL),棕色试剂瓶(500 mL),洗耳球,滴定台等。

试剂: $AgNO_3$ 标准溶液($0.05\ mol \cdot L^{-1}$,学生已配制并标定), NH_4SCN(s, AR), HNO_3 溶液($6.0\ mol \cdot L^{-1}$),硫酸铁铵(亦称铁铵矾)溶液(40%)。

实验步骤

1. $0.025\ mol \cdot L^{-1} NH_4SCN$ 标准溶液的配制及其与 $AgNO_3$ 标准溶液浓度的比较

在台秤上称取 0.80 g NH_4SCN 置于 250 mL 烧杯中,用少量水溶解,转入具玻璃塞的细口试剂瓶中,并用水稀释至 400 mL,摇匀。

从滴定管中准确放出 15 mL $AgNO_3$ 标准溶液于 250 mL 锥形瓶中,加 50 mL 水和 5 mL $6.0\ mol \cdot L^{-1}$ 新煮沸并冷却的 HNO_3 溶液及 1 mL 铁铵矾指示剂,然后用 NH_4SCN 标准溶液滴定至溶液呈淡红棕色,在摇动后颜色也不消失为止。平行测定 3 次。

2. 试样溶液的制备

准确称取适量(学生自行计算)的含氯试样于 250 mL 烧杯中,加 100 mL 水溶解,定量转移至 250 mL 容量瓶中,加水稀释至刻度,摇匀。

3. 氯含量的测定

用移液管准确移取 25.00 mL 试样溶液置于 250 mL 锥形瓶中,加入 5 mL $6.0\ mol \cdot L^{-1}$ 新煮沸并冷却的 HNO_3 溶液,在不断摇动下,从滴定管中逐滴滴加 30 毫升(精确定量) $AgNO_3$ 标准溶液,再加 4 mL 铁铵矾指示剂,然后在用力振荡下以 NH_4SCN 标准溶液滴定至溶液呈淡红棕色,在摇动后颜色也不消失为止。平行测定 3 次。

提示与备注

①由于 AgSCN 会吸附 Ag^+ 离子,故滴定时要剧烈摇动,直到淡红棕色不消失,才算到达了终点。

②因为银的化合物很贵,用过的银盐溶液及沉淀不要任意弃掉,应倒在特备的容器内。

思考题

1. 佛尔哈德法测定可溶性氯化物中氯含量的主要误差来源是什么?用哪些方法可以加以

防止？本实验中是如何防止的？

2. 佛尔哈德法测定可溶性氯化物中氯含量的条件是什么？

3. $AgNO_3$溶液宜装在酸式滴定管还是碱式滴定管中？

4. 用佛尔哈德法测定氯含量时，为什么要用HNO_3溶液酸化溶液？可用HCl或H_2SO_4溶液吗？为什么？

5. 用佛尔哈德法测定Br^-或I^-离子的含量时，临近滴定终点时用力摇动溶液，$AgBr$、AgI能否转化为$AgSCN$沉淀？为什么？

实验 4.38　氯化物中氯含量的测定（Fajans 法）

实验目的

①掌握沉淀滴定法中 Fajans 法的实验原理及应用。

②进一步练习 $AgNO_3$ 标准溶液的配制和标定。

③熟悉并掌握 Fajans 法判别终点的方法。

预习提示

①$AgNO_3$ 标准溶液的配制和标定方法。

②Fajans 法测定原理。

③吸附指示剂的种类及使用。

实验原理

可溶性氯化物或水试样中的氯离子常用银量法测定。银量法对氯离子的测定有直接法和间接法两种。氯化物中氯含量的测定，既可用 Mohr 法也可用 Fajans 法，这两种方法同属直接测定法。

Fajans 法是利用荧光黄、二氯荧光黄、曙红等吸附指示剂指示终点的沉淀滴定法。

本实验用 $AgNO_3$ 标准溶液滴定可溶性样品中的 Cl^-，以荧光黄为指示剂，其反应式为

$$HFI \Longrightarrow H^+ + FI^-$$
　　（荧光黄）　　（无色）　　（黄绿色）

$$AgCl \cdot Ag^+ + FI^- \Longrightarrow AgCl \cdot Ag \cdot FI$$
　　　　　　　　　（黄绿色）　　（淡红色）

荧光黄为有机弱酸，在溶液中可解离为黄绿色的 FI^- 离子。但若溶液的酸度太大，将抑制其解离，使终点不敏锐。所以滴定介质的酸度主要由吸附指示剂的酸解离常数决定。

滴定开始至化学计量点前，由于样品中的 Cl^- 仍大量存在，$AgCl$ 胶粒带负电荷，荧光黄阴离子 FI^- 不被 $AgCl$ 胶粒吸附。到达化学计量点后，过量一滴 $AgNO_3$ 的标准溶液，使 $AgCl$ 胶粒带正电荷$(AgCl \cdot Ag^+)^+$，带正电荷的$(AgCl \cdot Ag^+)^+$胶粒强烈吸引 FI^-，由于在 $AgCl$ 表面形成了荧光黄银化合物，导致颜色发生变化，使沉淀表面呈淡红色，指示滴定终点。

使用 Fajans 法应注意溶液的酸度（荧光黄的 $K_a = 10^{-7}$，故溶液的酸度应控制在 pH = 7 ~ 10），加入糊精或淀粉保护胶体，操作时注意避光。

反应完全时，$AgNO_3$ 与氯化物中 Cl^- 的化学计量关系及氯化物中氯含量的计算公式为

$$n_{AgNO_3} = n_{Cl^-}$$

$$c_{AgNO_3}(mol \cdot L^{-1}) = \frac{m_{NaCl}/M_{NaCl}}{V_{AgNO_3} \times 10^{-3}}$$

$$\omega_{Cl^-} = \frac{c_{AgNO_3} \cdot V_{AgNO_3} \cdot M_{Cl^-}}{m_{试样} \times 10^3} \times 100\%$$

仪器与试剂

仪器:电子天平,酸式滴定管(50 mL),移液管(25 mL),容量瓶(250 mL),锥形瓶(250 mL),烧杯(100 mL,250 mL),棕色试剂瓶(500 mL),洗耳球,滴定台等。

试剂:$AgNO_3$ 标准溶液(0.02 mol $\cdot$ L^{-1}),荧光黄溶液(0.1%)、淀粉溶液(1%),荧光黄 - 淀粉指示剂溶液(5:100)。

实验步骤

1. 0.02 mol $\cdot$ L^{-1} $AgNO_3$ 标准溶液的配制

在台秤上称取适量 $AgNO_3$ 于 100 mL 烧杯中,用蒸馏水溶解后转入 500 mL 棕色试剂瓶中,加水稀释至约 500 mL,充分摇匀。置暗处保存,以减缓因见光而分解的作用。

2. 0.02 mol $\cdot$ L^{-1} $AgNO_3$ 标准溶液的标定

准确称取约 0.3 g NaCl 基准物(称准至 ±0.1 mg)置于 100 mL 烧杯中,用不含 Cl^- 的蒸馏水溶解后定量转移至 100 mL 容量瓶中,加水至标线并摇匀,备用。

准确移取 3 份基准 NaCl 溶液 10.00 mL 于 250 mL 锥形瓶中,加入 2 mL 荧光黄 - 淀粉指示剂溶液,摇匀后,以 $AgNO_3$ 标准溶液滴定至黄绿色荧光消失变为淡红色,即为终点。平行测定 3 次。

3. 氯化物中 Cl^- 含量的测定

准确称取 0.70 ~ 1.0 g 氯化物试样于 100 mL 小烧杯中,加水溶解后,定量转移至 250 mL 容量瓶中,加水至标线并摇匀,备用。

准确移取上述氯化物试液 10.00 mL 于 250 mL 锥形瓶中,加入 2 mL 荧光黄 - 淀粉指示剂溶液,摇匀后,以 $AgNO_3$ 标准溶液滴定至黄绿色荧光消失变为淡红色,即为终点。平行测定 3 次。

提示与备注

①荧光黄指示剂配成淀粉溶液,是因为淀粉溶液有保护胶体的作用,可以减免 AgCl 沉淀的聚集,有利于吸附。

②本实验测定氯离子时,溶液酸度的控制是关键。

③银为贵金属,含 AgCl 的废液应回收处理。

思考题

1. 荧光黄指示剂的变色机理与酸碱指示剂有什么不同?

2. 用 Fajans 法滴定时酸度应怎样控制?为什么不能在强酸或碱性溶液中进行滴定?

实验 4.39　可溶性硫酸盐中硫的测定

实验目的

①掌握晶形沉淀的沉淀条件、原理和沉淀方法。

②练习沉淀的过滤、洗涤和灼烧的操作技术。

③测定可溶性硫酸盐中硫的含量,并用换算因数计算测定结果。

预习提示

①沉淀滴定法的原理和沉淀方法。

②清楚陈化的作用。

实验原理

硫酸钡的溶解度很小,25 ℃时溶解度为 0.25 mg,在有过量沉淀剂存在时,其溶解的量可忽略不计。$BaSO_4$ 的性质非常稳定,干燥后的组成与分子式完全相符。可溶性硫酸盐中 SO_4^{2-} 可以用 Ba^{2+} 定量沉淀为 $BaSO_4$,经过滤、洗涤、灼烧后,以 $BaSO_4$ 形式称量,从而求得 S 的含量。这是一种准确度较高的经典方法。

仪器与试剂

仪器:分析天平,烧杯(500 mL),量筒(10 mL,100 mL),瓷坩埚(25 mL),高温马弗炉,定量滤纸(慢速或中速)。

试剂:HCl 溶液($2.0\ mol \cdot L^{-1}$),$BaCl_2$ 溶液(10%),$AgNO_3$ 溶液($0.1\ mol \cdot L^{-1}$),HNO_3 溶液($6.0\ mol \cdot L^{-1}$),无水 Na_2SO_4。

实验步骤

准确称取在 100~120 ℃干燥过的试样 0.2~0.3 g 置于 400 mL 烧杯中,用水 25 mL 溶解,加入 $2.0\ mol \cdot L^{-1}$ HCl 溶液 5 mL,用水稀释至约 200 mL。将溶液加热至沸,在不断搅拌下逐滴滴加 5~6 mL 10% 热 $BaCl_2$ 溶液(预先稀释一倍并加热),静置 1~2 min 让沉淀沉降,然后在上层清液中加 1~2 滴 $BaCl_2$ 溶液,检查沉淀是否完全。此时若无沉淀或浑浊产生,表示沉淀已经完全,否则应再加 1~2 mL $BaCl_2$ 稀溶液,直至沉淀完全。然后将溶液微沸 10 min,在约 90 ℃保温陈化约 1 h。冷却至室温,用致密定量滤纸过滤,再用热蒸馏水洗涤沉淀至无 Cl^- 为止(如何检验?),将沉淀和滤纸移入已在 800~850 ℃灼烧至恒重的瓷坩埚中烘干、灰化后,再在 800~850 ℃下灼烧至恒重。根据所得 $BaSO_4$ 质量,计算试样中含硫(或 SO_3)的百分率。

提示与备注

①有些水合盐类试样不能放入烘箱中干燥。本实验可用无水芒硝(Na_2SO_4)作试样。

②试样中若有水不溶残渣,应将它过滤除去,并用稀盐酸洗涤残渣数次,再用水洗至不含 Cl^- 离子为止。

③试样中若含有 Fe^{3+} 等干扰离子,在加 $BaCl_2$ 溶液沉淀之前,可加入 1% EDTA 溶液 5 mL 加以掩蔽。

④为了控制晶形沉淀的条件,除试液应稀释和加热外,沉淀剂 $BaCl_2$ 溶液也可先加水适当稀释并加热。

⑤检查洗液中有无 Cl^- 离子的方法是加硝酸酸化了的 $AgNO_3$ 溶液,若无白色浑浊产生,表示 Cl^- 离子已洗尽。

⑥坩埚放入马弗炉前,应用滤纸吸去其底部和周围的水,以免坩埚因骤热而炸裂。沉淀在灼烧时,若空气不充足,则 $BaSO_4$ 易被滤纸的碳还原为 BaS,将使结果偏低,此时可将沉淀用浓 H_2SO_4 润湿,仔细升温、灼烧,使其重新转变为 $BaSO_4$。

思考题

1. 重量法所称试样重量应根据什么原则计算?

2. 为什么要加 10% $BaCl_2$ 溶液 5~6 mL? 沉淀剂用量应该怎样计算? 反之, 如果用 H_2SO_4 沉淀 Ba^{2+} 离子, H_2SO_4 用量应如何计算?

3. 为什么试液和沉淀剂都要预先稀释, 而且试液要预先加热?

4. 加入沉淀剂后, 沉淀是否完全, 应如何检查?

5. 沉淀完毕后, 为什么要保温放置一段时间后才进行过滤?

6. 洗涤至不含 Cl^- 离子为止的目的和检查 Cl^- 离子的方法如何?

7. 为什么要控制在一定酸度的盐酸介质中进行沉淀?

8. 用倾泻法过滤有什么优点?

9. 什么叫恒重? 怎样才能把灼烧后的沉淀称准确?

10. 如何用 SO_3 计算硫酸根的含量(百分率)?

4.6 仪器分析实验

实验 4.40 邻二氮菲分光光度法测定微量铁的条件实验

实验目的

①学习确定实验条件的基本方法。

②学习分光光度计的使用方法。

预习提示

①分光光度计的基本组成。

②了解影响显色反应的因素。

实验原理

可见光分光光度法测定的是有色溶液。通常, 先要将被测组分与显色剂反应, 使之生成有色化合物, 再通过测量其吸光度, 进而求得被测组分的含量。将被测组分转变成有色化合物的反应叫作显色反应, 显色反应一般为配合反应或氧化还原反应。显色反应的稳定与完全直接影响到测定结果的准确性, 所以从平衡入手, 了解影响显色反应的因素, 控制适当的反应条件十分必要。

显色反应一般表示为

M(被测组分) + R(显色剂) === MR(有色配合物)

显色反应的完全程度取决于介质的酸度、显色剂的用量、反应的温度和反应时间等因素。在建立分析方法时, 需要通过实验确定最佳反应条件。实验的一般方法是: 以某一影响因素为变量, 其余影响因素为暂时固定量, 测定溶液的吸光度, 作吸光度与变量的关系曲线, 在曲线上寻找该变量对吸光度不再产生明显影响的区间(即曲线上较平坦部分对应的变量区间), 此区间就是该影响因素合适的取值范围。例如: 显色剂的适宜用量的确定方法是: 固定被测组分的浓度及其他条件, 然后加入不同量的显色剂, 测定其吸光度, 绘制 A—C(显色剂浓度)关系曲线, 如图 4.1 所示。

曲线表明, 当显色剂浓度在 0~a 范围内, 显色剂用量不足, 被测离子没有完全转变成有色配合物, 随着 C 增大, 吸光度 A 增大; 在 a~b 范围内, 曲线平直, 吸光度出现稳定值, 因此可在

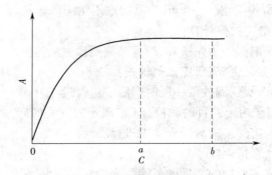

图 4.1　吸光度与显色剂浓度关系曲线

此区间选择合适的显色剂用量,一般取稍大于 a 的浓度即可。其他几个影响因素的适宜值也可按这一方式分别确定。

本实验以邻二氮菲为显色剂从而找出测定微量铁的适宜的酸度条件、显色剂用量、显色时间等。

仪器与试剂

仪器:V-1800 型分光光度计。

试剂:100 μg・mL^{-1} 铁标准溶液(由实验室配制),10 μg・mL^{-1} 铁标准溶(由学生配制),0.1% 邻二氮菲溶液,10% 盐酸羟胺溶液,1 mol・L^{-1} 醋酸钠溶液,0.1 mol・L^{-1} HCl,广泛 pH 试纸和不同范围的精密 pH 试纸。

实验步骤

1. 酸度影响

在 12 只 50 mL 的容量瓶中用吸管各加入 4.00 mL 的 10 μg・mL^{-1} 铁标准溶液,1 mL 的 10% 盐酸羟胺溶液,摇匀,放置 2 min,再加入 5 mL 0.1% 邻二氮菲溶液,然后按表 4.27 所示分别加入 HCl 或 NaOH 溶液。

表 4.27　酸度影响数据表

编号	1	2	3	4	5	6	7	8	9	10	11	12
V_{HCl}(mL)	2.0	1.0	0.5									
V_{NaOH}(mL)				0.0	0.5	1.0	2.0	5.0	10.0	15.0	20.0	25.0

再分别用蒸馏水稀释到刻度,摇匀,放置 10 min,用 1 cm 比色皿,并以蒸馏水作参比,在波长 510 nm 处测定各溶液的吸光度。先用广泛 pH 试纸粗略测定所配制各溶液的 pH 值,再用精密 pH 试纸准确测定各溶液的 pH 值。

2. **显色剂用量的影响**

用吸量管各加入 4.00 mL 10 μg・mL^{-1} 铁标准溶液于 8 只 50 mL 的容量瓶中,并分别加入 1 mL 的 10% 盐酸羟胺溶液,摇匀,放置 2 min,再分别加入 5 mL 的 1 mol・L^{-1} 醋酸钠溶液和各为 0.5,1.0,1.5,3.0,5.0,8.0,9.0 和 10.0 mL 的 0.1% 邻二氮菲溶液,然后用蒸馏水稀释到刻度,摇匀,放置 10 min,用 1 cm 比色皿,并以蒸馏水作参比,在波长 510 nm 处测定各溶液的吸光度。

3. 反应时间的影响及有色溶液的稳定性

取上述加入 5.0 mL 的 0.1% 邻二氮菲显色剂的有色溶液,记下容量瓶稀释到刻度时的时刻$(t=0)$,立即以不含 Fe^{3+} 离子但其余试剂用量完全相同的试剂空白作参比,在波长 510 nm 处测定溶液的吸光度。然后测定放置时间分别为 5,10,30,60,90,120 和 150 min 的溶液的吸光度。

注:每次都应取原容量瓶中的溶液测量。

实验数据的记录与处理

1. 测量数据

(1)酸度的影响(见表 4.28)

表 4.28　酸度的影响

编号	1	2	3	4	5	6	7	8	9	10	11	12
pH 值												
吸光度												

(2)显色剂用量的影响(见表 4.29)

表 4.29　显色剂用量的影响

编号	1	2	3	4	5	6	7	8
V(mL)								
吸光度								

(3)反应时间的影响及有色溶液的稳定性(见表 4.30)

表 4.30　不同反应时间的吸光度值

T(min)	0	5	10	30	60	90	120	150
吸光度 A								

2. 绘制曲线

根据上列 3 组数据分别绘制出:吸光度与 pH 曲线,吸光度与显色剂用量曲线,吸光度与反应时间曲线。

3. 确定曲线范围

从所得 3 条曲线上确定显色反应适宜的 pH 值范围、合适的显色剂用量范围和适宜的显色时间范围。

提示与备注

①完整的显色条件的建立还应包括确定显色温度、干扰离子及干扰量、标准曲线方程及 $\varepsilon_{\lambda_{max}}$ 值等。

②在适宜的条件范围内取确定量,一般比范围内的最小量稍多即可。

思考题

1. 影响显色反应的完全程度的因素有哪些?通过实验方法确定最佳反应条件的一般原则是什么?

2. 设计确定最佳显色温度的实验方案。

实验 4.41　邻二氮菲分光光度法测定微量铁

实验目的

①学习分光光度计的使用方法。

②学习测绘吸收曲线的方法。

③掌握利用标准曲线进行微量成分测定的基本方法和有关计算。

预习提示

①分光光度计的基本组成。

②测绘吸收曲线的方法。

③标准曲线绘制方法。

实验原理

微量铁的测定有邻二氮菲法、硫代甘醇酸法、磺基水杨酸法、硫氰酸盐法等。由于邻二氮菲法的选择性高、重现性好,因此在我国的国家标准中,许多冶金产品和化工产品中铁含量的测定都采用邻二氮菲法。

邻二氮菲又称邻菲罗啉(简写 Phen),在 pH 值为 2~9 的溶液中,Fe^{2+} 离子与邻二氮菲发生下列显色反应

$$Fe^{2+} + 3Phen \Longrightarrow [Fe(Phen)_3]^{2+}$$

生成的橙红色配合物非常稳定,$\lg K_{稳}^{\ominus} = 21.3$(20 ℃),其最大吸收波长为 510 nm,摩尔吸光系数 $\varepsilon_{510} = 1.1 \times 104$ L·cm^{-1}·mol^{-1}。

显色反应的适宜 pH 值范围很宽,且其色泽与 pH 值无关,但为了避免 Fe^{2+} 离子水解和其他离子的影响,通常在 pH 值为 5 的 HAc – NaAc 缓冲介质中测定。

邻二氮菲与 Fe^{3+} 离子也能生成淡蓝色配合物,但其稳定性较低,因此在使用邻二氮菲法测铁时,显色前应用还原剂将 Fe^{3+} 离子全部还原为 Fe^{2+} 离子。本实验采用盐酸羟胺为还原剂,反应式为

$$4Fe^{3+} + 2NH_2OH \Longrightarrow 4Fe^{2+} + 4H^+ + N_2O + H_2O$$

邻二氮菲与 Fe^{2+} 离子反应的选择性很高,相当于含铁量 5 倍的 Co^{2+},Cu^{2+} 离子,20 倍量的 Cr^{3+},Mn^{2+},V(V),PO_4^{3-} 离子,40 倍量的 Al^{3+},Ca^{2+},Mg^{2+},Sn^{2+},Zn^{2+},SiO_3^{2-} 离子都不干扰测定。利用分光光度法进行定量测定时,通常选择吸光物质(即经显色反应后产生的新物质)的最大吸收波长作为入射光波长,这样测得的摩尔吸光系数 ε 值最大,即测定的灵敏度最高。为了找出吸光物质的最大吸收波长,需绘制吸收曲线。测定吸光物质在不同波长下的吸光度 A 值,以波长为横坐标,吸光度为纵坐标,描点绘图即得吸收曲线,曲线最高点所对应的波长为该吸光物质的最大吸收波长。本实验使用具有波长扫描功能的 V – 1800 型分光光度计,吸收曲线由仪器自动绘出。标准曲线法(即工作曲线法)是定量测定中最常用的方法。首先配制

一系列不同浓度的被测物质的标准溶液,在选定的条件下显色,并测定相应的吸光度,以浓度为横坐标,吸光度为纵坐标绘制标准曲线。根据朗伯－比耳定律:$A = \varepsilon bc$,标准曲线应是一条斜率为 εb 的过原点的直线。另取试液经适当处理后,在与上述相同的条件下显色、测定,由测得的吸光度从标准曲线上求出被测物质的含量。

仪器与试剂

仪器:V－1800 型分光光度计。

试剂:100 $\mu g \cdot mL^{-1}$ 铁标准溶液(由实验室配制),10 $\mu g \cdot mL^{-1}$ 铁标准溶液(由学生配制),0.1% 邻二氮菲溶液(新近配制),10% 盐酸羟胺溶液(新鲜配制),1 $mol \cdot L^{-1}$ 醋酸钠溶液,铁试液。

实验步骤

1.10 $\mu g \cdot mL^{-1}$ 铁标准溶液的配制

准确吸取 100 $\mu g \cdot mL^{-1}$ 铁标准溶液 10.00 mL 于 100 mL 容量瓶中,以水稀释至刻度,摇匀,待用。

2.铁系列标准溶液和铁试液的配制

取 7 只 50 mL 容量瓶,编号。用吸量管在前 6 号容量瓶中分别加入 0.00,2.00,4.00,6.00,8.00,10.00 mL 的 10 $\mu g \cdot mL^{-1}$ 铁标准溶液,在第 7 号容量瓶中加入 5.00 mL 铁试液,再分别加入 1 mL 10% 盐酸羟胺溶液,摇匀,放置 2 min,分别加入 5 mL 的 1 $mol \cdot L^{-1}$ 醋酸钠溶液和 3 mL 的 0.1% 邻二氮菲溶液,以水稀释至刻度,摇匀。

3.吸收曲线的绘制

以 1 号液(空白溶液)为参比液,3 号液为试液,用 2 cm 比色皿,在仪器设定的波长范围内扫描,得吸收曲线,在吸收曲线上找出吸光物质的最大吸收波长。

4.标准曲线的绘制和铁试液含量的测定

在选定的最大吸收波长下,以 1 号液为参比溶液,用 2 cm 比色皿,分别测定 2～7 号液的吸光度。用 2～6 号液的浓度和吸光度值绘制标准曲线。在标准曲线上查出 7 号液的铁含量,并计算原铁试液的含量($\mu g \cdot mL^{-1}$)。

实验数据的记录与处理

标准曲线的绘制及铁含量的测定数据见表4.31。

表4.31　实验测定数据

试液	标准溶液(10 $\mu g \cdot mL^{-1}$)						未知液
吸量体积(mL)	0.00	2.00	4.00	6.00	8.00	10.00	5.00
总铁含量(μg)							
吸光度 A	—						

λ_{max} = ＿＿＿＿＿ nm　　　　比色皿 b = ＿＿＿＿＿ cm

提示与备注

①使用 V－1800 型分光光度计时,必须仔细阅读仪器使用说明,并在指导教师的指导下操作。不要擅自按动键盘中的各功能键,以免破坏仪器设定的操作程序。

②使用不具备波长自动扫描功能的分光光度计(如 72 型、721 型等)测定吸收曲线时,每

变换一个测定波长,需用参比溶液调节仪器的吸光度为零。

③为了使测定吸光度值能落在适宜的读数范围内,可适当地调整比色皿的厚度。

④加入还原剂盐酸羟胺后摇匀,放置 2 min,以保证还原反应完全。

⑤由于盐酸羟胺溶液不稳定,需临用时配制。

思考题

1. 根据自己的实验数据,计算 ε_{510} 的值,标明单位。

2. 用邻二氮菲法测铁时,为什么在显色前加入盐酸羟胺?

3. 吸收曲线与标准曲线有何区别? 各有何实际意义?

实验 4.42　三价铁离子与磺基水杨酸配合物的组成和稳定常数的测定

实验目的

①了解分光光度法测定溶液中配合物的组成及稳定常数的原理和方法。

②学习有关实验数据的处理方法。

预习提示

①分光光度计的基本组成。

②配合物的组成。

③配合物的稳定常数。

实验原理

分光光度法是研究配合物组成和测定稳定常数的最有用的方法之一。其方法又包括连续变化法(或称等物质的量系列法)、物质的量比法、平衡移动法、直线法、斜率比法等。本实验采用连续变化法测定三价铁离子与磺基水杨酸配合物的组成和稳定常数。

设金属离子 M 和配位体 L 在给定条件下反应,并只生成一种有色配合物 ML_n(略去电荷符号)

$$M + nL \Longrightarrow ML_n$$

若 M 和 L 都是无色的,则此溶液的吸光度与有色配合物的浓度成正比。本实验中磺基水杨酸是无色的,Fe^{3+} 溶液的浓度很稀,也接近无色,产生的磺基水杨酸合铁(Ⅲ)配合物在实验条件下是紫红色的,均符合设定的实验条件。

所谓连续变化法就是在保持每份溶液中金属离子的浓度(c_M)与配位体的浓度(c_L)之和不变(即总的物质的量不变)的前提下,改变这两种溶液的相对量,配制一系列溶液并测定每份溶液的吸光度。若以吸光度 A 为纵坐标,以配位体的物质的量分数 $n_L/n_M + n_L$ 为横坐标作图,见图 4.2。将曲线两边直线部分延长相交于 B,若 B 点对应的横坐标为 0.5,则金属离子与配位体的物质的量比为 1:1,该配合物的组成为 ML 型。由于本实验采用的金属离子和配位体的浓度相同,可以简单地以配位体的体积分数来表示横坐标。

由图可见,对于 ML 型配合物,若它全部以 ML 形式存在,则其最大吸光度应在 B 处,即吸光度为 A_1;但由于配合物有一部分解离,其浓度要稍小一些,实际测得的最大吸光度在 E 处,即吸光度为 A_2。

若配合物的解离度为 α,则 $\alpha = \dfrac{A_1 - A_2}{A_1}$,ML 型配合物的稳定常数可由下列平衡关系导出:

152

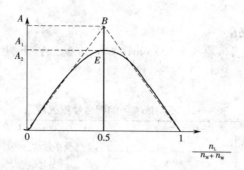

图 4.2　配位体的物质的量分数 – 吸光度曲线

$$
\begin{array}{lccc}
& M & + \quad L & \Longrightarrow & ML \\
\text{起始浓度} & 0 & 0 & c \\
\text{平衡浓度} & c\alpha & c\alpha & c(1-\alpha)
\end{array}
$$

$$
K_{\text{稳}}^{\ominus} = \frac{c(ML)/c^{\ominus}}{[c(M)/c^{\ominus}] \cdot [c(L)/c^{\ominus}]} = \frac{1-\alpha}{c\alpha^2}c^{\ominus}
$$

式中，$c^{\ominus}$ 为标准浓度，即 1 mol·L^{-1}。c 为溶液内 ML 的浓度，这样计算得到的稳定常数是表观稳定常数，如果要测定热力学稳定常数，则还要考虑磺基水杨酸的酸效应问题。

磺基水杨酸与 Fe^{3+} 离子形成的配合物的组成因 pH 不同而不同，在 pH 为 2 ~ 3 时，生成有一个配位体的紫红色配合物，反应为

$$
Fe^{3+} + \underset{\text{\small{}^-O_3S}}{\overset{\text{OH}}{\underset{\text{COOH}}{\bigcirc}}} \Longrightarrow \ ^-O_3S—\bigcirc\!\!-\!\!O—Fe^{3+} \quad + 2H^+
$$

pH 为 4 ~ 9 时，生成有两个配位体的红色配合物；pH 为 9 ~ 11.5 时，生成有三个配位体的黄色配合物；pH > 12 时，有色配合物被破坏而生成 $Fe(OH)_3$ 沉淀。

本实验是在 $HClO_4$ 介质中，pH < 2.5 的条件下进行测定的。

仪器与试剂

仪器：V – 1800 型分光光度计

试剂：0.01 mol·L^{-1} $HClO_4$，0.01 mol·L^{-1} 磺基水杨酸，0.01 mol·L^{-1} 硫酸高铁铵。

实验步骤

1. 0.001 0 mol·L^{-1} Fe^{3+} 离子溶液的配制

准确吸取 0.010 0 mol·L^{-1} 硫酸高铁铵溶液 10.00 mL 于 100 mL 容量瓶中，以 0.01 mol·L^{-1} $HClO_4$ 溶液稀释到刻度，摇匀。

2. 0.001 0 mol·L^{-1} 磺基水杨酸溶液的配制

准确吸取 0.010 0 mol·L^{-1} 磺基水杨酸溶液 10.00 mL 于 100 mL 容量瓶中，以 0.01 mol·L^{-1} $HClO_4$ 溶液稀释到刻度，摇匀。

3. 系列溶液的配制

按表 4.32 所示溶液体积吸取各溶液，分别注入已编号的 50 mL 容量瓶中，定容、摇匀，静

置 10 min。

4. 测定系列溶液的吸光度

用 V-1800 型分光光度计,在 $\lambda = 500$ nm,$b = 1$ cm 的条件下,以蒸馏水为参比,分别测定各溶液的吸光度 A,并记录于表 4.32。

表 4.32 不同浓度下的配合物吸光度表

溶液编号	0.01 mol·L^{-1} HClO$_4$(mL)	0.0010 mol·L^{-1} Fe^{3+}(mL)	0.0010 mol·L^{-1} 磺基水杨酸(mL)	吸光度 A
1	10.0	10.0	0.00	
2	10.0	9.00	1.00	
3	10.0	7.00	3.00	
4	10.0	5.00	5.00	
5	10.0	3.00	7.00	
6	10.0	1.00	9.00	
7	10.0	0.00	10.00	

实验数据记录与处理

①以磺基水杨酸的体积分数为横坐标,对应的吸光度为纵坐标作图。

②根据图上有关数据确定在本实验条件下,Fe^{3+} 和磺基水杨酸形成的配合物的组成。

③求出解离度和表观稳定常数 $K^{\ominus}$。

提示与备注

①使用 V-1800 型分光光度计,必须在指导教师的指导下操作。不要擅自按动键盘中的各功能键,以免破坏仪器设定的操作程序。

②使用不具备波长自动扫描功能的分光光度计(如 72 型、721 型等)测定吸收曲线时,每变换一个测定波长,需用参比溶液调节仪器的吸光度为零。

③为了使测定吸光度值能落在适宜的读数范围内,可适当地调整比色皿的厚度。

④系列溶液配制时,定容、摇匀、静置 10 min 后再测量其吸光度。

思考题

1. 试说明本实验需控制试液酸度的原因。

2. 若将系列溶液中 Fe^{3+} 的体积均固定为 5.00 mL,其余各试剂仍按原表配制,测吸光度。试草绘以吸光度为纵坐标,以磺基水杨酸和 Fe^{3+} 的体积比为横坐标的图,并在图中标出对应物质的量比的点。

实验 4.43 水中微量 MnO$_4^-$ 和 Cr$_2$O$_7^{2-}$ 的分光光度法测定

实验目的

①理解吸光度的加和性,学习用分光光度法测定混合组分的方法。

②进一步熟练使用 V-1800 型分光光度计。

预习提示

①V-1800 型分光光度计的基本操作。

②吸光度的加和性。

③配合物的稳定常数。

实验原理

若试液中共存数种吸光物质,且它们的吸光性质互不影响,则在一定的条件下不需分离就可以采用分光光度法同时进行测定。

假设试液中有 A,B 两种组分,它们的最大吸收波长分别为 λ_1,λ_2。分别绘制它们的吸收曲线,并重合在一起,可看出它们的吸收曲线的重叠情况可分为两种。其一,不重叠或部分重叠,见图 4.3,这种情况可选择适当的波长(一般为吸光物质的最大吸收波长),按测定单一组分的方法处理;其二,大部分重叠,见图 4.4,则宜采用解联立方程组或双波长法测定。

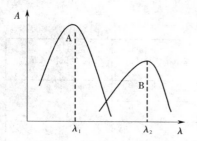

图 4.3　吸收曲线的重叠情况 1

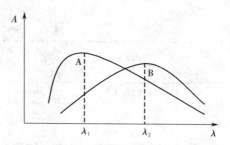

图 4.4　吸收曲线的重叠情况 2

吸光度具有加和性是解联立方程组方法的基础。从图 4.5 可看出,混合组分在 λ_1 处的吸光度(设为 A_1)等于 A、B 两组分在 λ_1 的吸光度之和,即 $A_1 = \varepsilon_{A1}bc_A + \varepsilon_{B1}bc_B$,同理,混合组分在 λ_2 处的吸光度(设为 A_2)等于 A,B 两组分在 λ_2 的吸光度之和,即 $A_1 = \varepsilon_{A2}bc_A + \varepsilon_{B2}bc_B$。若首先用 A,B 组分的标准样,分别测出 A,B 组分在 λ_1,λ_2 处的 $\varepsilon_{A1},\varepsilon_{A2},\varepsilon_{B1},\varepsilon_{B2}$ 的值,并代入混合组分在 λ_1,λ_2 处的吸光度 A_1,A_2,就可解下列二元一次方程组,求得 A,B 两组分各自的浓度 c_A,c_B,表示为

$$\begin{cases} A_1 = \varepsilon_{A1}bc_A + \varepsilon_{B1}bc_B \\ A_2 = \varepsilon_{A2}bc_A + \varepsilon_{B2}bc_B \end{cases}$$

在 H_2SO_4 溶液中,MnO_4^- 和 $Cr_2O_7^{2-}$ 的吸收曲线相互重叠。MnO_4^- 和 $Cr_2O_7^{2-}$ 最大吸收波长分别在 545 nm(设为 λ_1)和 440 nm(设为 λ_2),即可在这两个波长处测定试液的总吸光度,列出联立方程组,代入预先求出的两组分在两波长处各自的摩尔吸光系数,就可计算试液中 MnO_4^- 和 $Cr_2O_7^{2-}$ 的含量。

摩尔吸光系数 ε 值可由标准曲线的斜率求得。分别配制 MnO_4^- 和 $Cr_2O_7^{2-}$ 的标准系列溶液,测定各标准溶液分别在 λ_1,λ_2 处的吸光度,绘制两标准系列溶液分别在 λ_1,λ_2 下的 $A-c$(浓度)标准曲线。标准曲线的斜率为 εb,若取 $b = 1$ cm 的比色皿,则 ε 在数值上就等于标准曲线的斜率。

仪器与试剂

仪器:V - 1800 型分光光度计。

试剂:0.02 mol · L^{-1}KMnO$_4$ 溶液(其中含 0.5 mol · L^{-1}H$_2$SO$_4$ 和 2 g · L^{-1}KIO$_4$),0.02 mol · L^{-1}K$_2$Cr$_2$O$_7$ 溶液(其中含 0.5 mol · L^{-1}H$_2$SO$_4$ 和 2 g · L^{-1}KIO$_4$)。

实验步骤

①由 0.02 mol·L^{-1} KMnO$_4$ 溶液稀释成浓度为 0.000 8 mol·L^{-1},0.001 6 mol·L^{-1},0.002 4 mol·L^{-1},0.003 2 mol·L^{-1}和 0.004 0 mol·L^{-1}的标准系列溶液。

②由 0.02 mol·L^{-1} K$_2$Cr$_2$O$_7$ 溶液稀释成浓度为 0.000 8 mol·L^{-1},0.001 6 mol·L^{-1},0.002 4 mol·L^{-1},0.003 2 mol·L^{-1}和 0.004 0 mol·L^{-1}的标准系列溶液。

③分别测定上述 10 种标准溶液在 440 nm 和 545 nm 处的吸光度。

④测定混合试液在 440 nm 和 545 nm 处的吸光度。

实验数据的记录与处理

①测定数据填入表 4.33。

表 4.33　实验测定数据

c(mol·L^{-1})		0.000 8	0.001 6	0.002 4	0.003 2	0.004 0	混合试液 A 值
440 nm	A(KMnO$_4$)						
	A(K$_2$Cr$_2$O$_7$)						
545 nm	A(KMnO$_4$)						
	A(K$_2$Cr$_2$O$_7$)						

②据上列数据绘制 A – c 标准曲线,求出 KMnO$_4$ 和 K$_2$Cr$_2$O$_7$分别在 440 nm 和 545 nm 处的摩尔吸光系数 ε 值。

③由混合液的吸光度值列出二元一次方程组,求出混合液中 KMnO$_4$ 和 K$_2$Cr$_2$O$_7$的浓度。

提示与备注

①使用 V – 1800 型分光光度计时,必须仔细阅读仪器使用说明,并在指导教师的指导下操作。不要擅自按动键盘中的各功能键,以免破坏仪器设定的操作程序。

②使用不具备波长自动扫描功能的分光光度计(如 72 型、721 型等)测定吸收曲线时,每变换一个测定波长,需用参比溶液调节仪器的吸光度为零。

③为了使测定吸光度值能落在适宜的读数范围内,可适当地调整比色皿的厚度。

思考题

若试液中含有 A,B,C 三种吸光物质,不预先分离,用分光光度法同时测定它们的含量。已知它们在 λ_1,λ_2,λ_3处各有一最大吸收峰,并各有相应的摩尔吸光系数,试列出求它们浓度的方程组。

实验 4.44　氯离子选择性电极测定水样中的微量氯——标准曲线法

实验目的

①学习使用直接电位法测定离子浓度的原理和方法。

②了解电极构造并理解总离子强度调节缓冲溶液的作用。

预习提示

①标准溶液的配制方法。

②标准曲线法。

实验原理

氯离子选择性电极是一种无内参比溶液的全固态型电极,它的敏感薄膜由 AgCl 和 Ag_2S 的粉末混合物压制而成。

将氯离子选择性电极浸入含 Cl^- 离子的溶液中,它可将溶液中氯离子的活度 a_{Cl^-} 转换成相应的膜电位

$$\Delta E_M = K - \frac{2.303RT}{nF}\lg a_{Cl^-}$$

测定 Cl^- 离子浓度时,使用的参比电极是双液接饱和甘汞电极(又称双盐桥饱和甘汞电极)。该电极是在普通饱和甘汞电极上外加一个套管,内充 $0.1\ mol \cdot L^{-1}$ 的 KNO_3 溶液,使 KNO_3 溶液作为外盐桥接触试液,这样就能有效地避免甘汞电极中的 Cl^- 离子通过多孔物质向试液中扩散所造成的干扰。

以氯离子选择性电极、双液接饱和甘汞电极和试液组成的工作电池为

$$Hg,Hg_2Cl_2 | KCl(饱和) \parallel KNO_3 \parallel Cl^-(试液) | AgCl\text{-}Ag_2S$$

其电动势为

$$E = K' - \frac{2.303RT}{nF}\lg a_{Cl^-}$$

即在一定条件下,工作电池的电动势 E 与试液中的 Cl^- 离子活度的对数值呈线性关系。K' 与温度、参比电极电位以及膜的特性有关,在实验中 K' 为一常数。

在分析工作中通常测定的是离子的浓度 c。根据 $a_{Cl^-} = r_{Cl^-} \cdot c_{Cl^-}$ 及活度系数 r 取决于溶液的离子强度,所以在用标准曲线法测定时,应向系列标准溶液中分别加入相等的足够量的惰性电解质作总离子强度调节缓冲溶液(即 TISAB 溶液),使它们的总离子强度相同,并固定不变,这样,各溶液中的 r_{Cl^-} 为定值,并可代入常数 K' 中,则工作电池的电动势为

$$E = k' - \frac{2.303RT}{nF}\lg c_{Cl^-}$$

即 E 与 c_{Cl^-} 的对数值呈线性关系。

本实验采用标准曲线法测定水样中的微量氯离子,适宜的酸度条件为 pH = 2 ~ 7,由 TISAB 溶液控制,线性响应的浓度范围为 $1 \sim 10^{-4}\ mol \cdot L^{-1}$。

仪器与试剂

仪器:ZDJ - 4A 自动电位滴定仪,301 型氯离子选择性电极,217 型双液接饱和甘汞电极。

试剂品种如下。

①$1.00\ mol \cdot L^{-1}$ 氯标准溶液。取优级纯 NaCl 于高温炉中在 500 ~ 600 ℃灼烧 0.5 h,放置在干燥器中冷却,准确称取 14.61 g NaCl 于小烧杯中,用水溶解后转移至 250 mL 容量瓶中定容。

②总离子调节缓冲溶液(TISAB)。于 $1\ mol \cdot L^{-1}$ 的 $NaNO_3$ 溶液中滴加 $6\ mol \cdot L^{-1}$ 的 HNO_3,调节至 pH = 2 ~ 3,以 pH 试纸试验确定。

实验步骤

1. 氯离子系列标准溶液的配制

用吸量管吸取 10.00 mL $1.00\ mol \cdot L^{-1}$ 氯离子标准溶液和 10.00 mL TISAB 溶液,置于

100 mL 容量瓶内,用去离子水稀释至刻度,摇匀,制得 10^{-1} mol·L^{-1} 氯标准溶液。按此步骤以逐级稀释法配成浓度为 10^{-2}、10^{-3}、10^{-4}、10^{-5} mol·L^{-1} 的一组标准溶液。在逐级稀释时,每次加入的 TISAB 溶液的量为 9.00 mL。

2. 标准曲线的绘制

将氯标准系列溶液由低浓度到高浓度依次转入小烧杯中,插入已清洗至空白电位值(约 -230 mV)的氯离子选择性电极和双液接饱和甘汞电极,放入搅拌棒,在电磁搅拌器上搅拌 3 min,停止搅拌,待显示的电位值稳定后即可读数,记录各标准溶液的 E 值。

3. 水样中氯含量的测定

取一定量含氯试液(若测定的是自来水中的氯含量,可取自来水 50 mL)于 100 mL 容量瓶中,再用吸量管加 10.00 mL 的 TISAB 溶液,用去离子水稀释至刻度,摇匀。用重新清洗至空白电位值的氯离子选择电极,按上述同样的操作,测定试液的 E 值。

4. 实验数据的记录与处理

①以各标准溶液浓度的负对数(以 pCl 表示)为横坐标,以测得的各 E 值为纵坐标,在坐标纸上绘制标准曲线。

②在标准曲线上查出与试液 E 值相应的氯离子浓度的负对数,根据此数计算出水样中的氯含量,以 g/100 mL 表示。

提示与备注

①301 型氯离子选择电极使用前应在 10^{-3} mol·L^{-1} NaCl 溶液中浸泡 1 h,再用蒸馏水反复清洗至空白电位值才能使用。清洗可在电磁搅拌下进行。

②注意电位平衡时间对测定准确度的影响,搅拌后还应等显示的电位值稳定后再读数。

思考题

1. 在测定中为什么要加入 TISAB 溶液?

2. 在测定中为什么要使用双液接饱和甘汞电极为参比电极?

实验 4.45　乙酸的电位滴定分析及其解离常数的测定

实验目的

①学习电位滴定的基本原理和操作技术。

②学会运用 pH$-V$ 曲线和 ΔpH$/\Delta V-V$ 曲线及二级微商法确定滴定终点。

③学习测定弱酸解离常数的方法。

预习提示

①ZDJ-4A 型自动电位滴定计的基本操作。

②pH$-V$ 曲线和 ΔpH$/\Delta V-V$ 曲线及二级微商法确定滴定终点。

③弱酸解离常数的计算方法。

实验原理

乙酸 CH_3COOH(简写作 HAc)为一弱酸,其 $pK_a^{\ominus}=4.74$,当用标准碱溶液滴定乙酸试液时,在化学计量点附近可以观察到 pH 值的突跃。

以玻璃电极为指示电极,饱和甘汞电极为参比电极,将两电极插入试液即组成如下的工作电池

$$Ag, AgCl \mid HCl \mid 玻璃膜 \mid 试液 \parallel KCl(饱和) \mid Hg_2Cl_2, Hg$$

该工作电池的电动势在酸度计上以 pH 值的形式反映出来。

本实验使用的电极是将玻璃电极和参比电极组合在一起的塑壳可充式复合电极。

测定时记录加入标准碱溶液的体积 V 和相应被滴定溶液的 pH 值,然后绘制 pH – V 曲线和 $\Delta pH/\Delta V$ – V 曲线。pH – V 曲线的拐点和 $\Delta pH/\Delta V$ – V 曲线的最高点所对应的体积为终点时消耗的标准碱溶液的体积。根据标准碱溶液的浓度和消耗的体积及试液的体积,即可求得试液中乙酸的浓度或含量。

根据乙酸的解离平衡

$$HAc \rightleftharpoons H^+ + Ac^-$$

其解离常数

$$K_a^\ominus = \frac{[H^+][Ac^-]}{[HAc]}$$

当滴定分数为 50% 时,$c[Ac^-] = c[HAc]$,此时

$$K_a^\ominus = c[H^+],即 pK_a^\ominus = pH$$

因此在滴定分数为 50% 处的 pH 值,即为乙酸的 $pK_a^\ominus$ 值。

仪器与试剂

仪器:ZDJ – 4A 型自动电位滴定计,雷磁 E – 201 – C 型(65 – 1 AC 型)塑壳可充式复合电极。

试剂:0.1 mol·L^{-1} NaOH 标准溶液(准确浓度由实验室提供),乙酸试液(浓度约为 1 mol·L^{-1}),邻苯二甲酸氢钾溶液(pH = 4.00,20 ℃),Na_2HPO_4 与 K_2HPO_4 混合溶液,(pH = 6.88,20 ℃)。

实验步骤

①按照仪器使用说明,安装电极、电磁搅拌装置、滴定管。分别使用 pH = 6.88 和 pH = 4.00 的标准缓冲溶液定位和校核仪器。

②吸取乙酸试液 10.00 mL 置于 100 mL 容量瓶中,定容、摇匀。

③吸取稀释后的乙酸溶液 10.00 mL 置于 100 mL 烧杯中,加水至约 30 mL,放入搅拌子,插入电极。

④将标准 NaOH 溶液装入滴定管,调节液面在 0.00 mL 处。

⑤开动电磁搅拌器,调节搅拌速度,进行粗测,即测量加入 NaOH 溶液在 0 ~ 12 mL 内每次 1 mL 时各点的 pH 值。初步判断发生 pH 突跃时所需 NaOH 的体积范围(ΔV_{ex})。

⑥重复③、④操作,然后进行细测,即在化学计量点附近取较小的等体积增量,以增加测量点的密度,并在读取滴定管读数时,读准至小数点后第二位。如在粗测时 ΔV_{ex} 为 8 ~ 9 mL,则在细测时以 0.10 mL 为体积增量,测量加入 NaOH 溶液 8.00,8.10,8.20…8.90 和 9.00 mL 各点的 pH 值。

实验数据的记录与处理

将相关的实验数据填入表 4.34。

①按表 4.34 记录实验数据,并计算 $\Delta pH/\Delta V$ 值和化学计量点附近的 $(\Delta^2(pH)/\Delta V^2)$ 值。

表 4.34　实验数据

加入 NaOH 的体积 $V(\text{mL})$	pH	$\Delta\text{pH}/\Delta V$	$\Delta^2(\text{pH})/\Delta V^2$

②根据实验数据绘制用 NaOH 滴定乙酸的 pH – V 曲线及 $\Delta\text{pH}/\Delta V$ – V 曲线,确定终点体积 V_{ep}。

③用内插法求出 $\Delta^2(\text{pH})/\Delta V^2 = 0$ 处的 NaOH 的体积 V_{ep}。

④根据以上所得的终点体积计算原始试液中乙酸的浓度,以 $\text{g} \cdot \text{L}^{-1}$ 表示。

⑤在 pH – V 曲线上,查出体积相当于 $\frac{1}{2}V_{\text{ep}}$ 时的 pH 值,即为乙酸的 $\text{p}K_a^{\ominus}$ 值,并与文献值进行比较。

提示与备注

①先粗测,后细测。测定过程中,连续测 pH,不取出电极。

②用细测数据绘制曲线。

思考题

1. 如何用标准缓冲溶液校正仪器?

2. 在测定乙酸含量时为什么要采用粗测和细测两个步骤?

实验 4.46　醇系物的气相色谱分析——归一化法定量分析

实验目的

①了解气 – 固色谱法的分离原理。

②学习归一化法定量分析的基本原理及测定方法。

③掌握色谱分析的基本技术。

预习提示

①气相色谱仪的基本组成。

②微量进样器的使用及注意事项。

③归一化法定量分析的计算方法。

实验原理

气 – 固色谱法中的固定相是固体吸附剂,其分离是基于吸附剂对各组分气体的吸附能力的不同。目前广泛使用的气固色谱固定相是以二乙烯基苯作为单体,经悬浮共聚所得的交联多孔聚合物,国产商品牌号为 GDX。

醇系物系指甲醇、乙醇、正丙醇、正丁醇等以及这些醇试剂中常含有的水分。用 GDX – 103 作固定相,并使用热导池检测器,在一定操作条件下,可使醇系物中的各组分完全分离。

在一定的操作条件下,同系物的半峰宽与保留时间成正比,即

$$Y_{1/2} \propto t_R$$
$$Y_{1/2} = b \cdot t_R$$
$$A = h \cdot Y_{1/2} = h \cdot b \cdot t_R$$

在作相对计算时,比例系数 b 又可约去,这样就可用峰高与保留时间的乘积来表示同系物峰面积的大小。

使用归一化法定量,要求试样中的各组分都能得到完全分离,并且在色谱图上应能绘出其色谱峰,计算式为

$$\% C_i = \frac{f_i \cdot A_i}{\sum\limits_{i=1}^{n} f_i \cdot A_i} \times 100$$

$$\% C_i = \frac{f_i \cdot h_i \cdot t_{Ri}}{\sum\limits_{i=1}^{n} f_i \cdot h_i \cdot t_{Ri}} \times 100$$

对于同系物,归一化法的优点是计算简便,测定准确,结果与进样量无关,且操作条件不需严格控制。但若试样中的组分不能全部出峰,则不能应用此法;若只需测量试样中的一两个组分,应用此法也显得麻烦。

醇系物各组分的质量校正因子值如表 4.35。

表 4.35 醇系物各组分的质量校正因子

组分	甲醇	乙醇	正丙醇
f_i	0.58	0.64	0.72

本实验混合溶液各组分的出峰顺序为甲醇、乙醇、正丙醇。

仪器与试剂

仪器为 GC – 7890T 气相色谱仪,秒表,微量进样器(5 μL)。

试剂为醇系物混合液(甲醇(GR),乙醇(GR),正丙醇(GR),按内含各醇的含量基本相近的方法由实验室配制)。

实验步骤

1. 色谱柱的准备

将内径 4 mm、长 2 m 的不锈钢色谱柱洗净,烘干。将其一端用玻璃棉堵住,包上纱布,用橡皮管先连接缓冲瓶,后连接真空泵。色谱柱的另一端连接小漏斗,将配制好的固定相装入小漏斗中。打开真空泵,并不断轻敲柱管,使固定相均匀而紧密地充满柱管。将装入固定相的管口也用玻璃棉堵住,并将色谱柱安装在色谱仪上,在 200 ℃ 下通载气"老化"数小时,然后接上检测器进行调试,仪器稳定后即可进样分析。

2. 色谱操作条件

①色谱柱:内径为 4 mm,柱长为 2 m。

②固定相:GDX – 103,60 ~ 80 目。

③载气:氮气,流速为 20 mL/min。

④检测器:热导池检测器,桥电流为 150 mA,温度为 130 ℃。

⑤柱温:125 ℃。

⑥汽化室温度:140 ~ 150 ℃。

⑦纸速:600 mm/h。

①、②操作步骤均由实验技术人员完成。

3. 色谱测定

用微量进样器按规定量进样,同时测定各组分的保留时间。

4. 结果与数据处理

打印色谱图,量出每一组分的峰高,用峰高乘保留时间的归一化法计算出各组分的含量。

提示与备注

①根据保留时间确定各峰归属。

②理解校正因子的含义和用途。

③测定时,进样要迅速,并瞬间拔出注射器。

思考题

1. 在什么情况下可采用归一化法定量?

2. 为什么同系物的峰面积可采用峰高乘以保留时间的方法测量?

3. 进样过程中产生基线漂移的原因是什么?如何消除?

4. 归一化法定量时,进样量的大小是否影响测量结果的准确性?

实验 4.47　异丁醇的气相色谱测定——内标法定量分析

实验目的

①了解气-液色谱法的分离原理。

②学会相对校正因子的测定。

③掌握内标法定量。

预习提示

①气相色谱仪的基本组成。

②微量进样器的使用及注意事项。

③内标法定量分析的计算方法。

实验原理

气-液色谱法中的固定相是在化学惰性的固体微粒(担体)表面涂上一层高沸点有机化合物(固定液)的液膜,其分离是基于多组分在固定液中溶解度的不同。本实验使用的担体为102白色担体,固定液为聚乙二醇-20M。

当只需测定试样中的某几个组分,而且试样中的所有组分不能全部出峰时,可采用内标法定量。所谓内标法是将一定量的纯物质作为内标物,加入到准确称取的试样中,根据被测物质和内标物的质量及其在色谱图上相应的峰面积比,求出被测组分的含量。使用内标法定量时应注意:选定的内标物应是试样中不存在的纯物质,加入量应接近待测组分的量,而且它的色谱峰应位于待测组分色谱峰的附近。本实验选用正丙醇为内标物。

在内标法中,通常选用内标物作为测定组分相对校正因子的标准物,这样内标物的相对校正因子$f_s = 1$。

在一定操作条件下,将一定量的含待测组分(i)和内标物(s)的质量分别为m_i,m_s的混合液注入色谱柱,测量出它们的峰面积A_i,A_s,代入下式,即得到待测组分相对内标物的校正因子f_i。

$$f_i = \frac{f'_i}{f'_s} = \frac{A_s \cdot m_i}{A_i \cdot m_s}$$

准确称取一定量的试样(W),加入一定量的内标物(m_s),混合进样,测量出待测组分的峰面积(A_i)和内标物的峰面积(A_s),则有

$$\frac{m_i}{m_s} = \frac{f'_i \cdot A_i}{f'_s \cdot A_s} \qquad m_i = m_s \cdot f_i \cdot \frac{A_i}{A_s}$$

待测组分的百分含量

$$\% C_i = \frac{m_s}{W} \cdot f_i \cdot \frac{A_i}{A_s} \times 100$$

由上述计算式可以看出:内标法是通过测量内标物与待测组分的峰面积的相对值来进行计算的,因而由于操作条件变化引起的误差,都将同时反映在内标物及待测组分上而得到抵消,所以可得到较准确的结果,这是内标法的主要优点。

本实验各步骤中的称量操作全部用吸取容量的操作代替。

仪器与试剂

仪器:GC - 7890T 气相色谱仪,微量进样器(5 μL),移液管(10 mL),容量瓶(10 mL)。

试剂:正丙醇(GR),异丁醇(GR),含异丁醇试液(实验室配制)。

实验步骤

1. 色谱操作条件

①固定相:聚乙二醇 - 20M 固定液(10%),102 白色担体,60 ~ 80 目。

②检测器为氢火焰离子化检测器,检测室温度为 130 ℃。

③柱温为 90 ~ 100 ℃;汽化室温度为 150 ℃。

④载气为氮气,流速为 30 mL·min^{-1}。

⑤燃气为氢气,流速为 30 mL·min^{-1};助燃气为空气,流速为 300 mL·min^{-1}。

2. 异丁醇相对校正因子的测定

准确吸取异丁醇和正丙醇(内标物)各 0.1 mL 置于 10 mL 容量瓶内,用蒸馏水稀释至刻度,充分摇匀。在一定的操作条件下吸取此混合液 1 μL,进样,得色谱图,分别量取异丁醇和正丙醇的峰高和半峰宽,计算它们的峰面积,代入公式,求算异丁醇的相对校正因子值。

按移取的体积(V)和液体的密度(d)计算质量(m),即 $m = d \cdot V$。由于本实验移取的正丙醇和异丁醇体积相等,所以它们的质量之比(m_i/m_s)等于其密度之比。异丁醇密度为 0.806 g·mL^{-1},正丙醇密度为 0.804 g·mL^{-1}。

3. 异丁醇含量的测定

准确吸取试液 5 mL、正丙醇 0.1 mL 于 10 mL 容量瓶中,用蒸馏水稀释到刻度,充分摇匀。在与测相对校正因子相同的操作条件下,进样 1 μL。从色谱图上分别量取正丙醇和异丁醇的峰高和半峰宽,并进行计算

$$m_i = \frac{(h \cdot Y_{1/2})_i}{(h \cdot Y_{1/2})_s} \cdot f_i \cdot m_s$$

试液中异丁醇含量

$$C_i = \frac{(h \cdot Y_{1/2})_i}{(h \cdot Y_{1/2})_s} \cdot f_i \cdot \frac{m_s}{V_{试液}}$$

式中，$V_{试液} = 5.00$ mL，$m_s = d_s \times 0.1 \times 1\,000$ mg。

以上操作步骤平行测定两次。

4.结果与数据处理

①列出各色谱图中内标物及待测组分的峰高、半峰宽的测量值(标出单位)和峰面积的计算结果。

②计算待测组分的相对校正因子,试与文献值比较。

③用内标法时计算异丁醇的含量。

提示与备注

①测定时,取样要准确,进样要迅速,并瞬间拔出注射器。注入试样溶液时,试液中不应有气泡。

②测定时应严格控制实验条件恒定,实验条件稳定是实验成功的关键。

思考题

1.用内标法时对内标物有何要求?

2.实验中是否要严格控制进样量? 为什么?

3.内标法和归一化法相比较有何不同?

实验 4.48　苯的紫外吸收光谱

实验目的

①了解芳香族化合物的特征吸收峰,并依据其特征判定化合物的类型。

②了解 B 吸收带的精细结构,以及苯环上有取代基时对 B 吸收带的影响。

实验原理

紫外分光光度法是基于物质对紫外区域辐射的选择性吸收来进行分析测定的方法。紫外光区域的波长范围在 10～400 nm,又可分为近紫外区及远紫外区。在定量分析领域紫外分光光度法有着广泛的应用。

紫外吸收光谱是由于分子中价电子跃迁而产生的。因此,这种吸收光谱决定于分子中价电子的分布和结合情况。紫外吸收光谱主要分为以下类型:

①$\sigma \rightarrow \sigma *$ 跃迁引起的吸收谱带;

②$n \rightarrow \sigma *$ 跃迁引起的吸收谱带;

③$\pi \rightarrow \pi *$ 跃迁引起的吸收谱带;

④$n \rightarrow \pi *$ 跃迁引起的吸收谱带;

⑤电荷转移引起的吸收谱带;

⑥配位体场跃迁产生的吸收谱带。

根据化合物紫外及可见区吸收光谱可以推测化合物所含的官能团。例如某化合物在 220～800 nm 范围内无吸收峰,它可能是脂肪族碳氢化合物、胺、腈、醇、羧酸、氯代烃和氟代烃,不含双键或环状共轭体系,没有醛、酮或溴、碘等基团。如果在 210～250 nm 有强吸收带,可能含有二个双键的共轭单位;在 260～350 nm 有强吸收带,则可能含有 3～5 个双键的共轭单位。在 260～350 nm 有弱吸收带,表示有非共轭的具有 n 电子的助色团。

苯的紫外吸收光谱是由 $\pi \rightarrow \pi *$ 跃迁组成的三个谱带,在 185 nm($\varepsilon = 47\,000$)和 204 nm

（$\varepsilon = 7\,900$）处有两个强吸收带,分别称为 E_1 和 E_2 吸收带;它们是由苯环结构中三个乙烯的环状共轭系统跃迁产生的,是芳香族化合物的特征吸收。在 230 ~ 270 nm 处还有较弱的一系列吸收带,称精细结构吸收带,也称为 B 吸收带,这是由于 $\pi \to \pi *$ 跃迁和苯环振动的重叠引起的。B 带又称为苯的吸收带,由于该带在苯及其衍生物中的强度相同（$\varepsilon = 250 \sim 300$）,利用此点可以非常容易鉴别 B 带,但在苯环上有取代基时,复杂的 B 吸收带却简单化,但吸收强度增加,同时发生深色移动。B 带的特征精细结构在蒸汽状态或非极性溶剂中极为明显,在极性溶剂中则不明显或完全消失。当引入取代基时,E_2 和 B 带一般均产生红移,且强度增加。

仪器与试剂

仪器:UV – 670 型紫外 – 可见分光光度计（附石英比色皿）。

试剂:苯（分析纯）。

辅助材料:烧杯（盛废液用）、擦镜纸。

实验步骤

①打开空调,使室温为 20 ~ 25 ℃,湿度为 45% ~ 80%。

②打开紫外主机电源开关,预热 30 min。

③进行光谱测量之前,请设置扫描参数。单击 ⬚光谱测量,激活光谱测量窗口,单击 **M** 方法 按钮,打开参数设置窗口。如图 4.5 所示,窗口包含两个可编辑模块。可以根据不同的测量需求进行设置。

④设置扫描参数如下。

a. 扫描时间间隔:用于设置进行多次重复扫描时每次扫描的时间间隔。

b. 扫描速度:用于选择扫描的速度类型,包括慢速、中速、快速和超快速四个可选类型。扫描速度影响数据质量,扫描速度越快,数据质量相对越不好;扫描速度越慢,数据质量相对越好。

c. 波长步进:用于设置扫描的波长间隔。可选的扫描间隔有:0.05 nm,0.1 nm,0.2 nm,0.5 nm,1.0 nm,2.0 nm和5.0 nm。

图 4.5　参数设置

设置完成后单击确定（或直接单击 ⬚采集）,即可转到采集模块,如图 4.6 所示。

⑤使用 UltraUV 工作站进行光谱测量的过程如下:

a. 完成光谱测量参数设置所述的参数设置;

b. 单击采集菜单下控制子菜单的发送方法按钮,再单击基线校正或系统基线按钮;

c. 待基线校正结束后,单击运行按钮即可完成样品设置表格里所有样品的光谱测量。实时扫描图谱中显示扫描过程中实时图谱。

测量过程中也可以单击"停止"或"终止"按钮来结束测量。

⑥保存和打开光谱文件。UltraUV 工作站允许用户在完成分析后保存测量结果,也支持打开已保存的测量结果文件。

a. 保存:选择文件菜单下谱图子菜单的"保存"或"另存为..."按钮,在弹出的保存窗口中

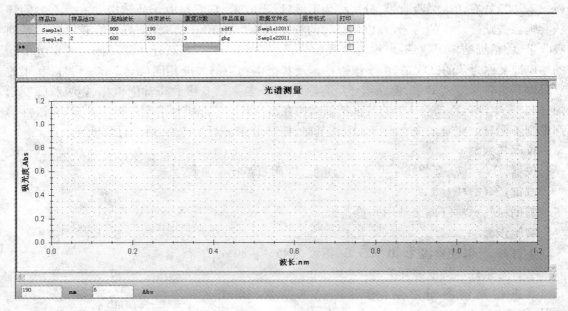

样品ID	样品池ID	起始波长	结束波长	重复次数	样品信息	数据文件名	报告格式	打印
Sample1	1	900	190	3	sdff	Sample12011...		☐
Sample2	2	600	500	3	ghg	Sample22011...		☐
**								☐

光谱测量

（纵轴：吸光度 Abs，范围 0.0 ~ 1.2；横轴：波长 nm，范围 0.0 ~ 1.2）

| 190 | nm | 6 | Abs |

图 4.6　采集模块

选择文件的保存路径,输入需要保存的文件名,单击"确定"按钮即可。文件保存为.spc 文件,文件名允许使用中英文、数字和下画线等字符。

　　b.打开:单击文件菜单下谱图子菜单的"打开..."按钮,在弹出的打开文件窗口中选择已保存文件的路径,选择需要"打开..."的文件,单击打开按钮即可。

　　提示与备注

　　①吸收池盖不可长时间打开,否则强烈自然光将损害光电管。

　　②在紫外光区测定时,要使用石英比色皿,其价格较高(每对大约 400 元人民币),请务必小心使用,以免损害。

　　③比色皿使用注意事项如下:

　　a.比色皿要配对使用,因为相同规格的比色皿仍有或多或少的差异,致使通过比色溶液时吸收情况将有所不同。

　　b.注意保护比色皿的透光面,拿取时,手指应捏住其毛玻璃的两面,以免沾污或磨损透光面,擦时应用镜头纸轻轻擦拭,不可使用其他类纸张,并尽可能不与比色皿的透光面接触,以免其有磨损。

　　c.对已配对的比色皿,注意上面的记号,不可混淆。

　　d.如果试液是易挥发的有机溶剂,应加盖后放入比色槽架。

　　e.倒入溶液前,应先用该溶液淋洗内壁三次,倒入量不可过多,以比色皿高度的 4/5 为宜。

　　f.每次使用完毕,应用蒸馏水仔细淋洗,并以吸水性好的软纸吸干外壁水珠,放回比色盒内。

　　g.不能用强碱或强氧化剂浸洗比色皿,必要时可以用稀盐酸或有机溶剂洗涤,再用水洗涤,最后用蒸馏水淋洗三次。

　　思考题

　　1.试解释苯的主要吸收图谱。

166

2. 试解释甲苯与苯的谱图的差异。

实验 4.49 紫外光谱与分子结构

实验目的

①了解不同类型的紫外吸收谱带的特征,并依其特征判定化合物的类型。

②了解紫外吸收光谱图的绘制过程。

实验原理

利用紫外吸收光谱对有机化合物进行鉴定的主要依据是该化合物的光谱特征。如:吸收光谱曲线的形状,吸收峰数目,吸收峰的 λ_{max} 及相应的 ε_{max}。根据化合物的这些吸收光谱特征,可以推测化合物中可能具有的生色团、助色团,并估计共轭体系的大小。

仪器与试剂

仪器:UV – 670 型紫外 – 可见分光光度计,石英池。

试剂:丙酮,苯甲酸,乙醇,联苯,对三联苯。

实验步骤

1. 丙酮的蒸气谱

(1)设定仪器参数

狭缝:2 nm

扫描速度:200 nm/min

波长标尺:20 nm/cm

扫描范围:220 ~ 360 nm

吸光度范围:0 ~ 1.000

(2)操作

将两空池放入参比光路和检测光路,吸光度调零。在扫描区域校准基线,取出检测光路侧的样品池,用玻璃棒沾少许丙酮于池底(注意不要沾到透明壁上!),盖上池盖,放到光路中,扫描。记录丙酮的蒸气吸收光谱图。

观察 R 带。

2. 苯甲酸的溶液谱

(1)设定仪器参数

狭缝:2 nm

扫描速度:100 nm/min

波长标尺:20 nm/cm

扫描范围:200 ~ 300 nm

吸光度范围:0 ~ 1.000

(2)操作

将两池均放入乙醇,调零。在扫描波长区域内进行基线校准。滴 5 滴 0.2 g·L^{-1} 的苯甲酸乙醇溶液于检测池中,扫描,记录谱图。(扫描 200 ~ 260 nm,吸光度范围 0 ~ 2.000;扫描 260 ~ 300 nm,吸光度范围 0 ~ 1.000。)

观察 E$_2$ 带和 B 带。

3. 联苯的溶液谱

（1）设定仪器参数

狭缝：2 nm

扫描速度：200 nm/min

波长标尺：20 nm/cm

扫描范围：200 ~ 320 nm

吸光度范围：0 ~ 3.000

（2）操作

将两池均放入乙醇，调零。在扫描波长区域内进行基线校准。A 溶液于检测池中，扫描，记录谱图。

同样操作参数，调零，校准。B 溶液于检测池中，扫描，记录谱图。

判断 A、B 何为二联苯？何为三联苯？

思考题

1. 利用紫外吸收光谱可以得到关于物质结构的什么信息？

2. 试解释二联苯与对三联苯的谱图差异。

实验 4.50 乙酸乙酯的红外光谱

实验目的

①了解液体样品的制样方法——液膜法。

②了解乙酸乙酯的红外光谱图。

③加深对常见特征吸收峰的峰形、峰位置及峰强度的认识。

预习提示

①红外吸收光谱仪的基本结构和操作方法。

②红外吸收光谱与分子结构的关系。

实验原理

红外吸收光谱在化学及与化学有关的许多领域有着极为广泛的应用。由于各种物质对不同波长（或波数）红外辐射的吸收程度不同，当用不同波长的红外辐射依次照射样品物质时，某些波长的辐射能被样品选择吸收而减弱，这就形成了红外吸收光谱。通过红外光谱仪（也称红外分光光度计）记录下的物质吸收红外光的透过率随波数变化的曲线就是红外光谱图。根据出峰位置、峰强度等即可推断该物质的官能团组成。

液膜法又称可拆式液体池法，是液态样品制样中应用最广泛的一种方法。对挥发性较小、黏度很低而吸收较强的液体样品（甲苯、二甲苯等），可直接在一片 KBr 盐片上滴加 1 ~ 2 滴样品，再合上另一片 KBr 盐片，使样品在两盐片间自然展成毛细层厚度，将它放在可拆液体池架上即可测绘；对于挥发性较大或吸收较弱的液体样品（乙酸乙酯等），在两盐片间夹一块框形间隔片，而将样品滴加在框形间隔片间，然后再进行测绘。

仪器与试剂

仪器：BRUKER TENSOR 27 FT – IR 红外光谱仪，可拆式液体池，红外干燥灯。

试剂：乙酸乙酯（分析纯），无水乙醇（分析纯）。

辅助材料:烧杯,滴管,脱脂棉,镊子。

实验步骤

1. 开机前的准备

①检查确认电源插座上的电压是否在规定的范围内。

②开启空调机,使室内温度为 20～25 ℃,相对湿度≤70%。

2. 开机步骤

①按仪器后侧的电源开关,开启仪器,加电后,开始一个自检过程,约 30 s。自检通过后,状态灯由红变绿。仪器加电后至少要等待 10 min,等电子部分和光源稳定后,才能进行测量。

②开启电脑,运行 OPUS 操作软件。检查电脑与仪器主机通信是否正常。

③设定适当的参数,检查仪器信号是否正常,若不正常,需要查找原因并进行相应的处理,正常后方可进行测量。

④仪器稳定后,进行测量。

3. 测量

①根据实验要求,设置实验参数。

②根据样品选择背景。

③测量背景谱图。

④液体样品制样。打开红外灯,从干燥器中拿出可拆液体池。将可拆液体池平放在桌面上,先拧开四个螺丝,把它拆开。然后在可拆池后框的 KBr 窗片上放上合适的间隔片,接着用滴管取 2～3 滴乙酸乙酯滴于间隔片的方框中,小心盖上上面的带有 KBr 窗片的前框,拧上螺丝。注意对角用力拧紧,不要用力过猛,以免损坏盐窗。整个操作过程注意不要拿手触摸窗片正面,防止窗片发雾。

⑤将样品放入样品室的光路中(如放在样品架或其他附件上)。

⑥测量样品谱图。

⑦对谱图进行相应处理。

4. 关机

①移走样品仓中的样品,确保样品仓清洁。取下可拆池并打开洗涤。注意用脱脂棉蘸无水乙醇轻轻洗涤三遍,然后放红外灯下干燥。

②按仪器后侧电源开关,关闭仪器。

③关闭电脑。若有必要,还需要从电源插座上拔下电源线。

提示与备注

用红外光谱测定时,制样必须在红外灯下进行。

思考题

1. 用液膜法制样时应注意什么问题?

2. 指出谱图上各主要吸收峰的归属。

实验 4.51　　液体和固体样品的红外光谱测定

实验目的

①了解液体样品的制样方法——液膜法。

②了解固体样品的制样方法——压片法。

③加深对常见特征吸收峰的峰形、峰位置及峰强度的认识。

预习提示

①红外吸收光谱分析常用的试样制备技术。

②红外吸收光谱与分子结构的关系。

实验原理

红外光谱图是红外光谱仪记录下的物质吸收红外光的透光率随波数变化的曲线。根据出峰位置、峰强度等即可推断该物质的官能团组成。

液体样品的制样方法可分为液膜法和溶液法。液膜法是指在两个盐片间滴一滴液体样品,将两盐片贴在一起并用金属池架夹好后测定的方法。盐片为溴化钾、氯化钾等,易吸水。吸水后盐片变乌,影响透光度,故操作时应加以注意。对于吸收弱的或挥发性强的样品,可在两盐片选择适当厚度的垫片来调节液膜厚度;对于纯物质样品,一般不需要垫片,这种方法称为无垫片液膜法。

固体样品常用的制样方法有压片法、溶液法、薄膜法和调糊法。压片法是将 1 mg 左右的研细的待测样品与 100 mg 左右的干燥好的 KBr 粉末混匀,研细,在专用模具中压制成透明薄片,放到固体池架上测定。这种方法应用广泛,但缺点是 KBr 极易吸潮,故所得光谱图常常在 3 448 cm^{-1} 和 1 639 cm^{-1} 处有吸收带,因此该法不宜用于鉴别有无羟基存在的样品。

仪器与试剂

仪器:BRUKER TENSOR 27 FT – IR 红外光谱仪,可拆池,固体池架,玛瑙研钵,压片机。

试剂:1$^{\#}$ ~ 9$^{\#}$液体样品(正丁醇、异丁醇、正丁酸、甲苯、苯甲醛、对二甲苯、乙酸正丁酯、甲基丙基酮、14 烯 – 1),四氯化碳,溴化钾粉末(经过 120 ℃烘干 4 h 以上),苯酚,硬脂酸。

实验步骤

1. 开机前的准备

①检查确认电源插座上的电压是否在规定的范围内。

②开除湿器,湿度应小于 70% 。

2. 开机

①按仪器后侧的电源开关,开启仪器,加电后,开始一个自检过程,约 30 s。自检通过后,状态灯由红变绿。仪器加电后至少要等待 10 min,等电子部分和光源稳定后,才能进行测量。

②开启电脑,运行 OPUS 操作软件。检查电脑与仪器主机通信是否正常。

③设定适当的参数,检查仪器信号是否正常,若不正常需要查找原因并进行相应的处理,正常后方可进行测量。

④仪器稳定后,进行测量。

3. 液体样品制备

将可拆池架平放在桌面上,上面放上金属圆板,再放一块溴化钾盐片于框架上,用滴管滴一滴待测试样于盐片上。再将另一块盐片盖在试样上,放上金属池架夹板,拧上螺丝。对角逐渐用力将螺丝拧紧,注意用力要均匀,不要用力过猛,以免损坏盐片,放在红外灯下备用。

4. 固体样品的制备

取 1 mg 左右的待测样品在玛瑙研钵中研细,与 100 ~ 200 mg 的干燥好的 KBr 粉末混匀,研细,装到模具中,放在压片机上用 10 吨/cm^2 左右的压力压成薄片。用镊子取出样品盐片放入固体池架上,测定。

5. 测量

①根据实验要求,设置实验参数。

②根据样品选择背景。

③测量背景谱图。

④将样品放入样品室的光路中(如放在样品架或其他附件上)。

⑤测量样品谱图。

⑥对谱图进行相应处理。

6. 关机

①移走样品仓中的样品,确保样品仓清洁。

②按仪器后侧电源开关,关闭仪器。

③关闭电脑。若有必要,还需要从电源插座上拔下电源线。

提示与备注

①红外光谱测定时,制样必须在红外灯下进行。

②红外光谱测定时,固体样品一定要烘干燥。

思考题

1. 用液膜法制样应注意什么?

2. 红外光谱测定时,固体样品为什么一定要烘干燥?

实验 4.52   自来水中镁的测定——原子吸收分光光度法

实验目的

①了解原子吸收分光光度法的原理。

②了解原子吸收分光光度计的基本结构及其使用方法。

③学习以标准曲线法测定自来水中镁的含量。

实验原理

由空心阴极镁灯辐射出波长为 285.2 nm 的镁特征谱线,该特征谱线被原子化后的镁原子蒸气强烈吸收。在测定条件固定时,吸光度 A 和溶液中镁离子浓度 c 成正比,即 $A = Kc$。

利用 A 与 c 的关系,先用镁离子标准系列溶液测出吸光度,绘制 $A-c$ 标准曲线,再测试溶液的吸光度,即可从标准曲线求出试液中镁含量。

自来水中除镁离子外还含有其他离子,这些离子对镁的测定可能发生干扰,使测定结果偏低,此时,可加入锶离子作干扰抑制剂,以消除或减少基体效应带来的干扰,必要时,还可改用标准加入法测定。

仪器与试剂

仪器:原子吸收分光光度计,镁元素空心阴极灯,乙炔钢瓶,无油空气压缩机。

试剂:镁标准溶液(1.00 mg · mL^{-1},临用前再配成 50 μg · mL^{-1}),锶溶液(10.0 mg · mL^{-1})。

实验步骤

①按相关仪器的使用说明书规定的步骤进行操作。

操作条件(参考):吸收线波长为 285.2 nm;通带为 0.2 nm;灯电流为 5 mA;负高压为 −400 V;燃烧器高度为 4 mm;空气流量为 2 L·min⁻¹;乙炔流量为 1 L·min⁻¹。

点火时要注意先开启空气开关,后开启乙炔开关;熄灭火焰时,应先关闭乙炔开关,后关闭空气开关。

开启空气压力不允许大于 0.2 MPa,乙炔压力也不要超过 0.1 MPa。

排废水管一定要用"水封"。

②准确吸取 1.00,2.00,3.00,4.00,5.00 mL 的镁标准溶液(50 μg·mL⁻¹)分别置于 5 只 25 mL 容量瓶中,用水稀释至刻度,摇匀。按由稀至浓顺序将各溶液喷入火焰,同时操作微处理机,至打印出标准曲线。

③准确吸取适量(视水样中镁的浓度而定,一般约取 3 mL)自来水于 25 mL 容量瓶中,用蒸馏水稀释至刻度,摇匀,喷样。由微处理机计算结果。

注:如果水样中共存离子的干扰较大时,可在配制的镁标准分析溶液 25 mL 中加 2 mL 干扰抑制剂锶溶液(10.0 mg·mL⁻¹),分析用的自来水样也照此量加入。

思考题

1. 原子吸收分光光度法与可见光的分光光度法有何异同?

2. 用原子吸收分光光度法测定不同元素时,对光源有什么要求?

实验 4.53   反相液相色谱法分离芳香烃

实验目的

①了解仪器各部分的构造及功能。

②学习反相液相色谱法分离芳香烃类化合物的基本原理。

③掌握反相液相色谱法分离芳香烃类化合物的测定方法。

预习提示

①高效液相色谱仪的基本操作。

②微量进样器的使用及注意事项。

③反相液相色谱法分离芳香烃类化合物的测定方法。

实验原理

在液相色谱法中,若流动相的极性大于固定相的极性,则称为反相液相色谱法。反相液相色谱法适宜分离非极性或弱极性化合物,其流出顺序是极性大的组分先流出,极性小的组分后流出。

本实验采用硅胶 – C18H37 键合固定相,并以极性溶剂(甲醇和水)为流动相来分离烷基苯类化合物。

仪器与试剂

仪器:高效液相色谱仪(紫外光度检测器 254 nm),微量进样器(10 μL)。

试剂:甲醇(GR),苯(GR),甲苯(GR),n – 丙基苯(GR),n – 丁基苯(GR),未知样品。

实验步骤

1. 色谱操作条件

①流动相为甲醇:水 =80:20(使用前超声波脱气)。

172

②流动相流速为 1.3 mL·min^{-1}。

③n – C$_{18}$色谱柱(250 mm × 4.6 mm),柱温为室温。

④紫外光度检测器灵敏度为 0.32 ~ 0.64 AUFS。

2. 10 mg·mL^{-1}的标准样品的配制

用流动相溶液(80% 甲醇 + 20% 水)配制浓度为 10 mg·mL^{-1}的标准样品。

3. 进样

分别吸取苯、甲苯、n – 丙基苯、n – 丁基苯标准样各 5 μL 注入色谱仪,测定每一个标准样品的保留时间。

吸取未知试样 10 μL 注入色谱仪,测定未知试样中每一个峰的保留时间,与标准样色谱图比较,标出未知试样色谱图中每一个峰代表什么化合物。

提示与备注

①放置了一天或以上的水相或含水相的流动相如需再用,需用微孔滤膜重新过滤。

②仪器长时间不用时,每个泵通道和整个流路一定要用甲醇冲洗后保存,以免结晶或造成污染。

③待测样品或标样在流动相中一定要易溶,否则进样后会结晶造成定量不准确或堵塞色谱柱。

④要注意观察泵的压力值,如有异常,要及时停泵。

⑤注射样品至进样阀时,要将进样器推到阀的根部。

思考题

1. 液相色谱仪是由哪几部分组成的? 各起什么作用?

2. 解释未知试样中各组分的洗脱顺序。

3. 柱压不稳定的原因是什么?

4. 实验中遇到哪些实际问题? 有何体会?

4.7　综合设计实验

实验 4.54　氯化钠的提纯及氯含量分析

实验目的

①了解用沉淀法提纯氯化钠的原理和过程。

②了解盐类溶解度的知识及其在无机物提纯中的应用。

③练习台秤和 pH 试纸的使用以及过滤、蒸发、结晶、抽滤等基本操作。

④掌握沉淀滴定分析基本操作,准确把握滴定终点判断。

⑤掌握莫尔法测定可溶性氯化物的实验原理。

实验原理

1. 氯化钠的提纯

粗食盐中除含有泥沙等不溶性杂质外,还含有 Ca^{2+},Mg^{2+},K$^+$和 SO$_4^{2-}$ 等相互盐类的可溶性杂质,这些杂质不仅严重影响 NaCl 的质量,还使 NaCl 极易潮解,影响储运。NaCl 中的不溶性杂质可用过滤除去,可溶性杂质中的 Ca^{2+},Mg^{2+},SO_4^{2-} 可加入适当沉淀剂使之生成难溶化合物后再过滤除去,其过程是:首先向粗食盐溶液中加入稍过量的 $BaCl_2$ 溶液,使其中的 SO_4^{2-} 转化为 $BaSO_4$ 沉淀,反应式为

$$Ba^{2+} + SO_4^{2-} = BaSO_4 \downarrow$$

将溶液过滤,除去沉淀。向滤液中加入过量的 NaOH 和 Na_2CO_3 溶液,使 Ca^{2+},Mg^{2+} 沉淀,反应式为

$$Ca^{2+} + CO_3^{2-} = CaCO_3 \downarrow$$
$$Mg^{2+} + 2OH^- = Mg(OH)_2 \downarrow$$

再次滤除沉淀,滤液中剩余的 NaOH 和 Na_2CO_3 用稀 HCl 中和。

粗食盐中的 K^+ 蒸发浓缩后不结晶,仍留在溶液里。由于 NaCl 的溶解度受温度的影响不太大,而温度高时 KCl 的溶解度比 NaCl 的大很多,它在粗食盐中的含量又很小,所以在蒸发浓缩时,NaCl 结晶析出,KCl 保留在母液里,从而实现分离。

2. 氯含量分析

莫尔法是测定可溶性氯化物中氯含量的最常采用的方法之一。此方法是在中性或弱碱性溶液(pH = 6.5 ~ 10.5)中,以 K_2CrO_4 为指示剂,用 $AgNO_3$ 标准溶液进行滴定,反应式为

$$2Ag^+ + CrO_4^{2-} = Ag_2CrO_4 \downarrow$$
$$(砖红色)$$

由于 AgCl 沉淀的溶解度比 Ag_2CrO_4 小,因此,溶液中首先析出 AgCl 沉淀;定量沉淀后,$AgNO_3$ 溶液只要过量一滴,即可生成砖红色的 Ag_2CrO_4 沉淀,表示滴定终点。

仪器与试剂

仪器:分析天平,台秤,烧杯(100 mL),量筒(10 mL,100 mL),普通漏斗,漏斗架,布氏漏斗,吸滤瓶,蒸发皿,试管,电热板,真空泵,酸式滴定管(50 mL),移液管(25 mL),锥形瓶(250 mL)。

试剂:HCl(2.0 mol · L^{-1}),NaOH(2.0 mol · L^{-1}),$BaCl_2$(1.0 mol · L^{-1}),Na_2CO_3(1.0 mol · L^{-1}),$(NH_4)_2C_2O_4$(0.5 mol · L^{-1}),K_2CrO_4(5%),镁试剂,粗食盐(s),pH 试纸,滤纸,NaCl 基准试剂,$AgNO_3$(0.05 mol · L^{-1})。

实验步骤

1. 粗食盐的提纯

①在台秤上称取 8.0 g 粗食盐置于 100 mL 烧杯内,加入 30 mL 去离子水,加热搅拌使其溶解。当溶液接近沸腾时,逐滴加入 1.0 mol · L^{-1} $BaCl_2$ 溶液,直至 SO_4^{2-} 全部生成 $BaSO_4$ 白色沉淀(约需 2 mL $BaCl_2$ 溶液)。为了检查 SO_4^{2-} 是否沉淀完全,可将烧杯移至桌面上,静置片刻,待沉淀沉降后,沿杯壁加入 1 ~ 2 滴 $BaCl_2$ 溶液,观察上层清液中是否有混浊现象。如无混浊,说明 SO_4^{2-} 已沉淀完全;如有混浊,则应继续滴加 $BaCl_2$ 溶液,直至沉淀完全。继续加热 2 ~ 3 min,使沉淀颗粒长大而易于沉降。稍冷后,用玻璃漏斗过滤,滤液接收到另一烧杯中,弃去沉淀。

②向滤液中加入 1 mL 2.0 mol · L^{-1} 的 NaOH 溶液和 3 mL 1.0 mol · L^{-1} 的 Na_2CO_3 溶液,加热至沸。用 Na_2CO_3 溶液检查沉淀是否完全。当沉淀完全后,继续加热 2 ~ 3 min,用普通漏斗将滤液过滤到蒸发皿中,弃去沉淀。

③向滤液中逐滴加入 $2.0\ mol\cdot L^{-1}$ HCl 溶液,充分搅拌。调节溶液的 pH 至 $4\sim5$,在电热板上(或用小火)蒸发浓缩至粥状(当出现 NaCl 晶膜时要不停地搅拌,但切勿蒸干),趁热转移至布氏漏斗中抽除残存母液。

(4)将晶体转入蒸发皿中,加热慢慢烘干(不停搅拌以免板结)。

2. 产品纯度检验

分别称取 1.0 g 粗食盐及提纯后的食盐,各溶于 5 mL 去离子水中,然后各分装于 3 支试管中,分为 3 组试样,以下述方法对照检验它们的纯度。

(1)SO_4^{2-} 的检验

向第一组溶液中各加入 2 滴 $1.0\ mol\cdot L^{-1}BaCl_2$ 溶液,观察有无 $BaSO_4$ 沉淀生成。

(2)Ca^{2+} 的检验

向第二组溶液中各加入 2 滴 $0.5\ mol\cdot L^{-1}(NH_4)_2C_2O_4$ 溶液,稍等片刻,观察有无白色 CaC_2O_4 沉淀生成。

(3)Mg^{2+} 的检验

向第三组溶液中各加入 $2\sim3$ 滴 $2.0\ mol\cdot L^{-1}$NaOH 溶液,再加入几滴镁试剂,如有蓝色沉淀产生,表示有 Mg^{2+} 存在。

3. 氯含量分析

参照实验 4.44,分析提纯后的食盐中氯的含量。

思考题

1. 本实验为何用 $BaCl_2$ 而不用 $CaCl_2$ 除去 SO_4^{2-}?为何用 NaOH 和 Na_2CO_3 而不用 KOH 和 K_2CO_3 除去 Ca^{2+},Mg^{2+}?

2. 用盐酸调节二次滤液的酸度时,为何要把 pH 值调至 5 左右?

3. 蒸发浓缩时为何不得将溶液蒸干?

实验 4.55　水泥中铁、铝、钙、镁含量的测定

实验目的

①理解重量法测定含量的原理。

②进一步掌握配位滴定法的原理,了解如何通过控制溶液的酸度、温度以及选择适当的掩蔽剂和指示剂等,在铁、铝、钙、镁共存时直接分别测定它们的方法。

③掌握配位滴定方式(如直接滴定法、返滴定法、差减法等)以及有关这几种方法的计算方法。

④掌握水浴加热、沉淀、过滤、洗涤、灼烧、恒重等常规操作技术。

实验原理

水泥中一般含硅、铁、铝、钙和镁等,它们大都以碱性氧化物的形式存在,所以易为酸分解。将水泥与固体氯化铵混匀后加酸分解,其中硅形成硅酸凝胶沉淀下来,经过滤、洗涤,沉淀部分可用重量法测定 SiO_2 的含量,滤液部分则可用 EDTA 配位滴定法测定铁、铝、钙、镁的含量。本实验不测定硅的含量。

测定 Fe^{3+} 应控制的酸度范围为 $pH=2\sim2.5$,用磺基水杨酸作指示剂。在测定的 pH 条件下,铁与磺基水杨酸的配合物为红紫色,磺基水杨酸本身无色,Fe – EDTA 配合物为黄色,所以

终点时溶液的颜色由红紫色变为黄色。滴定时溶液的温度以 $60 \sim 70$ ℃ 为宜,温度过高,Al^{3+} 与 EDTA 反应,使测定产生误差;温度太低,Fe^{3+} 与 EDTA 反应缓慢,不易得出准确的终点。

测定 Al^{3+} 应控制的酸度范围为 pH = $4 \sim 5$。由于 Al^{3+} 与 EDTA 的反应进行得较慢,所以一般采用返滴定的方法测定。即先加入过量的 EDTA 标准溶液,并加热煮沸,使 Al^{3+} 与 EDTA 充分反应,然后以 PAN 为指示剂,用 $CuSO_4$ 标准溶液滴定过量的 EDTA,从而计算铝的含量。Al – EDTA 配合物是无色的,PAN 指示剂在测定条件下为黄色,所以滴定开始前溶液呈黄色。滴入的 Cu^{2+} 先与过量的 EDTA 形成淡蓝色的 Cu – EDTA 配合物,随着 $CuSO_4$ 标准溶液的不断滴入,溶液的颜色将逐渐由黄变绿。当过量的 EDTA 与 Cu^{2+} 反应完全后,稍微过量的 Cu^{2+} 即与 PAN 形成深红色的配合物,由于蓝色的 Cu – EDTA 的存在,所以终点颜色应呈紫红色。

由于 Ca^{2+} 和 Mg^{2+} 不能用控制酸度的方法分别滴定,所以采用沉淀掩蔽的方法掩蔽 Mg^{2+}。原试液先用三乙醇胺掩蔽 Fe^{3+} 和 Al^{3+},然后将试液调至 pH $\geqslant$ 12,用钙指示剂测定 Ca^{2+} 的含量。溶液颜色由酒红色变成蓝色。

掩蔽干扰后的试液控制 pH = 10,用酸性铬蓝 K – 奈酚绿 B 为指示剂可测得 Ca^{2+} 和 Mg^{2+} 总量,用此减去钙量即为镁量。溶液颜色变化由红色到蓝色。

铁、铝、钙、镁的含量分别以 Fe_2O_3,Al_2O_3,CaO,MgO 的百分含量表示。

仪器及试剂

仪器:分析天平,水浴锅,酸式滴定管(50 mL),移液管(25 mL),锥形瓶(250 mL),烧杯(100 mL),容量瓶(250 mL)等。

试剂:EDTA 标准溶液(0.01 mol·L^{-1}),$CuSO_4$ 标准溶液(0.01 mol·L^{-1}),浓盐酸,稀盐酸(6.0 mol·L^{-1}),浓硝酸,H_2SO_4 溶液(1:1),NaOH 溶液(6.0 mol·L^{-1}),氨水(1:1),NH_3·H_2O – NH_4Cl 缓冲溶液(pH = 10),HAc – NaAc 缓冲溶液(pH $\approx$ 4.2),$AgNO_3$ 溶液(0.1 mol·L^{-1}),NH_4Cl 固体,三乙醇胺溶液(25%),磺基水杨酸(10%),PAN 指示剂(0.3%),钙指示剂和酸性铬蓝 K – 荼酚绿 B 指示剂。

实验步骤

1. $CuSO_4$ 标准溶液对 EDTA 标准溶液体积比的测定

准确吸取 25.00 mL EDTA 标准溶液,加 10 mL HAc – NaAc 缓冲溶液,加热至 $80 \sim 90$ ℃,加入 PAN 指示剂 $4 \sim 6$ 滴,用 $CuSO_4$ 标准溶液滴定至紫红色为终点,计算 1 mL $CuSO_4$ 标准溶液相当于 EDTA 标准溶液的毫升数。

2. **试样的溶解与分离**

准确称取 $0.2 \sim 0.3$ g 试样,置于干燥的 100 mL 烧杯中,加入 $1.5 \sim 2$ g 固体 NH_4Cl,用玻璃棒混匀,滴加浓 HCl 至试样全部润湿(一般约需 3 mL),并滴加浓 HNO_3 $2 \sim 3$ 滴,搅匀。小心压碎块状物,盖上表面皿,置于沸水浴中,加热 10 min。加热水约 40 mL,搅动,以溶解可溶性盐类。过滤,用热水洗涤烧杯和滤纸,直至滤液中无 Cl^- 为止(用 $AgNO_3$ 溶液检验)。用 250 mL 容量瓶盛接滤液及洗涤液,稀释至刻度,摇匀。

3. **铁的测定**

准确吸取试液 50 mL 置于 250 mL 锥形瓶内,加 10 滴磺基水杨酸,用 1:1 氨水和 6.0 mol·L^{-1} HCl 溶液调节溶液显紫红色(pH $\approx$ 2),加热至 $60 \sim 70$ ℃,以 EDTA 标准溶液滴定至溶液由紫红色变为淡黄色。根据 EDTA 用量,计算试样中 Fe_2O_3 的含量。

176

4. 铝的测定

在滴定 Fe^{3+} 后的溶液中,准确加入 20 mL EDTA 标准溶液并加入 10 mL HAc – NaAc 缓冲溶液,煮沸 1 min,取下稍冷,加 6 ~ 8 滴 PAN 指示剂,用 $CuSO_4$ 标准溶液滴定至溶液显紫红色即为终点,根据标准溶液的用量,计算试样中 Al_2O_3 的含量。

5. 钙的测定

准确吸取原试液 25 mL 置于 250 mL 锥形瓶中,加水 50 mL,三乙醇胺 5 mL,摇匀。加 8 mL 6.0 mol·L^{-1} NaOH,加入钙指示剂少许,用 EDTA 标准溶液滴定至溶液由酒红色变为蓝色即为终点。根据 EDTA 用量,计算试样中 CaO 的含量。

6. 镁的测定

准确吸取原试液 25 mL 置于 250 mL 锥形瓶中,加三乙醇胺 5 mL,摇匀。

加 $NH_3 \cdot H_2O$ – NH_4Cl 缓冲溶液 10 mL,K – B 指示剂少许,以 EDTA 标准溶液滴定至溶液呈蓝色为终点。根据 EDTA 用量计算钙、镁总量,并计算试样中 MgO 的含量。

思考题

1. 在 Ca^{2+} 测定中,为什么要先加入三乙醇胺,然后再加入 NaOH 溶液?

2. 如果 Fe^{3+} 的测定结果不准确,对 Al^{3+} 的测定结果有何影响?

3. 本实验中,为什么测定 Fe^{3+},Al^{3+} 时吸取 50 mL 试液进行滴定?而测定 Ca^{2+},Mg^{2+} 时只吸取 25 mL?

实验 4.56 水样中化学需氧量(COD)的测定

实验目的

① 了解以 $Na_2C_2O_4$ 为基准物标定 $KMnO_4$ 标准溶液的反应条件及注意事项。

② 了解返滴定方法的应用。

实验原理

水中化学需氧量(COD)的大小是水质污染程度的重要综合性指标之一,是环境保护和水质控制中经常需要测定的项目。COD 是指在特定的条件下,采用一定的强氧化剂处理水样时所需氧的量,用每升多少毫克 O_2 表示。在一般情况下,COD 的测定多采用酸性高锰酸钾法,该法简便、快速,适合于测定地面水、河水等污染不十分严重的水质。工业污水及生活污水含有较多成分复杂的污染物质,应采用重铬酸钾法测定。

本实验采用酸性高锰酸钾法测定 COD。在酸性条件下,向水样中加入一定量的 $KMnO_4$ 溶液,加热,使水样中的有机物质与 $KMnO_4$ 充分反应,加入一定量的 $Na_2C_2O_4$ 标准溶液,使之与过量的 $KMnO_4$ 反应,最后再用 $KMnO_4$ 溶液返滴剩余的 $Na_2C_2O_4$,由此可计算出水样的需氧量,反应方程式为

$$4KMnO_4 + 6H_2SO_4 + 5C =\!=\!= 2K_2SO_4 + 4MnSO_4 + 5CO_2 \uparrow + 6H_2O$$

$$2MnO_4^- + 5C_2O_4^{2-} + 16H^+ =\!=\!= 2Mn^{2+} + 10CO_2 \uparrow + 8H_2O$$

Cl^- 在酸性高锰酸钾溶液中有被氧化的可能,水样中的 Cl^- 含量较小时,一般对测定结果无影响,若水样中 Cl^- 含量大于 300 mg·L^{-1} 时,会使测定结果偏高,此时可加入 $AgNO_3$ 溶液,以消除 Cl^- 的干扰。

测定时应取与水样相同量的蒸馏水测定空白值,加以校正。

仪器与试剂

仪器:酸式滴定管(50 mL),容量瓶(250 mL),锥形瓶(250 mL)。

试剂:$Na_2C_2O_4$ 标准溶液($0.013\ mol \cdot L^{-1}$),$KMnO_4$($0.005\ mol \cdot L^{-1}$),H_2SO_4 溶液(1:2),$AgNO_3$ 溶液(10%)。

实验步骤

1. 水样的测定

取适量水样于 250 mL 锥形瓶中,用蒸馏水稀释至 100 mL,加 H_2SO_4 溶液(1:2)10 mL,再加入 10% $AgNO_3$ 溶液 5 mL(若水样中 Cl^- 浓度很小时,可以不加 $AgNO_3$),摇匀,准确加入 $0.005\ mol \cdot L^{-1}$ $KMnO_4$ 10.00 mL(V_1),将锥形瓶置于沸水浴中加热 30 min。取出锥形瓶,冷却 1 min,准确加入 10.00 mL $Na_2C_2O_4$ 标准溶液,摇匀(此时溶液应由红色转为无色),趁热用 $0.005\ mol \cdot L^{-1}$ $KMnO_4$ 溶液滴定至微红色,30 s 内不褪色即为终点,记下 $KMnO_4$ 溶液的用量(V_2)。

2. 测定每毫升 $KMnO_4$ 相当于 $Na_2C_2O_4$ 标准溶液的毫升数

在 250 mL 锥形瓶中加入蒸馏水 100 mL 和(1:2)H_2SO_4 10 mL,准确加入 $Na_2C_2O_4$ 标准溶液 10.00 mL,摇匀,加热至 70~80 ℃,用 $0.005\ mol \cdot L^{-1}$ $KMnO_4$ 溶液滴定至溶液呈微红色,30 s 内不褪色即为终点,记下 $KMnO_4$ 溶液的用量(V_3)。

3. 空白值的测定

在 250 mL 锥形瓶中加入蒸馏水 100 mL 和(1:2)H_2SO_4 10 mL,在 70~80 ℃ 下,用 $0.005\ mol \cdot L^{-1}$ $KMnO_4$ 溶液滴定至溶液呈微红色,30 s 不褪色即为终点,记下 $KMnO_4$ 溶液的用量(V_4)。

实验数据的记录与处理:

$$COD_{Mn} = \frac{[(V_1 + V_2 - V_4) \cdot f - 10.00] \times c_{Na_2C_2O_4} \times 16.00 \times 1\,000}{V_s}$$

式中 $f = 10.0/(V_3 - V_4)$,即每毫升 $KMnO_4$ 相当于 f mL 的 $Na_2C_2O_4$ 标准溶液,V_s 为水样体积(mL),16.00 为氧的相对原子质量。

提示与备注

水样采集后,应加入 H_2SO_4,使 pH < 2,抑制微生物繁殖。尽快分析试样,必要时在 0~5 ℃ 保存,48 h 内测定。取水样的量由外观可初步判断:洁净透明的水样取 100 mL,污染严重、污浊的水样取 10~30 mL,补加蒸馏水到 100 mL。

思考题

1. 水样中加入一定量的 $KMnO_4$ 溶液并在沸水浴中加热 30 min 后应当是什么颜色? 若无色说明了什么问题? 应如何处理?

2. 本实验 COD 计算公式是怎样推导的? 其单位是什么?

3. 本实验采用完全敞开的方式加热氧化有机污染物,如果水样中易挥发性化合物含量较高时,应如何加热? 否则对测定结果的影响如何?

实验 4.57　茶叶中微量元素的分离与鉴定

实验目的

①学习从茶叶中分离和鉴定某些元素的方法。

②提高综合运用元素基本性质分析和解决化学问题的能力。

实验原理

茶叶是有机体,主要由碳、氢、氮、氧等元素组成,还含有磷、碘和钙、镁、铝、铁、锌等微量金属元素。将茶叶灰化,除几种主要元素易形成挥发物质逸出外,其他元素留在灰烬中,用酸浸取便进入溶液,可从浸取液中分离和鉴定 Ca、Mg、Al、Fe、Zn 和 P 等元素。P 可用钼酸铵试剂单独鉴定,其他几种金属离子需先分离后再鉴别。

溶液中的 Fe^{3+} 对 Al^{3+} 的鉴定有干扰,应先除去干扰后再进行鉴别。

利用表 4.36 给出的 4 种氢氧化物完全沉淀的 pH 数据设计分离流程。

表 4.36　4 种氢氧化物完全沉淀的 pH

化合物	$Ca(OH)_2$	$Mg(OH)_2$	$Al(OH)_3$	$Fe(OH)_3$
pH	>13	>11	5.2 ~ 9	4.1

仪器与试剂

仪器:离心机,电炉,研钵,台秤,长颈漏斗,烧杯。

试剂:NaOH（40%，1.0 mol · L^{-1}），NH_3 · H_2O（浓,6.0 mol · L^{-1}），HCl 溶液（2.0 mol · L^{-1}）,HNO_3 溶液（浓,6 mol · L^{-1}）,$K_4[Fe(CN)_6]$（0.25 mol · L^{-1}）,$(NH_4)_2C_2O_4$（0.5 mol · L^{-1}）,铝试剂,镁试剂,钼酸铵试剂。

实验步骤

1. 茶叶中 Ca、Mg、Al、Fe 元素的分离和鉴定

（1）茶叶试样的处理

称取 4 g 干燥的茶叶放入蒸发皿中,在通风橱内用电炉加热充分灰化,然后移入研钵中研细。取出少量茶叶灰以作 P 的鉴定用。其余置于 50 mL 烧杯中,加入 15 mL 2.0 mol · L^{-1} HCl 溶液,加热搅拌,溶解,常压过滤,保留滤液。

（2）分离并鉴定滤液中的 Ca^{2+}，Mg^{2+}，Fe^{3+}，Al^{3+}

向所得的滤液逐滴加入 6.0 mol · L^{-1} NH_3 · H_2O,将溶液的 pH 调至 7 左右,离心分离,上层清液转移至另一离心管中（备用）,在沉淀中加入过量的 2.0 mol · L^{-1} NaOH 溶液,然后离心分离。把沉淀和清液分开,在清液中加 2 滴铝试剂,再加入 2 滴浓 NH_3 · H_2O,在水浴上加热,有红色絮状沉淀产生,表示有 Al^{3+}。在所得的沉淀中加 2.0 mol · L^{-1} HCl 溶液使其溶解,然后加 2 滴 0.25 mol · L^{-1} $K_4[Fe(CN)_6]$,生成深蓝色沉淀,表示有 Fe^{3+}。

在上面所得清液的离心管中加入 0.5 mol · L^{-1} $(NH_4)_2C_2O_4$ 至无白色沉淀产生为止,离心分离,清液转至另一离心管中,向沉淀中加 2.0 mol · L^{-1} HCl 溶液,白色沉淀溶解,表示有 Ca^{2+}。在清液中加几滴 40% NaOH,再加 2 滴镁试剂,有天蓝色沉淀产生,表示有 Mg^{2+}。

2. 磷元素的分离与鉴定

取茶叶灰于 25 mL 烧杯中,加入 5 mL 浓 HNO_3(在通风橱中进行),搅拌溶解,常压过滤得棕色透明溶液于小试管中,在滤液中加 1 mL 钼酸铵试剂,将试管放在水浴中加热,有黄色沉淀产生,表示有 P 元素。

提示与备注

①以上各离子的鉴定方法可参考本书附录11"常见离子的特效鉴定方法"。

②采用控制酸度的方法分离 Ca^{2+},Mg^{2+},Fe^{3+} 和 Al^{3+},可参考本书附录9"金属沉淀的pH值"。

③镁试剂的配制:取 0.01 g 镁试剂(对硝基偶氮间苯二酚)溶于 1 L 1.0 mol·L^{-1}NaOH 溶液中。

④钼酸铵试剂的配制:取 124 g $(NH_4)_2MoO_4$ 溶于 1 L 水中,再把所得溶液倒入 1 L 6.0 mol·L^{-1}HNO$_3$溶液中,放置 1 天,取其清液。

安全小常识

茶叶既是一种民间常见的保健饮品,也是一种常用的中草药(《神农本草》《本草拾遗》均有记录),自古就有轻身减肥、降血脂、降压明目、抗菌消炎、抗疲劳的作用,可用于辅助防治高血压、高脂血症、肥胖症、冠心病,并对预防癌症也有一定功用,更有久服延年益寿的预防保健作用。茶叶的化学成分有 300 多种,茶叶含有丰富的微量元素,茶叶是聚锰植物,含锰量高,锌、铜、铁含量也较高,而这些微量元素的存在与茶叶的药用、保健作用密切相关。

思考题

1. 请用流程图总结以上元素的分离鉴定方案,并写出实验中有关离子的鉴定反应式。

2. 茶叶中是否含有微量的 Cu 和 Zn?请自拟分离方案并检验之。

实验 4.58   石灰石中钙含量的测定(高锰酸钾法)

实验目的

①学习沉淀分离的基本知识和操作(沉淀、过滤及洗涤等)。

②了解高锰酸钾法测定石灰石中钙含量的原理和方法,尤其是结晶形成草酸钙沉淀和分离的条件及洗涤 CaC_2O_4 沉淀的方法。

实验原理

石灰石的主要成分是 $CaCO_3$,较好的石灰石含 CaO 45% ~53%,此外还含有 SiO_2,Fe_2O_3,Al_2O_3 及 MgO 等杂质。

测定钙的方法很多,快速的方法是配位滴定法(参考实验 4.28),较精确的方法是本实验采用的高锰酸钾法。高锰酸钾法是将 Ca^{2+} 沉淀为 CaC_2O_4,将沉淀滤出并洗净后溶于稀H_2SO_4溶液,再用 $KMnO_4$ 标准溶液滴定与 Ca^{2+} 相当的 $C_2O_4^{2-}$ 离子,根据所用 $KMnO_4$ 体积和浓度计算试样中钙或氧化钙的含量。主要反应为

$$Ca^{2+} + C_2O_4^{2-} = CaC_2O_4 \downarrow$$

$$CaC_2O_4 + 2H^+ = H_2C_2O_4 + Ca^{2+}$$

$$2MnO_4^- + 5H_2C_2O_4 + 6H^+ = 2Mn^{2+} + 10CO_2 \uparrow + 8H_2O$$

此法用于含 Mg^{2+} 离子及碱金属的试样时,其他金属阳离子不应存在,这是由于它们与 $C_2O_4^{2-}$ 离子容易生成沉淀或共沉淀而形成正误差。

当 $[Na^+] > [Ca^{2+}]$ 时,$Na_2C_2O_4$ 共沉淀形成正误差。若 Mg^{2+} 存在,往往产生后沉淀。如果溶液中含 Ca^{2+} 离子和 Mg^{2+} 离子量相近,也产生共沉淀,如果过量的 $C_2O_4^{2-}$ 离子浓度足够大,则形成可溶性草酸镁配合物 $[Mg(C_2O_4)_2]^{2-}$;若在沉淀完毕后即进行过滤,则此干扰可减小。当 $[Mg^{2+}] > [Ca^{2+}]$ 时,共沉淀影响很严重,需要进行再沉淀。

按照经典方法,需用碱性熔剂熔融分解试样制成溶液,分离除去 SiO_2 和 Fe^{3+},Al^{3+} 离子,然后测定钙。但是其过程太烦琐。若试样中含酸不溶物较少,可以用酸溶样,Fe^{3+},Al^{3+} 离子可用柠檬酸铵掩蔽,不必沉淀分离,这样就可简化分析步骤。

CaC_2O_4 是弱酸盐沉淀,其溶解度随溶液酸度增大而增加,在 $pH \approx 4$ 时,CaC_2O_4 的溶解损失可以忽略。一般采用在酸性溶液中加入 $(NH_4)_2C_2O_4$,再滴加氨水逐渐中和溶液中的 H^+ 离子,使 $[C_2O_4^{2-}]$ 缓缓增大,CaC_2O_4 沉淀缓慢形成,最后控制溶液 pH 值在 $3.5 \sim 4.5$。这样,既可使 CaC_2O_4 沉淀完全,又不致生成 $Ca(OH)_2$ 或 $(CaOH)_2C_2O_4$ 沉淀,能获得组成一定、颗粒粗大而纯净的 CaC_2O_4 沉淀。

其他矿石中的钙也可用本法测定。

仪器与试剂

仪器:分析天平,移液管(25 mL),酸式滴定管(50 mL),烧杯(250 mL),玻璃砂芯漏斗。

试剂:HCl 溶液($6.0\ mol \cdot L^{-1}$),H_2SO_4 溶液($1.0\ mol \cdot L^{-1}$),HNO_3 溶液($2.0\ mol \cdot L^{-1}$),甲基橙指示剂(0.1% 水溶液),氨水溶液($3.0\ mol \cdot L^{-1}$),柠檬酸铵(10%),$(NH_4)_2C_2O_4$($0.25\ mol \cdot L^{-1}$,0.1%),$AgNO_3$ 溶液($0.1\ mol \cdot L^{-1}$),高锰酸钾标准溶液($0.02\ mol \cdot L^{-1}$)。

实验步骤

①用分析天平准确称取石灰石试样 $0.5 \sim 1.0$ g 置于 250 mL 烧杯中,滴加少量水使试样润湿,盖上表面皿,缓缓滴加 $6.0\ mol \cdot L^{-1}$ 盐酸溶液 10 mL,同时不断摇动烧杯。待停止发泡后,小心加热煮沸 2 min。冷却后,仔细将全部物质转入 250 mL 容量瓶中,加水至刻度,摇匀,静置使其酸不溶物沉降(也可称取 $0.1 \sim 0.2$ g 试样,用 $6.0\ mol \cdot L^{-1}$ 盐酸溶液 $7 \sim 8$ mL 溶解,得到的溶液不再加 HCl 溶液,直接按下述条件沉淀 CaC_2O_4)。

②用移液管准确吸取 50 mL 清液(必要时将溶液用干滤纸过滤到干烧杯中后再吸取)2 份,分别放入 400 mL 烧杯中,加入 5 mL 10% 的柠檬酸铵溶液和 120 mL 水,加入甲基橙 2 滴,加 $6.0\ mol \cdot L^{-1}$ HCl 溶液 $5 \sim 10$ mL 至溶液显红色,加入 $15 \sim 20$ mL $0.25\ mol \cdot L^{-1}$ $(NH_4)_2C_2O_4$ 溶液(若此时有沉淀生成,应在搅拌下滴加 $6.0\ mol \cdot L^{-1}$ HCl 溶液至沉淀溶解,注意勿多加),加热至 $70 \sim 80\ ℃$,在不断搅拌下以每秒 $1 \sim 2$ 滴的速度滴 $3.0\ mol \cdot L^{-1}$ 氨水至溶液由红色变为橙黄色,继续保温约 30 min 并随时搅拌,放置冷却。

③用中速滤纸(或玻璃砂芯漏斗)以倾泻法过滤。用冷的 0.1% $(NH_4)_2C_2O_4$ 溶液将沉淀洗涤 $3 \sim 4$ 次,再用冷水洗涤至洗液不含 Cl^- 离子为止。

④将带有沉淀的滤纸贴在原储放沉淀的烧杯内壁(沉淀向杯内)。用 50 mL $1.0\ mol \cdot L^{-1}$ H_2SO_4 溶液仔细将滤纸上沉淀洗入烧杯,用水稀释至 100 mL,加热至 $75 \sim 85\ ℃$,用 $0.02\ mol \cdot L^{-1}$ $KMnO_4$ 标准溶液滴定至溶液呈粉红色。然后将滤纸浸入溶液中,用玻璃棒搅拌,若溶液褪色,再滴入 $KMnO_4$ 溶液,直至粉红色 30 s 不褪色即达终点。记录高锰酸钾标准溶

液的消耗量。

⑤根据 $KMnO_4$ 用量和试样质量计算含钙(或 CaO)的百分率。

思考题

1. 溶解样品时,为什么要盖上表面皿?

2. 在中性或碱性介质中沉淀 CaC_2O_4 时,分析结果偏高还是偏低?

3. 能否通过滴定滤液的 $C_2O_4^{2-}$ 而求得样品中钙含量?

4. 用(NH_4)$_2C_2O_4$ 沉淀钙离子前,为什么要先加入柠檬酸铵?是否可用其他试剂?

5. CaC_2O_4 沉淀生成后为什么要陈化?

6. 如果将带有 CaC_2O_4 沉淀的滤纸一起用硫酸进行处理,再用 $KMnO_4$ 溶液滴定,会产生什么影响?

7. $KMnO_4$ 法与配位滴定法测定钙的优缺点各是什么?

附　　录

附录1　常用的法定计量单位与符号

量的名称	单位名称	国际符号	中文符号
压力(压强)	帕斯卡	Pa	帕
能量、功、热量	焦耳	J	焦
面积	平方米	m^2	米^2
体积(容积)	立方米	m^3	米^3
密度	千克每立方米	$kg \cdot m^{-3}$	千克/米^3
摄氏温度	摄氏度	℃	摄氏度
热力学温度	开尔文	K	开尔文
质量	千克	kg	千克
物质的量	摩尔	mol	摩尔
摩尔质量	千克每摩尔	$kg \cdot mol^{-1}$	千克/摩
摩尔体积	立方米每摩尔	$m^3 \cdot mol^{-1}$	米^3/摩
体积摩尔浓度	摩尔每立方米	$mol \cdot m^{-3}$	摩/米^3
质量摩尔浓度	摩尔每千克	$mol \cdot kg^{-1}$	摩/千克
滴定度	克每毫升	$g \cdot mL^{-1}$	克/毫升

附录2　弱酸碱的解离常数

(近似浓度 $0.003 \sim 1.01\ mol \cdot L^{-1}$,温度 298 K)

名称	化学式	解离常数 K	pK
醋酸	HAc	1.76×10^{-5}	4.75
碳酸	H_2CO_3	$K_1 = 4.30 \times 10^{-7}$ $K_2 = 5.61 \times 10^{-11}$	6.37 10.25
草酸	$H_2C_2O_4$	$K_1 = 5.90 \times 10^{-2}$ $K_2 = 6.40 \times 10^{-5}$	1.23 4.19
亚硝酸	HNO_2(285.5 K)	4.6×10^{-4}	3.37
磷酸	H_3PO_4(291 K)	$K_1 = 7.52 \times 10^{-3}$ $K_2 = 6.23 \times 10^{-8}$ $K_3 = 2.2 \times 10^{-13}$	2.12 7.21 12.67

名称	化学式	解离常数 K	pK
亚硫酸	H_2SO_3 (291 K)	$K_1 = 1.54 \times 10^{-2}$ $K_2 = 1.02 \times 10^{-7}$	1.81 6.91
硫酸	H_2SO_4	$K_2 = 1.20 \times 10^{-2}$	1.92
硫化氢	H_2S (291 K)	$K_1 = 9.1 \times 10^{-8}$ $K_2 = 1.1 \times 10^{-12}$	7.04 11.96
氢氰酸	HCN	4.93×10^{-10}	9.31
铬酸	H_2CrO_4	$K_1 = 1.8 \times 10^{-1}$ $K_2 = 3.20 \times 10^{-7}$	0.74 6.49
*硼酸	H_3BO_3	5.8×10^{-10}	9.24
氢氟酸	HF	3.53×10^{-4}	3.45
过氧化氢	H_2O_2	2.4×10^{-12}	11.62
次氯酸	HClO (291 K)	2.95×10^{-5}	4.53
次溴酸	HBrO	2.06×10^{-9}	8.69
次碘酸	HIO	2.3×10^{-11}	10.64
碘酸	HIO_3	1.69×10^{-1}	0.77
砷酸	H_3AsO_4 (291 K)	$K_1 = 5.62 \times 10^{-3}$ $K_2 = 1.70 \times 10^{-7}$ $K_3 = 3.95 \times 10^{-12}$	2.25 6.77 11.40
亚砷酸	$HAsO_2$	6×10^{-10}	9.22
铵离子	NH_4^+	5.56×10^{-10}	9.25
氨水	$NH_3 \cdot H_2O$	1.79×10^{-5}	4.75
联胺	N_2H_4	8.91×10^{-7}	6.05
羟氨	NH_2OH	9.12×10^{-9}	8.04
氢氧化铅	$Pb(OH)_2$	9.6×10^{-4}	3.02
氢氧化锂	LiOH	6.31×10^{-1}	0.2
氢氧化铍	$Be(OH)_2$	1.78×10^{-6}	5.75
	$BeOH^+$	2.51×10^{-9}	8.6
氢氧化铝	$Al(OH)_3$	5.01×10^{-9}	8.3
	$Al(OH)_2^+$	1.99×10^{-10}	9.7
氢氧化锌	$Zn(OH)_2$	7.94×10^{-7}	6.1
氢氧化镉	$Cd(OH)_2$	5.01×10^{-11}	10.3
*乙二胺	$H_2NC_2H_4NH_2$	$K_1 = 8.5 \times 10^{-5}$ $K_2 = 7.1 \times 10^{-8}$	4.07 7.15
*六亚甲基四胺	$(CH_2)_6N_4$	1.35×10^{-9}	8.87
*尿素	$CO(NH_2)_2$	1.3×10^{-14}	13.89
*质子化六亚甲基四胺	$(CH_2)_6N_4H^+$	7.1×10^{-6}	5.15

名称	化学式	解离常数 K	pK
甲酸	HCOOH (293 K)	1.77×10^{-4}	3.75
氯乙酸	ClCH$_2$COOH	1.40×10^{-3}	2.85
氨基乙酸	NH$_2$CH$_2$COOH	1.67×10^{-10}	9.78
*邻苯二甲酸	C$_6$H$_4$(COOH)$_2$	$K_1 = 1.12 \times 10^{-3}$ $K_2 = 3.91 \times 10^{-6}$	2.95 5.41
柠檬酸	(HOOCCH$_2$)$_2$C(OH)COOH(293 K)	$K_1 = 7.1 \times 10^{-4}$ $K_2 = 1.68 \times 10^{-5}$ $K_3 = 4.1 \times 10^{-7}$	3.14 4.77 6.39
α-酒石酸	(CH(OH)COOH)$_2$	$K_1 = 1.04 \times 10^{-3}$ $K_2 = 4.55 \times 10^{-5}$	2.98 4.34
*8-羟基喹啉	C$_9$H$_6$NOH	$K_1 = 8 \times 10^{-6}$ $K_2 = 1 \times 10^{-9}$	5.1 9.0
苯酚	C$_6$H$_5$OH (293 K)	1.28×10^{-10}	9.89
*对氨基苯磺酸	H$_2$NC$_6$H$_4$SO$_3$H	$K_1 = 2.6 \times 10^{-1}$ $K_2 = 7.6 \times 10^{-4}$	0.58 3.12
*乙二胺四乙酸(EDTA)	(CH$_2$COOH)$_2$NH$^+$CH$_2$CH$_2$NH$^+$(CH$_2$COOH)$_2$	$K_5 = 5.4 \times 10^{-7}$ $K_6 = 1.12 \times 10^{-11}$	6.27 10.95

摘自 R. C. Weast: Handbook of Chemistry and Physics D-165, 70th. edition, 1989—1990。

*摘自其他参考书。

附录3　酸碱的浓度和密度

酸或碱	化学式	密度(g·mL^{-1})	质量分数(%)	浓度(mol·L^{-1})
浓硫酸	H$_2$SO$_4$	1.83~1.84	95~98	17.8~18.4
稀硫酸		1.18	25	3
浓盐酸	HCl	1.18~1.19	36.0~38	11.6~12.4
稀盐酸		1.10	20	6
浓硝酸	HNO$_3$	1.39~1.40	65.0~68.0	14.4~15.2
稀硝酸		1.19	32	6
磷酸	H$_3$PO$_4$	1.69	85	14.6
高氯酸	HClO$_4$	1.68	70.0~72.0	11.7~12.0
氢氟酸	HF	1.13	40	22.5
氢溴酸	HBr	1.49	47.0	8.6
稀氢氧化钠	NaOH	1.22	20	6
浓氨水	NH$_3$·H$_2$O	0.88~0.90	25~28	13.0~14.8
稀氨水		0.96	10	6

附录4 难溶化合物的溶度积常数

化合物	溶度积	化合物	溶度积	化合物	溶度积
醋酸盐		氢氧化物		CdS	8.0×10^{-27}
AgAc	1.94×10^{-3}	AgOH	2.0×10^{-8}	CoS(α-型)	4.0×10^{-21}
卤化物		Al(OH)$_3$(无定形)	1.3×10^{-33}	CoS(β-型)	2.0×10^{-25}
AgBr	5.0×10^{-13}	Be(OH)$_2$(无定形)	1.6×10^{-22}	Cu$_2$S	2.5×10^{-48}
AgCl	1.8×10^{-10}	Ca(OH)$_2$	5.5×10^{-6}	CuS	6.3×10^{-36}
AgI	8.3×10^{-17}	Cd(OH)$_2$	5.27×10^{-15}	FeS	6.3×10^{-18}
BaF$_2$	1.84×10^{-7}	Co(OH)$_2$(粉红色)	1.09×10^{-15}	HgS(黑色)	1.6×10^{-52}
CaF$_2$	5.3×10^{-9}	Co(OH)$_2$(蓝色)	5.92×10^{-15}	HgS(红色)	4×10^{-53}
CuBr	5.3×10^{-9}	Co(OH)$_3$	1.6×10^{-44}	MnS(晶形)	2.5×10^{-13}
CuCl	1.2×10^{-6}	Cr(OH)$_2$	2×10^{-16}	NiS	1.07×10^{-21}
CuI	1.1×10^{-12}	Cr(OH)$_3$	6.3×10^{-31}	PbS	8.0×10^{-28}
Hg$_2$Cl$_2$	1.3×10^{-18}	Cu(OH)$_2$	2.2×10^{-20}	SnS	1×10^{-25}
Hg$_2$I$_2$	4.5×10^{-29}	Fe(OH)$_2$	8.0×10^{-16}	SnS$_2$	2×10^{-27}
HgI$_2$	2.9×10^{-29}	Fe(OH)$_3$	4×10^{-38}	ZnS	2.93×10^{-25}
PbBr$_2$	6.60×10^{-6}	Mg(OH)$_2$	1.8×10^{-11}	磷酸盐	
PbCl$_2$	1.6×10^{-5}	Mn(OH)$_2$	1.9×10^{-13}	Ag$_3$PO$_4$	1.4×10^{-16}
PbF$_2$	3.3×10^{-8}	Ni(OH)$_2$(新制备)	2.0×10^{-15}	AlPO$_4$	6.3×10^{-19}
PbI$_2$	7.1×10^{-9}	Pb(OH)$_2$	1.2×10^{-15}	CaHPO$_4$	1×10^{-7}
SrF$_2$	4.33×10^{-9}	Sn(OH)$_2$	1.4×10^{-28}	Ca$_3$(PO$_4$)$_2$	2.0×10^{-29}
碳酸盐		Sr(OH)$_2$	9×10^{-4}	Cd$_3$(PO$_4$)$_2$	2.53×10^{-33}
Ag$_2$CO$_3$	8.45×10^{-12}	Zn(OH)$_2$	1.2×10^{-17}	Cu$_3$(PO$_4$)$_2$	1.40×10^{-37}
BaCO$_3$	5.1×10^{-9}	草酸盐		FePO$_4 \cdot 2H_2O$	9.91×10^{-16}
CaCO$_3$	3.36×10^{-9}	Ag$_2$C$_2$O$_4$	5.4×10^{-12}	MgNH$_4$PO$_4$	2.5×10^{-13}
CdCO$_3$	1.0×10^{-12}	BaC$_2$O$_4$	1.6×10^{-7}	Mg$_3$(PO$_4$)$_2$	1.04×10^{-24}
CuCO$_3$	1.4×10^{-10}	CaC$_2$O$_4 \cdot H_2O$	4×10^{-9}	Pb$_3$(PO$_4$)$_2$	8.0×10^{-43}
FeCO$_3$	3.13×10^{-11}	CuC$_2$O$_4$	4.43×10^{-10}	Zn$_3$(PO$_4$)$_2$	9.0×10^{-33}
Hg$_2$CO$_3$	3.6×10^{-17}	FeC$_2$O$_4 \cdot 2H_2O$	3.2×10^{-7}	其他盐	
MgCO$_3$	6.82×10^{-6}	Hg$_2$C$_2$O$_4$	1.75×10^{-13}	[Ag$^+$][Ag(CN)$_2^-$]	7.2×10^{-11}
MnCO$_3$	2.24×10^{-11}	MgC$_2$O$_4 \cdot 2H_2O$	4.83×10^{-6}	Ag$_4$[Fe(CN)$_6$]	1.6×10^{-41}
NiCO$_3$	1.42×10^{-7}	MnC$_2$O$_4 \cdot 2H_2O$	1.70×10^{-7}	Cu$_2$[Fe(CN)$_6$]	1.3×10^{-16}
PbCO$_3$	7.4×10^{-14}	PbC$_2$O$_4$	8.51×10^{-10}	AgSCN	1.03×10^{-12}
SrCO$_3$	5.6×10^{-10}	SrC$_2$O$_4 \cdot H_2O$	1.6×10^{-7}	CuSCN	4.8×10^{-15}
ZnCO$_3$	1.46×10^{-10}	ZnC$_2$O$_4 \cdot 2H_2O$	1.38×10^{-9}	AgBrO$_3$	5.3×10^{-5}
铬酸盐		硫酸盐		AgIO$_3$	3.0×10^{-8}
Ag$_2$CrO$_4$	1.12×10^{-12}	Ag$_2$SO$_4$	1.4×10^{-5}	Cu(IO$_3$)$_2 \cdot H_2O$	7.4×10^{-8}
Ag$_2$Cr$_2$O$_7$	2.0×10^{-7}	BaSO$_4$	1.1×10^{-10}	KHC$_4$H$_4$O$_6$(酒石酸氢钾)	3×10^{-4}
BaCrO$_4$	1.2×10^{-10}	CaSO$_4$	9.1×10^{-6}	Al(8-羟基喹啉)$_3$	5×10^{-33}
CaCrO$_4$	7.1×10^{-4}	Hg$_2$SO$_4$	6.5×10^{-7}	K$_2$Na[Co(NO$_2$)$_6$] $\cdot$ H$_2$O	2.2×10^{-11}
CuCrO$_4$	3.6×10^{-6}	PbSO$_4$	1.6×10^{-8}	Na(NH$_4$)$_2$[Co(NO$_2$)$_6$]	4×10^{-12}
Hg$_2$CrO$_4$	2.0×10^{-9}	SrSO$_4$	3.2×10^{-7}	Ni(丁二酮肟)$_2$	4×10^{-24}
PbCrO$_4$	2.8×10^{-13}	硫化物		Mg(8-羟基喹啉)$_2$	4×10^{-16}
SrCrO$_4$	2.2×10^{-5}	Ag$_2$S	6.3×10^{-50}	Zn(8-羟基喹啉)$_2$	5×10^{-25}

表中数据主要摘自 Handbook of Chemistry and Physics，82th

附录5 标准电极电势表

1. 在酸性溶液中（298 K）

电对	方程式	$\varphi^{\ominus}(V)$
Li(I) – (0)	$Li^+ + e^- \rightleftharpoons Li$	$-3.040\,1$
Cs(I) – (0)	$Cs^+ + e^- \rightleftharpoons Cs$	-3.026
Rb(I) – (0)	$Rb^+ + e^- \rightleftharpoons Rb$	-2.98
K(I) – (0)	$K^+ + e^- \rightleftharpoons K$	-2.931
Ba(II) – (0)	$Ba^{2+} + 2e^- \rightleftharpoons Ba$	-2.912
Sr(II) – (0)	$Sr^{2+} + 2e^- \rightleftharpoons Sr$	-2.89
Ca(II) – (0)	$Ca^{2+} + 2e^- \rightleftharpoons Ca$	-2.868
Na(I) – (0)	$Na^+ + e^- \rightleftharpoons Na$	-2.71
La(III) – (0)	$La^{3+} + 3e^- \rightleftharpoons La$	-2.379
Mg(II) – (0)	$Mg^{2+} + 2e^- \rightleftharpoons Mg$	-2.372
Ce(III) – (0)	$Ce^{3+} + 3e^- \rightleftharpoons Ce$	-2.336
H(0) – (– I)	$H_2(g) + 2e^- \rightleftharpoons 2H^-$	-2.23
Al(III) – (0)	$AlF_6^{3-} + 3e^- \rightleftharpoons Al + 6F^-$	-2.069
Th(IV) – (0)	$Th^{4+} + 4e^- \rightleftharpoons Th$	-1.899
Be(II) – (0)	$Be^{2+} + 2e^- \rightleftharpoons Be$	-1.847
U(III) – (0)	$U^{3+} + 3e^- \rightleftharpoons U$	-1.798
Hf(IV) – (0)	$HfO^{2+} + 2H^+ + 4e^- \rightleftharpoons Hf + H_2O$	-1.724
Al(III) – (0)	$Al^{3+} + 3e^- \rightleftharpoons Al$	-1.662
Ti(II) – (0)	$Ti^{2+} + 2e^- \rightleftharpoons Ti$	-1.630
Zr(IV) – (0)	$ZrO_2 + 4H^+ + 4e^- \rightleftharpoons Zr + 2H_2O$	-1.553
Si(IV) – (0)	$[SiF_6]^{2-} + 4e^- \rightleftharpoons Si + 6F^-$	-1.24
Mn(II) – (0)	$Mn^{2+} + 2e^- \rightleftharpoons Mn$	-1.185
Cr(II) – (0)	$Cr^{2+} + 2e^- \rightleftharpoons Cr$	-0.913
Ti(III) – (II)	$Ti^{3+} + e^- \rightleftharpoons Ti^{2+}$	-0.9
B(III) – (0)	$H_3BO_3 + 3H^+ + 3e^- \rightleftharpoons B + 3H_2O$	$-0.869\,8$
* Ti(IV) – (0)	$TiO_2 + 4H^+ + 4e^- \rightleftharpoons Ti + 2H_2O$	-0.86
Te(0) – (– II)	$Te + 2H^+ + 2e^- \rightleftharpoons H_2Te$	-0.793
Zn(II) – (0)	$Zn^{2+} + 2e^- \rightleftharpoons Zn$	$-0.761\,8$
Ta(V) – (0)	$Ta_2O_5 + 10H^+ + 10e^- \rightleftharpoons 2Ta + 5H_2O$	-0.750
Cr(III) – (0)	$Cr^{3+} + 3e^- \rightleftharpoons Cr$	-0.744
Nb(V) – (0)	$Nb_2O_5 + 10H^+ + 10e^- \rightleftharpoons 2Nb + 5H_2O$	-0.644
As(0) – (– III)	$As + 3H^+ + 3e^- \rightleftharpoons AsH_3$	-0.608
U(IV) – (III)	$U^{4+} + e^- \rightleftharpoons U^{3+}$	-0.607

电对	方程式	$\varphi^{\ominus}(V)$
Ga(Ⅲ)-(0)	$Ga^{3+}+3e^-\Longrightarrow Ga$	-0.549
P(Ⅰ)-(0)	$H_3PO_2+H^++e^-\Longrightarrow P+2H_2O$	-0.508
P(Ⅲ)-(Ⅰ)	$H_3PO_3+2H^++2e^-\Longrightarrow H_3PO_2+H_2O$	-0.499
*C(Ⅳ)-(Ⅲ)	$2CO_2+2H^++2e^-\Longrightarrow H_2C_2O_4$	-0.49
Fe(Ⅱ)-(0)	$Fe^{2+}+2e^-\Longrightarrow Fe$	-0.447
Cr(Ⅲ)-(Ⅱ)	$Cr^{3+}+e^-\Longrightarrow Cr^{2+}$	-0.407
Cd(Ⅱ)-(0)	$Cd^{2+}+2e^-\Longrightarrow Cd$	-0.403 0
Se(0)-(-Ⅱ)	$Se+2H^++2e^-\Longrightarrow H_2Se(aq)$	-0.399
Pb(Ⅱ)-(0)	$PbI_2+2e^-\Longrightarrow Pb+2I^-$	-0.365
Eu(Ⅲ)-(Ⅱ)	$Eu^{3+}+e^-\Longrightarrow Eu^{2+}$	-0.36
Pb(Ⅱ)-(0)	$PbSO_4+2e^-\Longrightarrow Pb+SO_4^{2-}$	-0.358 8
In(Ⅲ)-(0)	$In^{3+}+3e^-\Longrightarrow In$	-0.338 2
Tl(Ⅰ)-(0)	$Tl^++e^-\Longrightarrow Tl$	-0.336
Co(Ⅱ)-(0)	$Co^{2+}+2e^-\Longrightarrow Co$	-0.28
P(Ⅴ)-(Ⅲ)	$H_3PO_4+2H^++2e^-\Longrightarrow H_3PO_3+H_2O$	-0.276
Pb(Ⅱ)-(0)	$PbCl_2+2e^-\Longrightarrow Pb+2Cl^-$	-0.267 5
Ni(Ⅱ)-(0)	$Ni^{2+}+2e^-\Longrightarrow Ni$	-0.257
V(Ⅲ)-(Ⅱ)	$V^{3+}+e^-\Longrightarrow V^{2+}$	-0.255
Ge(Ⅳ)-(0)	$H_2GeO_3+4H^++4e^-\Longrightarrow Ge+3H_2O$	-0.182
Ag(Ⅰ)-(0)	$AgI+e^-\Longrightarrow Ag+I^-$	-0.152 24
Sn(Ⅱ)-(0)	$Sn^{2+}+2e^-\Longrightarrow Sn$	-0.137 5
Pb(Ⅱ)-(0)	$Pb^{2+}+2e^-\Longrightarrow Pb$	-0.126 2
*C(Ⅳ)-(Ⅱ)	$CO_2(g)+2H^++2e^-\Longrightarrow CO+H_2O$	-0.12
P(0)-(-Ⅲ)	$P(white)+3H^++3e^-\Longrightarrow PH_3(g)$	-0.063
Hg(Ⅰ)-(0)	$Hg_2I_2+2e^-\Longrightarrow 2Hg+2I^-$	-0.040 5
Fe(Ⅲ)-(0)	$Fe^{3+}+3e^-\Longrightarrow Fe$	-0.037
H(Ⅰ)-(0)	$2H^++2e^-\Longrightarrow H_2$	0.000 0
Ag(Ⅰ)-(0)	$AgBr+e^-\Longrightarrow Ag+Br^-$	0.071 33
S(Ⅱ.Ⅴ)-(Ⅱ)	$S_4O_6^{2-}+2e^-\Longrightarrow 2S_2O_3^{2-}$	0.08
*Ti(Ⅳ)-(Ⅲ)	$TiO^{2+}+2H^++e^-\Longrightarrow Ti^{3+}+H_2O$	0.1
S(0)-(-Ⅱ)	$S+2H^++2e^-\Longrightarrow H_2S(aq)$	0.142
Sn(Ⅳ)-(Ⅱ)	$Sn^{4+}+2e^-\Longrightarrow Sn^{2+}$	0.151
Sb(Ⅲ)-(0)	$Sb_2O_3+6H^++6e^-\Longrightarrow 2Sb+3H_2O$	0.152
Cu(Ⅱ)-(Ⅰ)	$Cu^{2+}+e^-\Longrightarrow Cu^+$	0.153
Bi(Ⅲ)-(0)	$BiOCl+2H^++3e^-\Longrightarrow Bi+Cl^-+H_2O$	0.158 3
S(Ⅵ)-(Ⅳ)	$SO_4^{2-}+4H^++2e^-\Longrightarrow H_2SO_3+H_2O$	0.172

电对	方程式	$\varphi^{\ominus}(V)$
Sb(Ⅲ) – (0)	$SbO^+ + 2H^+ + 3e^- \Longrightarrow Sb + H_2O$	0.212
Ag(Ⅰ) – (0)	$AgCl + e^- \Longrightarrow Ag + Cl^-$	0.222 33
As(Ⅲ) – (0)	$HAsO_2 + 3H^+ + 3e^- \Longrightarrow As + 2H_2O$	0.248
Hg(Ⅰ) – (0)	$Hg_2Cl_2 + 2e^- \Longrightarrow 2Hg + 2Cl^-$（饱和 KCl）	0.268 08
Bi(Ⅲ) – (0)	$BiO^+ + 2H^+ + 3e^- \Longrightarrow Bi + H_2O$	0.320
U(Ⅵ) – (Ⅳ)	$UO_2^{2+} + 4H^+ + 2e^- \Longrightarrow U^{4+} + 2H_2O$	0.327
C(Ⅳ) – (Ⅲ)	$2HCNO + 2H^+ + 2e^- \Longrightarrow (CN)_2 + 2H_2O$	0.330
V(Ⅳ) – (Ⅲ)	$VO^{2+} + 2H^+ + e^- \Longrightarrow V^{3+} + H_2O$	0.337
Cu(Ⅱ) – (0)	$Cu^{2+} + 2e^- \Longrightarrow Cu$	0.341 9
Re(Ⅶ) – (0)	$ReO_4^- + 8H^+ + 7e^- \Longrightarrow Re + 4H_2O$	0.368
Ag(Ⅰ) – (0)	$Ag_2CrO_4 + 2e^- \Longrightarrow 2Ag + CrO_4^{2-}$	0.447 0
S(Ⅳ) – (0)	$H_2SO_3 + 4H^+ + 4e^- \Longrightarrow S + 3H_2O$	0.449
Cu(Ⅰ) – (0)	$Cu^+ + e^- \Longrightarrow Cu$	0.521
I(0) – (–Ⅰ)	$I_2 + 2e^- \Longrightarrow 2I^-$	0.535 5
I(0) – (–Ⅰ)	$I_3^- + 2e^- \Longrightarrow 3I^-$	0.536
As(Ⅴ) – (Ⅲ)	$H_3AsO_4 + 2H^+ + 2e^- \Longrightarrow HAsO_2 + 2H_2O$	0.560
Sb(Ⅴ) – (Ⅲ)	$Sb_2O_5 + 6H^+ + 4e^- \Longrightarrow 2SbO^+ + 3H_2O$	0.581
Te(Ⅳ) – (0)	$TeO_2 + 4H^+ + 4e^- \Longrightarrow Te + 2H_2O$	0.593
U(Ⅴ) – (Ⅳ)	$UO_2^+ + 4H^+ + e^- \Longrightarrow U^{4+} + 2H_2O$	0.612
**Hg(Ⅱ) – (Ⅰ)	$2HgCl_2 + 2e^- \Longrightarrow Hg_2Cl_2 + 2Cl^-$	0.63
Pt(Ⅳ) – (Ⅱ)	$[PtCl_6]^{2-} + 2e^- \Longrightarrow [PtCl_4]^{2-} + 2Cl^-$	0.68
O(0) – (–Ⅰ)	$O_2 + 2H^+ + 2e^- \Longrightarrow H_2O_2$	0.695
Pt(Ⅱ) – (0)	$[PtCl_4]^{2-} + 2e^- \Longrightarrow Pt + 4Cl^-$	0.755
*Se(Ⅳ) – (0)	$H_2SeO_3 + 4H^+ + 4e^- \Longrightarrow Se + 3H_2O$	0.74
Fe(Ⅲ) – (Ⅱ)	$Fe^{3+} + e^- \Longrightarrow Fe^{2+}$	0.771
Hg(Ⅰ) – (0)	$Hg_2^{2+} + 2e^- \Longrightarrow 2Hg$	0.797 3
Ag(Ⅰ) – (0)	$Ag^+ + e^- \Longrightarrow Ag$	0.799 6
Os(Ⅷ) – (0)	$OsO_4 + 8H^+ + 8e^- \Longrightarrow Os + 4H_2O$	0.8
N(Ⅴ) – (Ⅳ)	$2NO_3^- + 4H^+ + 2e^- \Longrightarrow N_2O_4 + 2H_2O$	0.803
Hg(Ⅱ) – (0)	$Hg^{2+} + 2e^- \Longrightarrow Hg$	0.851
Si(Ⅳ) – (0)	(quartz)$SiO_2 + 4H^+ + 4e^- \Longrightarrow Si + 2H_2O$	0.857
Cu(Ⅱ) – (Ⅰ)	$Cu^{2+} + I^- + e^- \Longrightarrow CuI$	0.86
N(Ⅲ) – (Ⅰ)	$2HNO_2 + 4H^+ + 4e^- \Longrightarrow H_2N_2O_2 + 2H_2O$	0.86
Hg(Ⅱ) – (Ⅰ)	$2Hg^{2+} + 2e^- \Longrightarrow Hg_2^{2+}$	0.920
N(Ⅴ) – (Ⅲ)	$NO_3^- + 3H^+ + 2e^- \Longrightarrow HNO_2 + H_2O$	0.934
Pd(Ⅱ) – (0)	$Pd^{2+} + 2e^- \Longrightarrow Pd$	0.951

电对	方程式	$\varphi^{\ominus}(\mathrm{V})$
$N(\mathrm{V})-(\mathrm{II})$	$NO_3^- +4H^+ +3e^- \Longrightarrow NO +2H_2O$	0.957
$N(\mathrm{III})-(\mathrm{II})$	$HNO_2 +H^+ +e^- \Longrightarrow NO +H_2O$	0.983
$I(\mathrm{I})-(-\mathrm{I})$	$HIO +H^+ +2e^- \Longrightarrow I^- +H_2O$	0.987
$V(\mathrm{V})-(\mathrm{IV})$	$VO_2^+ +2H^+ +e^- \Longrightarrow VO^{2+} +H_2O$	0.991
$V(\mathrm{V})-(\mathrm{IV})$	$V(OH)_4^+ +2H^+ +e^- \Longrightarrow VO^{2+} +3H_2O$	1.00
$Au(\mathrm{III})-(0)$	$[AuCl_4]^- +3e^- \Longrightarrow Au +4Cl^-$	1.002
$Te(\mathrm{VI})-(\mathrm{IV})$	$H_6TeO_6 +2H^+ +2e^- \Longrightarrow TeO_2 +4H_2O$	1.02
$N(\mathrm{IV})-(\mathrm{II})$	$N_2O_4 +4H^+ +4e^- \Longrightarrow 2NO +2H_2O$	1.035
$N(\mathrm{IV})-(\mathrm{III})$	$N_2O_4 +2H^+ +2e^- \Longrightarrow 2HNO_2$	1.065
$I(\mathrm{V})-(-\mathrm{I})$	$IO_3^- +6H^+ +6e^- \Longrightarrow I^- +3H_2O$	1.085
$Br(0)-(-\mathrm{I})$	$Br_2(aq) +2e^- \Longrightarrow 2Br^-$	1.087 3
$Se(\mathrm{VI})-(\mathrm{IV})$	$SeO_4^{2-} +4H^+ +2e^- \Longrightarrow H_2SeO_3 +H_2O$	1.151
$Cl(\mathrm{V})-(\mathrm{IV})$	$ClO_3^- +2H^+ +e^- \Longrightarrow ClO_2 +H_2O$	1.152
$Pt(\mathrm{II})-(0)$	$Pt^{2+} +2e^- \Longrightarrow Pt$	1.18
$Cl(\mathrm{VII})-(\mathrm{V})$	$ClO_4^- +2H^+ +2e^- \Longrightarrow ClO_3^- +H_2O$	1.189
$I(\mathrm{V})-(0)$	$2IO_3^- +12H^+ +10e^- \Longrightarrow I_2 +6H_2O$	1.195
$Cl(\mathrm{V})-(\mathrm{III})$	$ClO_3^- +3H^+ +2e^- \Longrightarrow HClO_2 +H_2O$	1.214
$Mn(\mathrm{IV})-(\mathrm{II})$	$MnO_2 +4H^+ +2e^- \Longrightarrow Mn^{2+} +2H_2O$	1.224
$O(0)-(-\mathrm{II})$	$O_2 +4H^+ +4e^- \Longrightarrow 2H_2O$	1.229
$Tl(\mathrm{III})-(\mathrm{I})$	$Tl^{3+} +2e^- \Longrightarrow Tl^+$	1.252
$Cl(\mathrm{IV})-(\mathrm{III})$	$ClO_2 +H^+ +e^- \Longrightarrow HClO_2$	1.277
$N(\mathrm{III})-(\mathrm{I})$	$2HNO_2 +4H^+ +4e^- \Longrightarrow N_2O +3H_2O$	1.297
$**Cr(\mathrm{VI})-(\mathrm{III})$	$Cr_2O_7^{2-} +14H^+ +6e^- \Longrightarrow 2Cr^{3+} +7H_2O$	1.33
$Br(\mathrm{I})-(-\mathrm{I})$	$HBrO +H^+ +2e^- \Longrightarrow Br^- +H_2O$	1.331
$Cr(\mathrm{VI})-(\mathrm{III})$	$HCrO_4^- +7H^+ +3e^- \Longrightarrow Cr^{3+} +4H_2O$	1.350
$Cl(0)-(-\mathrm{I})$	$Cl_2(g) +2e^- \Longrightarrow 2Cl^-$	1.358 27
$Cl(\mathrm{VII})-(-\mathrm{I})$	$ClO_4^- +8H^+ +8e^- \Longrightarrow Cl^- +4H_2O$	1.389
$Cl(\mathrm{VII})-(0)$	$ClO_4^- +8H^+ +7e^- \Longrightarrow 1/2Cl_2 +4H_2O$	1.39
$Au(\mathrm{III})-(\mathrm{I})$	$Au^{3+} +2e^- \Longrightarrow Au^+$	1.401
$Br(\mathrm{V})-(-\mathrm{I})$	$BrO_3^- +6H^+ +6e^- \Longrightarrow Br^- +3H_2O$	1.423
$I(\mathrm{I})-(0)$	$2HIO +2H^+ +2e^- \Longrightarrow I_2 +2H_2O$	1.439
$Cl(\mathrm{V})-(-\mathrm{I})$	$ClO_3^- +6H^+ +6e^- \Longrightarrow Cl^- +3H_2O$	1.451
$Pb(\mathrm{IV})-(\mathrm{II})$	$PbO_2 +4H^+ +2e^- \Longrightarrow Pb^{2+} +2H_2O$	1.455
$Cl(\mathrm{V})-(0)$	$ClO_3^- +6H^+ +5e^- \Longrightarrow 1/2Cl_2 +3H_2O$	1.47
$Cl(\mathrm{I})-(-\mathrm{I})$	$HClO +H^+ +2e^- \Longrightarrow Cl^- +H_2O$	1.482
$Br(\mathrm{V})-(0)$	$BrO_3^- +6H^+ +5e^- \Longrightarrow 1/2Br_2 +3H_2O$	1.482

电对	方程式	$\varphi^{\ominus}(V)$
Au(Ⅲ)-(0)	$Au^{3+}+3e^-\Longrightarrow Au$	1.498
Mn(Ⅶ)-(Ⅱ)	$MnO_4^-+8H^++5e^-\Longrightarrow Mn^{2+}+4H_2O$	1.507
Mn(Ⅲ)-(Ⅱ)	$Mn^{3+}+e^-\Longrightarrow Mn^{2+}$	1.541 5
Cl(Ⅲ)-(-Ⅰ)	$HClO_2+3H^++4e^-\Longrightarrow Cl^-+2H_2O$	1.570
Br(Ⅰ)-(0)	$HBrO+H^++e^-\Longrightarrow 1/2Br_2(aq)+H_2O$	1.574
N(Ⅱ)-(Ⅰ)	$2NO+2H^++2e^-\Longrightarrow N_2O+H_2O$	1.591
I(Ⅶ)-(Ⅴ)	$H_5IO_6+H^++2e^-\Longrightarrow IO_3^-+3H_2O$	1.601
Cl(Ⅰ)-(0)	$HClO+H^++e^-\Longrightarrow 1/2Cl_2+H_2O$	1.611
Cl(Ⅲ)-(Ⅰ)	$HClO_2+2H^++2e^-\Longrightarrow HClO+H_2O$	1.645
Ni(Ⅳ)-(Ⅱ)	$NiO_2+4H^++2e^-\Longrightarrow Ni^{2+}+2H_2O$	1.678
Mn(Ⅶ)-(Ⅳ)	$MnO_4^-+4H^++3e^-\Longrightarrow MnO_2+2H_2O$	1.679
Pb(Ⅳ)-(Ⅱ)	$PbO_2+SO_4^{2-}+4H^++2e^-\Longrightarrow PbSO_4+2H_2O$	1.691 3
Au(Ⅰ)-(0)	$Au^++e^-\Longrightarrow Au$	1.692
Ce(Ⅳ)-(Ⅲ)	$Ce^{4+}+e^-\Longrightarrow Ce^{3+}$	1.72
N(Ⅰ)-(0)	$N_2O+2H^++2e^-\Longrightarrow N_2+H_2O$	1.766
O(-Ⅰ)-(-Ⅱ)	$H_2O_2+2H^++2e^-\Longrightarrow 2H_2O$	1.776
Co(Ⅲ)-(Ⅱ)	$Co^{3+}+e^-\Longrightarrow Co^{2+}(2\ mol\cdot L^{-1}H_2SO_4)$	1.83
Ag(Ⅱ)-(Ⅰ)	$Ag^{2+}+e^-\Longrightarrow Ag^+$	1.980
S(Ⅶ)-(Ⅵ)	$S_2O_8^{2-}+2e^-\Longrightarrow 2SO_4^{2-}$	2.010
O(0)-(-Ⅱ)	$O_3+2H^++2e^-\Longrightarrow O_2+H_2O$	2.076
O(Ⅱ)-(-Ⅱ)	$F_2O+2H^++4e^-\Longrightarrow H_2O+2F^-$	2.153
Fe(Ⅵ)-(Ⅲ)	$FeO_4^{2-}+8H^++3e^-\Longrightarrow Fe^{3+}+4H_2O$	2.20
O(0)-(-Ⅱ)	$O(g)+2H^++2e^-\Longrightarrow H_2O$	2.421
F(0)-(-Ⅰ)	$F_2+2e^-\Longrightarrow 2F^-$	2.866
F(0)-(-Ⅰ)	$F_2+2H^++2e^-\Longrightarrow 2HF$	3.053

2. 在碱性溶液中 (298 K)

电对	方程式	$\varphi^{\ominus}(V)$
Ca(Ⅱ)-(0)	$Ca(OH)_2+2e^-\Longrightarrow Ca+2OH^-$	-3.02
Ba(Ⅱ)-(0)	$Ba(OH)_2+2e^-\Longrightarrow Ba+2OH^-$	-2.99
La(Ⅲ)-(0)	$La(OH)_3+3e^-\Longrightarrow La+3OH^-$	-2.90
Sr(Ⅱ)-(0)	$Sr(OH)_2\cdot 8H_2O+2e^-\Longrightarrow Sr+2OH^-+8H_2O$	-2.88
Mg(Ⅱ)-(0)	$Mg(OH)_2+2e^-\Longrightarrow Mg+2OH^-$	-2.690
Be(Ⅱ)-(0)	$Be_2O_3^{2-}+3H_2O+4e^-\Longrightarrow 2Be+6OH^-$	-2.63
Hf(Ⅳ)-(0)	$HfO(OH)_2+H_2O+4e^-\Longrightarrow Hf+4OH^-$	-2.50
Zr(Ⅳ)-(0)	$H_2ZrO_3+H_2O+4e^-\Longrightarrow Zr+4OH^-$	-2.36

电对	方程式	$\varphi^{\ominus}$ (V)
Al(III) - (0)	$H_2AlO_3^- + H_2O + 3e^- \rightleftharpoons Al + OH^-$	-2.33
P(I) - (0)	$H_2PO_2^- + e^- \rightleftharpoons P + 2OH^-$	-1.82
B(III) - (0)	$H_2BO_3^- + H_2O + 3e^- \rightleftharpoons B + 4OH^-$	-1.79
P(III) - (0)	$HPO_3^{2-} + 2H_2O + 3e^- \rightleftharpoons P + 5OH^-$	-1.71
Si(IV) - (0)	$SiO_3^{2-} + 3H_2O + 4e^- \rightleftharpoons Si + 6OH^-$	-1.697
P(III) - (I)	$HPO_3^{2-} + 2H_2O + 2e^- \rightleftharpoons H_2PO_2^- + 3OH^-$	-1.65
Mn(II) - (0)	$Mn(OH)_2 + 2e^- \rightleftharpoons Mn + 2OH^-$	-1.56
Cr(III) - (0)	$Cr(OH)_3 + 3e^- \rightleftharpoons Cr + 3OH^-$	-1.48
* Zn(II) - (0)	$[Zn(CN)_4]^{2-} + 2e^- \rightleftharpoons Zn + 4CN^-$	-1.26
Zn(II) - (0)	$Zn(OH)_2 + 2e^- \rightleftharpoons Zn + 2OH^-$	-1.249
Ga(III) - (0)	$H_2GaO_3^- + H_2O + 2e^- \rightleftharpoons Ga + 4OH^-$	-1.219
Zn(II) - (0)	$ZnO_2^{2-} + 2H_2O + 2e^- \rightleftharpoons Zn + 4OH^-$	-1.215
Cr(III) - (0)	$CrO_2^- + 2H_2O + 3e^- \rightleftharpoons Cr + 4OH^-$	-1.2
Te(0) - (- I)	$Te + 2e^- \rightleftharpoons Te^{2-}$	-1.143
P(V) - (III)	$PO_4^{3-} + 2H_2O + 2e^- \rightleftharpoons HPO_3^{2-} + 3OH^-$	-1.05
* Zn(II) - (0)	$[Zn(NH_3)_4]^{2+} + 2e^- \rightleftharpoons Zn + 4NH_3$	-1.04
* W(VI) - (0)	$WO_4^{2-} + 4H_2O + 6e^- \rightleftharpoons W + 8OH^-$	-1.01
* Ge(IV) - (0)	$HGeO_3^- + 2H_2O + 4e^- \rightleftharpoons Ge + 5OH^-$	-1.0
Sn(IV) - (II)	$[Sn(OH)_6]^{2-} + 2e^- \rightleftharpoons HSnO_2^- + H_2O + 3OH^-$	-0.93
S(VI) - (IV)	$SO_4^{2-} + H_2O + 2e^- \rightleftharpoons SO_3^{2-} + 2OH^-$	-0.93
Se(0) - (- II)	$Se + 2e^- \rightleftharpoons Se^{2-}$	-0.924
Sn(II) - (0)	$HSnO_2^- + H_2O + 2e^- \rightleftharpoons Sn + 3OH^-$	-0.909
P(0) - (- III)	$P + 3H_2O + 3e^- \rightleftharpoons PH_3(g) + 3OH^-$	-0.87
N(V) - (IV)	$2NO_3^- + 2H_2O + 2e^- \rightleftharpoons N_2O_4 + 4OH^-$	-0.85
H(I) - (0)	$2H_2O + 2e^- \rightleftharpoons H_2 + 2OH^-$	-0.8277
Cd(II) - (0)	$Cd(OH)_2 + 2e^- \rightleftharpoons Cd + 2OH^-$	-0.809
Co(II) - (0)	$Co(OH)_2 + 2e^- \rightleftharpoons Co + 2OH^-$	-0.73
Ni(II) - (0)	$Ni(OH)_2 + 2e^- \rightleftharpoons Ni + 2OH^-$	-0.72
As(V) - (III)	$AsO_4^{3-} + 2H_2O + 2e^- \rightleftharpoons AsO_2^- + 4OH^-$	-0.71
Ag(I) - (0)	$Ag_2S + 2e^- \rightleftharpoons 2Ag + S^{2-}$	-0.691
As(III) - (0)	$AsO_2^- + 2H_2O + 3e^- \rightleftharpoons As + 4OH^-$	-0.68
Sb(III) - (0)	$SbO_2^- + 2H_2O + 3e^- \rightleftharpoons Sb + 4OH^-$	-0.66
* Re(VII) - (IV)	$ReO_4^- + 2H_2O + 3e^- \rightleftharpoons ReO_2 + 4OH^-$	-0.59
* Sb(V) - (III)	$SbO_3^- + H_2O + 2e^- \rightleftharpoons SbO_2^- + 2OH^-$	-0.59
Re(VII) - (0)	$ReO_4^- + 4H_2O + 7e^- \rightleftharpoons Re + 8OH^-$	-0.584
* S(IV) - (II)	$2SO_3^{2-} + 3H_2O + 4e^- \rightleftharpoons S_2O_3^{2-} + 6OH^-$	-0.58

电对	方程式	$\varphi^{\ominus}(V)$
Te(IV) - (0)	$TeO_3{}^{2-} + 3H_2O + 4e^- \Longrightarrow Te + 6OH^-$	-0.57
Fe(III) - (II)	$Fe(OH)_3 + e^- \Longrightarrow Fe(OH)_2 + OH^-$	-0.56
S(0) - (-II)	$S + 2e^- \Longrightarrow S^{2-}$	-0.476 27
Bi(III) - (0)	$Bi_2O_3 + 3H_2O + 6e^- \Longrightarrow 2Bi + 6OH^-$	-0.46
N(III) - (II)	$NO_2{}^- + H_2O + e^- \Longrightarrow NO + 2OH^-$	-0.46
*Co(II) - C(0)	$[Co(NH_3)_6]^{2+} + 2e^- \Longrightarrow Co + 6NH_3$	-0.422
Se(IV) - (0)	$SeO_3{}^{2-} + 3H_2O + 4e^- \Longrightarrow Se + 6OH^-$	-0.366
Cu(I) - (0)	$Cu_2O + H_2O + 2e^- \Longrightarrow 2Cu + 2OH^-$	-0.360
Tl(I) - (0)	$Tl(OH) + e^- \Longrightarrow Tl + OH^-$	-0.34
*Ag(I) - (0)	$[Ag(CN)_2]^- + e^- \Longrightarrow Ag + 2CN^-$	-0.31
Cu(II) - (0)	$Cu(OH)_2 + 2e^- \Longrightarrow Cu + 2OH^-$	-0.222
Cr(VI) - (III)	$CrO_4{}^{2-} + 4H_2O + 3e^- \Longrightarrow Cr(OH)_3 + 5OH^-$	-0.13
*Cu(I) - (0)	$[Cu(NH_3)_2]^+ + e^- \Longrightarrow Cu + 2NH_3$	-0.12
O(0) - (-I)	$O_2 + H_2O + 2e^- \Longrightarrow HO_2{}^- + OH^-$	-0.076
Ag(I) - (0)	$AgCN + e^- \Longrightarrow Ag + CN^-$	-0.017
N(V) - (III)	$NO_3{}^- + H_2O + 2e^- \Longrightarrow NO_2{}^- + 2OH^-$	0.01
Se(VI) - (IV)	$SeO_4{}^{2-} + H_2O + 2e^- \Longrightarrow SeO_3{}^{2-} + 2OH^-$	0.05
Pd(II) - (0)	$Pd(OH)_2 + 2e^- \Longrightarrow Pd + 2OH^-$	0.07
S(II·V) - (II)	$S_4O_6{}^{2-} + 2e^- \Longrightarrow 2S_2O_3{}^{2-}$	0.08
Hg(II) - (0)	$HgO + H_2O + 2e^- \Longrightarrow Hg + 2OH^-$	0.097 7
Co(III) - (II)	$[Co(NH_3)_6]^{3+} + e^- \Longrightarrow [Co(NH_3)_6]^{2+}$	0.108
Pt(II) - (0)	$Pt(OH)_2 + 2e^- \Longrightarrow Pt + 2OH^-$	0.14
Co(III) - (II)	$Co(OH)_3 + e^- \Longrightarrow Co(OH)_2 + OH^-$	0.17
Pb(IV) - (II)	$PbO_2 + H_2O + 2e^- \Longrightarrow PbO + 2OH^-$	0.247
I(V) - (-I)	$IO_3{}^- + 3H_2O + 6e^- \Longrightarrow I^- + 6OH^-$	0.26
Cl(V) - (III)	$ClO_3{}^- + H_2O + 2e^- \Longrightarrow ClO_2{}^- + 2OH^-$	0.33
Ag(I) - (0)	$Ag_2O + H_2O + 2e^- \Longrightarrow 2Ag + 2OH^-$	0.342
Fe(III) - (II)	$[Fe(CN)_6]^{3-} + e^- \Longrightarrow [Fe(CN)_6]^{4-}$	0.358
Cl(VII) - (V)	$ClO_4{}^- + H_2O + 2e^- \Longrightarrow ClO_3{}^- + 2OH^-$	0.36
*Ag(I) - (0)	$[Ag(NH_3)_2]^+ + e^- \Longrightarrow Ag + 2NH_3$	0.373
O(0) - (-II)	$O_2 + 2H_2O + 4e^- \Longrightarrow 4OH^-$	0.401
I(I) - (-I)	$IO^- + H_2O + 2e^- \Longrightarrow I^- + 2OH^-$	0.485
*Ni(IV) - (II)	$NiO_2 + 2H_2O + 2e^- \Longrightarrow Ni(OH)_2 + 2OH^-$	0.490
Mn(VII) - (VI)	$MnO_4{}^- + e^- \Longrightarrow MnO_4{}^{2-}$	0.558
Mn(VII) - (IV)	$MnO_4{}^- + 2H_2O + 3e^- \Longrightarrow MnO_2 + 4OH^-$	0.595
Mn(VI) - (IV)	$MnO_4{}^{2-} + 2H_2O + 2e^- \Longrightarrow MnO_2 + 4OH^-$	0.60

电对	方程式	$\varphi^{\ominus}$(V)
Ag(Ⅱ)-(Ⅰ)	$2AgO + H_2O + 2e^- \Longrightarrow Ag_2O + 2OH^-$	0.607
Br(Ⅴ)-(-Ⅰ)	$BrO_3^- + 3H_2O + 6e^- \Longrightarrow Br^- + 6OH^-$	0.61
Cl(Ⅴ)-(-Ⅰ)	$ClO_3^- + 3H_2O + 6e^- \Longrightarrow Cl^- + 6OH^-$	0.62
Cl(Ⅲ)-(Ⅰ)	$ClO_2^- + H_2O + 2e^- \Longrightarrow ClO^- + 2OH^-$	0.66
I(Ⅶ)-(Ⅴ)	$H_3IO_6^{2-} + 2e^- \Longrightarrow IO_3^- + 3OH^-$	0.7
Cl(Ⅲ)-(-Ⅰ)	$ClO_2^- + 2H_2O + 4e^- \Longrightarrow Cl^- + 4OH^-$	0.76
Br(Ⅰ)-(-Ⅰ)	$BrO^- + H_2O + 2e^- \Longrightarrow Br^- + 2OH^-$	0.761
Cl(Ⅰ)-(-Ⅰ)	$ClO^- + H_2O + 2e^- \Longrightarrow Cl^- + 2OH^-$	0.841
*Cl(Ⅳ)-(Ⅲ)	$ClO_2(g) + e^- \Longrightarrow ClO_2^-$	0.95
O(0)-(-Ⅱ)	$O_3 + H_2O + 2e^- \Longrightarrow O_2 + 2OH^-$	1.24

摘自 David R. Lide. Handbook of Chemistry and Physics, 78th. edition, 1997—1998。

＊摘自 J. A. Dean. Lange's Handbook of Chemistry, 13th. edition 1985。

＊＊摘自其他参考书。

附录6　常见配离子的稳定常数

(温度 298.15 K ,离子强度 $I \approx 0$)

配离子	稳定常数, β	$\lg \beta$	配离子	稳定常数, β	$\lg \beta$
$[Ag(NH_3)_2]^+$	1.11×10^7	7.05	$[Zn(CN)_4]^{2-}$	5.01×10^{16}	16.7
$[Cd(NH_3)_4]^{2+}$	1.32×10^7	7.12	$[Ag(Ac)_2]^-$	4.37	0.64
$[Co(NH_3)_6]^{2+}$	1.29×10^5	5.11	$[Cu(Ac)_4]^{2-}$	1.54×10^3	3.20
$[Co(NH_3)_6]^{3+}$	1.59×10^{35}	35.2	$[Pb(Ac)_4]^{2-}$	3.16×10^8	8.50
$[Cu(NH_3)_4]^{2+}$	2.09×10^{13}	13.32	$[Al(C_2O_4)_3]^{3-}$	2.00×10^{16}	16.30
$[Ni(NH_3)_6]^{2+}$	5.50×10^8	8.74	$[Fe(C_2O_4)_3]^{3-}$	1.58×10^{20}	20.20
$[Zn(NH_3)_4]^{2+}$	2.88×10^9	9.46	$[Fe(C_2O_4)_3]^{4-}$	1.66×10^5	5.22
$[Zn(OH)_4]^{2-}$	4.57×10^{17}	17.66	$[Zn(C_2O_4)_3]^{4-}$	1.41×10^8	8.15
$[CdI_4]^{2-}$	2.57×10^5	5.41	$[Cd(en)_3]^{2+}$	1.23×10^{12}	12.09
$[HgI_4]^{2-}$	6.76×10^{29}	29.83	$[Co(en)_3]^{2+}$	8.71×10^{13}	13.94
$[Ag(SCN)_2]^-$	3.72×10^7	7.57	$[Co(en)_3]^{3+}$	4.90×10^{48}	48.69
$[Co(SCN)_4]^{2-}$	1.00×10^3	3.00	$[Fe(en)_3]^{2+}$	5.01×10^9	9.70
$[Hg(SCN)_4]^{2-}$	1.70×10^{21}	21.23	$[Ni(en)_3]^{2+}$	2.14×10^{18}	18.33
$[Zn(SCN)_4]^{2-}$	41.7	1.62	$[Zn(en)_3]^{2+}$	1.29×10^{14}	14.11
$[AlF_6]^{3-}$	6.92×10^{19}	19.84	$[Aledta]^{2-}$	1.29×10^{16}	16.11
$[AgCl_2]^-$	1.10×10^5	5.04	$[Baedta]^{2-}$	6.03×10^7	7.78
$[CdCl_4]^{2-}$	6.31×10^2	2.80	$[Caedta]^{2-}$	1.00×10^{11}	11.00
$[HgCl_4]^{2-}$	1.17×10^{15}	15.07	$[Cdedta]^{2-}$	2.51×10^{16}	16.40
$[PbCl_3]^-$	1.70×10^3	3.23	$[Coedta]^{2-}$	1.00×10^{36}	36
$[AgBr_2]^-$	2.14×10^7	7.33	$[Cuedta]^{2-}$	5.01×10^{18}	18.70
$[Ag(CN)_2]^-$	1.26×10^{21}	21.10	$[Feedta]^{2-}$	2.14×10^{14}	14.33
$[Au(CN)_2]^-$	2.00×10^{38}	38.30	$[Feedta]^-$	1.70×10^{24}	24.23
$[Cd(CN)_4]^{2-}$	6.03×10^{18}	18.78	$[Hgedta]^{2-}$	6.31×10^{21}	21.80
$[Cu(CN)_4]^{2-}$	2.00×10^{30}	30.30	$[Mgedta]^{2-}$	4.37×10^8	8.64
$[Fe(CN)_6]^{4-}$	1.00×10^{35}	35	$[Mnedta]^{2-}$	6.31×10^{13}	13.80
$[Fe(CN)_6]^{3-}$	1.00×10^{42}	42	$[Niedta]^{2-}$	3.63×10^{18}	18.56
$[Hg(CN)_4]^{2-}$	2.51×10^{41}	41.4	$[Pbedta]^{2-}$	2.00×10^{18}	18.30
$[Ni(CN)_4]^{2-}$	2.00×10^{31}	31.3	$[Znedta]^{2-}$	2.51×10^{16}	16.40

摘自 J. A. Dean. Lange's Handbook of Chemistry, 13th. edition, 1985。

附录7　常见离子和化合物的颜色

常见离子

无色阳离子	Ag^+，Cd^{2+}，K^+，Ca^{2+}，As^{3+}（溶液中主要以 AsO_3^{3-} 存在），Pb^{2+}，Zn^{2+}，Na^+，Sr^{2+}，As^{5+}（在溶液中几乎全部以 AsO_4^{3-} 存在），Hg_2^{2+}，Bi^{3+}，NH_4^+，Ba^{2+}，Sb^{3+} 或 Sb^{5+}（主要以 $SbCl_6^{3-}$ 或 $SbCl_6^-$ 存在），Hg^{2+}，Mg^{2+}，Al^{3+}，Sn^{2+}，Sn^{4+}
有色阳离子	Mn^{2+} 浅玫瑰色,稀溶液无色;$Fe(H_2O)_6^{3+}$ 淡紫色,但平时所见 Fe^{3+} 盐溶液黄色或红棕色;Fe^{2+} 浅绿色,稀溶液无色;Cr^{3+} 绿色或紫色;Co^{2+} 玫瑰色;Ni^{2+} 绿色;Cu^{2+} 浅蓝色
无色阴离子	SO_4^{2-}，PO_4^{3-}，F^-，SCN^-，$C_2O_4^{2-}$，MoO_2^{2-}，SO_3^{2-}，BO_2^-，Cl^-，NO_3^-，S^{2-}，WO_4^{2-}，$S_2O_3^{2-}$，$B_4O_7^{2-}$，Br^-，NO_2^-，ClO_3^-，VO_3^-，CO_3^{2-}，SiO_3^{2-}，I^-，Ac^-，BrO_3^-
有色阴离子	CrO_2^{2-} 橙色;CrO_4^{2-} 黄色;MnO_4^- 紫色;MnO_4^{2-} 绿色;$Fe(CN)_6^{4-}$ 黄绿色;$Fe(CN)_6^{3-}$ 黄棕色

有特征颜色的常见无机化合物

黑色	CuO，NiO，FeO，Fe_3O_4，MnO_2，FeS，CuS，Ag_2S，NiS，CoS，PbS
蓝色	$CuSO_4 \cdot 5H_2O$，$Cu(NO_3)_2 \cdot 6H_2O$,许多水合铜盐,无水 $CoCl_2$
绿色	镍盐,亚铁盐,铬盐,某些铜盐(如 $CuCl_2 \cdot 2H_2O$)
黄色	CdS，PbO,碘化物(如 AgI),铬酸盐(如 $BaCrO_4$，K_2CrO_4)
红色	Fe_2O_3，Cu_2O，HgO，HgS^*，Pb_2O_4
粉红色	$MnSO_4 \cdot 7H_2O$ 等锰盐,$CoCl_2 \cdot 6H_2O$
紫色	亚铬盐(如$[Cr(Ac)_2]_2 \cdot 2H_2O$,高锰酸盐

* 某些人工制备的和天然产的物质有不同的颜色,如沉淀生成的 HgS 是黑色的,天然产的是朱红色。

附录8　常用缓冲溶液组成及配制

缓冲溶液组成	pK_a	缓冲液 pH	缓冲溶液配制方法
氨基乙酸 – HCl	2.35(pK_{a1})	2.3	在 500 mL 水中溶解氨基乙酸 150 g,加 80 mL 浓盐酸,稀释至 1 L
H_3PO_4 – 柠檬酸盐	—	2.5	113 g $Na_2HPO_4 \cdot 12H_2O$ 溶于 200 mL 水,加 387 g 柠檬酸,溶解,过滤,稀释至 1 L
一氯乙酸 – NaOH	2.86	2.8	在 200 mL 水中溶解 200 g 一氯乙酸后,加 40 g NaOH,溶解后,稀释至 1 L
邻苯二甲酸氢钾 – HCl	2.95(pK_{a1})	2.9	500 g 邻苯二甲酸氢钾溶于 500 mL 水中,加 80 mL 浓 HCl,稀释至 1 L
甲酸 – NaOH	3.76	3.7	95 g 甲酸和 40 g NaOH 溶于 500 mL 水中,稀释至 1 L
NH_4Ac – HAc	—	4.5	77 g NH_4Ac 溶于 200 mL 水中,加 59 mL 冰醋酸,稀释至 1 L
NaAc – HAc	4.74	4.7	83 g 无水 NaAc 溶于水中,加 60 mL 冰醋酸,稀释至 1 L
NaAc – HAc	4.74	5.0	160 g 无水 NaAc 溶于水中,加 60 mL 冰醋酸,稀释至 1 L
六亚甲基四胺 – HCl	5.15	5.4	在 200 mL 水中溶解六亚甲基四胺 40 g,加浓 HCl 100 mL,稀释至 1 L

缓冲溶液组成	pK_a	缓冲液 pH	缓冲溶液配制方法
NH_4Ac – HAc	—	6.0	600 g NH_4Ac 溶于水中,加 20 mL 冰醋酸,稀释至 1 L
NaAc – Na_2HPO_4	—	8.0	50 g 无水 NaAc 和 50 g $Na_2HPO_4\cdot 12H_2O$ 溶于水,稀释至 1 L
Tris – HCl(三羟甲基氨甲烷 $CNH_2(HOCH_3)_3$)	8.21	8.2	25 g Tris 试剂溶于水,加 18 mL 浓 HCl,稀释至 1 L
NH_3 – NH_4Cl	9.26	9.2	54 g NH_4Cl 溶于水,加 63 mL 浓氨水,稀释至 1 L
NH_3 – NH_4Cl	9.26	10.0	54 g NH_4Cl 溶于水,加 350 mL 浓氨水,稀释至 1 L

附录 9 某些氢氧化物沉淀和溶解时所需的 pH 值

氢氧化物	pH				
	开始沉淀		沉淀完全	沉淀开始溶解	沉淀完全溶解
	原始浓度 1 mol·L^{-1}	原始浓度 0.01 mol·L^{-1}			
$Sn(OH)_4$	0	0.5	1.0	13	>14
$TiO(OH)_2$	0	0.5	2.0	—	—
$Sn(OH)_2$	0.9	2.1	4.7	10	13.5
$ZrO(OH)_2$	1.3	2.3	3.8	—	—
$Fe(OH)_3$	1.5	2.3	4.1	14	—
HgO	1.3	2.4	5.0	—	—
$Al(OH)_3$	3.3	4.0	5.2	7.8	10.8
$Cr(OH)_3$	4.0	4.9	6.8	12	>14
$Be(OH)_2$	5.2	6.2	8.8	—	—
$Zn(OH)_2$	5.4	6.4	8.0	10.5	12~13
$Fe(OH)_2$	6.5	7.5	9.7	13.5	—
$Co(OH)_2$	6.6	7.6	9.2	14	—
* $Ni(OH)_2$	6.7	7.7	9.5	—	—
$Cd(OH)_2$	7.2	8.2	9.7	—	—
Ag_2O	6.2	8.2	11.2	12.7	—
* $Mn(OH)_2$	7.8	8.8	10.4	14	—
$Mg(OH)_2$	9.4	10.4	12.4	—	—
$Pb(OH)_2$		7.2	8.7	10	13

* 析出氢氧化物之前,先形成碱式盐沉淀。

附录 10 常用洗液的配制

名称	化学成分及配置方法	适用范围	说明
铬酸洗液	用 5~10 g $K_2Cr_2O_7$ 溶于少量热水中,冷后徐徐加入 100 mL 浓硫酸,搅动,得暗红色洗液,冷后注入干燥试剂瓶中盖严备用	有很强的氧化性,能浸洗去绝大多数污物	可反复使用,呈墨绿色时,说明洗液已失效。成本较高有腐蚀性和毒性,使用时不要接触皮肤及衣物。用洗刷法或其他简单方法能洗去的不用此法

名称	化学成分及配置方法	适用范围	说明
碱性高锰酸钾洗液	取 4 g 高锰酸钾溶于少量水后，加入 100 mL 10% 的 NaOH 溶液，混匀后装瓶备用。洗液呈紫红色	有强碱性和氧化性，能浸洗去各种油污	洗后若仪器壁上面有褐色二氧化锰，可用盐酸或稀硫酸或亚硫酸钠溶液洗去。可反复使用，直至碱性及紫色消失为止
磷酸钠洗液	取 57 g Na_3PO_4 和 28.5 g $C_{17}H_{33}COONa$ 溶于 470 mL 水	洗涤碳的残留物	将待洗物在洗液中泡若干分钟后涮洗
硝酸－过氧化氢洗液	15% ~ 20% 硝酸和 5% 过氧化氢混合	浸洗特别顽固的化学污物	贮于棕色瓶中，现用现配，久存易分解
强碱洗液	5% ~ 10% 的 NaOH 溶液（或 Na_2CO_3，Na_3PO_4 溶液）	常用以浸洗普通油污	通常需要用热的溶液
	浓 NaOH 溶液	黑色焦油、硫可用加热的浓碱液洗去	—
强酸溶液	稀硝酸	用以浸洗铜镜、银镜等	洗银镜后的废液可回收 $AgNO_3$
	稀盐酸	浸洗除去铁锈、二氧化锰、碳酸钙等	—
	稀硫酸	浸除铁锈、二氧化锰等	—
有机溶剂	苯、二甲苯、丙酮等	用于浸除小件异形仪器，如活栓孔、吸管及滴定管的尖端等	成本高，一般不要使用

附录 11　常见离子的特效鉴定方法

离子	试剂	鉴定反应	介质条件	反应的灵敏度		主要干扰离子	鉴定方法
				检出限 μg	最低浓度 10^{-6}		
NH_4^+	(1) NaOH	$NH_4^+ + OH^- \xrightarrow{\triangle}$ $NH_3 + H_2O$ $NH_3(g)$ 使湿润的红色石蕊试纸变蓝或使 pH 试纸呈碱性反应	强碱性	0.7 气室法 0.05	1	$CN^- + 2H_2O \xrightarrow[OH^-]{\triangle} NH_3$ $+ HCOO^-$	取 5 ~ 10 滴试液于试管中，加入 6.0 $mol \cdot L^{-1}$ NaOH，微热，并用湿润的红色石蕊试纸（或 pH 试纸）检验逸出的气体，如试纸显蓝色（或呈碱性反应），示有 NH_4^+。也可用气室法
	(2) 奈斯勒试剂 $K_2(HgI_4)$ 的碱性溶液	$NH_4^+ + OH^- \xrightarrow{\triangle}$ $NH_3 + H_2O$ $NH_3 + 2[HgI_4]^{2-} +$ $OH^- \Longrightarrow [(IHg)_2NH_2]$ $I\downarrow (红棕色) + 5I^- + H_2O$ (注：沉淀的组成也可能是 Hg_2NI)	碱性介质	0.05	1	Fe^{3+}，Cr^{3+}，Co^{2+}，Ni^{2+}，Ag^+，Hg^{2+} 等离子与奈斯勒试剂反应生成有色沉淀，干扰 NH_4^+ 离子的鉴定	取 5 ~ 10 滴试液于试管中，加入 2.0 $mol \cdot L^{-1}$ NaOH 至呈碱性，微热，并用浸奈斯勒试剂的滤纸检验逸出的气体，如有红棕色斑点出现，示有 NH_4^+

离子	试剂	鉴定反应	介质条件	反应的灵敏度 检出限 μg	反应的灵敏度 最低浓度 10^{-6}	主要干扰离子	鉴定方法
Ba^{2+}	(1) K$_2$CrO$_4$	Ba^{2+} + CrO$_4$$^{2-}$ ══ BaCrO$_4$↓(黄色) 不溶于醋酸	中性或弱酸性	70	—	Sr^{2+}、Zn^{2+}、Hg^{2+}、Ni^{2+}、Pb^{2+}、Ag$^+$ 等离子与 CrO$_4$$^{2-}$ 反应生成有色沉淀,干扰 Ba^{2+} 离子的鉴定	取 4~6 滴试液,加入 6 mol·L^{-1} HAc 酸化,加 3~4 滴 0.1 mol·L^{-1} K$_2$CrO$_4$,若有黄色沉淀产生,示有 Ba^{2+}。若试液中含有 Hg^{2+}、Pb^{2+}、Ag$^+$ 等应先加入 NH$_3$·H$_2$O 至呈碱性后,加 Zn 粉少许(使 Hg^{2+} 离子等还原为金属),沸水浴加热 1~2 min,并不断搅拌,离心分离,取上清液鉴定
Ba^{2+}	(2)焰色反应	挥发性钡盐使火焰呈黄绿色	—	—	—		用一端弯成小圈的铂金浸沾 HCl,在酒精喷灯的氧化焰中灼烧,反复几次,至火焰近无色,然后蘸取试液在酒精喷灯的氧化焰中灼烧,若火焰呈黄绿色,示有 Ba^{2+}(试液中的 Ba 应以氯化物的形式存在)
Ca^{2+}	(1)(NH$_4$)$_2$C$_2$O$_4$	Ca^{2+} + C$_2$O$_4$$^{2-}$ ══ CaC$_2$O$_4$↓(白色) 沉淀溶于强酸不溶于醋酸	pH>4	1	20	Sr^{2+}、Ba^{2+}、Bi^{3+}、Pb^{2+} 等离子与 C$_2$O$_4$$^{2-}$ 反应生成沉淀,干扰 Ca^{2+} 离子的鉴定	于试管中加 1 滴试液,1 滴 EDTA(100 g/L),加热 30 s,加 1 滴 Al(NO$_3$)$_3$(100 g/L),1 滴乙酸缓冲液,2 滴饱和(NH$_4$)$_2$C$_2$O$_4$,水浴加热,若有白色沉淀析出,示有 Ca^{2+}
Ca^{2+}	(2)焰色反应	挥发性钙盐使火焰呈砖红色	—	—	—		用一端弯成小圈的铂金浸沾 HCl,在酒精喷灯的氧化焰中灼烧,反复几次,至火焰近无色,然后蘸取试液在酒精喷灯的氧化焰中灼烧,若火焰呈砖红色,示有 Ca^{2+}(试液中的 Ca 应以氯化物的形式存在)
Sr^{2+}	焰色反应	挥发性锶盐使火焰呈猩红色	—	—	—	大量 Ca^{2+} 干扰 Sr^{2+} 离子的鉴定	用一端弯成小圈的铂金浸沾 HCl,在酒精喷灯的氧化焰中灼烧,反复几次,至火焰近无色,然后蘸取试液在酒精喷灯的氧化焰中灼烧,若火焰呈猩红色,示有 Sr^{2+}(试液中的 Sr 应以氯化物的形式存在)

离子	试剂	鉴定反应	介质条件	反应的灵敏度		主要干扰离子	鉴定方法
				检出限 μg	最低浓度 10^{-6}		
Al^{3+}	Al 试剂	Al 试剂 + Al^{3+} $\xrightarrow[\text{水浴}]{\Delta}$ 红色絮状沉淀	pH 6~7	0.1	2	Cu^{2+}，Bi^{3+}，Fe^{3+}，Cr^{3+}，Ca^{2+} 等干扰 Al^{3+} 离子的检出。Bi^{3+}、Fe^{3+} 离子应预先除去。Cu^{2+}，Cr^{3+} 与 Al 试剂形成的螯合物可被 $NH_3 \cdot H_2O$ 分解，Ca 形成的沉淀可被 $(NH_4)_2CO_3$ 分解	取 3~4 滴试液于试管中，加入 6.0 $mol \cdot L^{-1}$ HAc 酸化，调 pH 为 3~7，加 3 滴 Al 试剂振荡后水浴加热。若有红色沉淀，示有 Al^{3+} 离子。若未知液中有干扰离子，可视情况加 6.0 $mol \cdot L^{-1}$ NaOH 碱化，加 2 滴 3% H_2O_2，水浴 2 min，离心分离，再用 6.0 $mol \cdot L^{-1}$ HAc 酸化清夜，调 pH 为 6~7 进行鉴定
Sn^{2+}	$HgCl_2$	$2HgCl_2 + Sn^{2+} + 4Cl^- \longrightarrow Hg_2Cl_2 \downarrow$ （白） $+ [SnCl_6]^{2-}$，$Hg_2Cl_2 + Sn^{2+} + 4Cl^- \longrightarrow 2Hg \downarrow$ （黑） $+ [SnCl_6]^{2-}$	酸性介质	1	20	—	取 2 滴试液于试管中，加 1 滴 6.0 $mol \cdot L^{-1}$ HCl 酸化，加 2 滴 $HgCl_2$，如有白色或黑色沉淀，示有 Sn^{2+}
Pb^{2+}	K_2CrO_4	$Pb^{2+} + CrO_4^{2-} \Longrightarrow PbCrO_4 \downarrow$ （黄色） 沉淀难溶于稀 HNO_3 及 HAc，也不溶于 $NH_3 \cdot H_2O$，可溶于 NaOH 及浓 HNO_3	中性或弱酸性	20	250	Ba^{2+}，Sr^{2+}，Ag^+，Hg^{2+}，Ni^{2+}，Zn^{2+} 等离子干扰 Pb^{2+} 离子的鉴定	取 2~4 滴试液于试管中，加 2 滴 6.0 $mol \cdot L^{-1}$ HAc 使溶液呈弱酸性，再加 2 滴 0.1 $mol \cdot L^{-1}$ K_2CrO_4，若有黄色沉淀，示有 Pb^{2+}。若有干扰离子存在，应先加 6 $mol \cdot L^{-1}$ H_2SO_4 加热几分钟，搅拌，使 Pb^{2+} 沉淀完全，离心分离，在沉淀中加入过量 6.0 $mol \cdot L^{-1}$ NaOH 并搅拌，使 $PbSO_4$ 转化为 $Pb(OH)^{3-}$ 离子分离。在清液中加 6.0 $mol \cdot L^{-1}$ HAc，再加 2 滴 0.1 $mol \cdot L^{-1}$ K_2CrO_4 鉴定

离子	试剂	鉴定反应	介质条件	反应的灵敏度		主要干扰离子	鉴定方法
				检出限 μg	最低浓度 10^{-6}		
Sb^{3+}	Sn 片	$2Sb^{3+} + 3Sn \Longrightarrow$ $2Sb\downarrow(黑) + 3Sn^{2+}$	酸性	20	400	Ag^+，Hg^{2+}，AsO_2^-，Bi^{3+} 等也能与 Sn 片发生氧化还原反应析出相应的金属（黑色沉淀）干扰 Sb^{3+} 离子的检出	取 1 滴试液滴于 Sn 片上，若有黑色沉淀析出，示有 Sb^{3+}。若试液中含有干扰离子，可用 $0.5\ mol \cdot L^{-1}$ $(NH_4)_2S$ 约 5 滴，充分搅拌，水浴加热 5 min 左右，离心分离。在清液中加 $6.0\ mol \cdot L^{-1}$ HCl 酸化，使溶液呈弱酸性，并加热 3 ~ 5 min，离心分离。沉淀中加 3 滴浓 HCl，再加热使 Sb_2S_3 溶解，取出此溶液在 Sn 片上滴 1 滴，若有显色色沉淀出现，用水洗去酸，再加 1 滴新配制的 NaBrO 溶液处理，黑色沉淀不消失（如溶液中有 As^{3+}，则黑色沉淀消失），示有 Sb^{3+}
Bi^{3+}	$Na_2[Sn(OH)_4]$	$2Bi^{3+} + 6OH^- +$ $3[Sn(OH)_4]^{2-} \longrightarrow$ $2Bi\downarrow(黑) +$ $3[Sn(OH)_6]^{2-}$ 其中 $Na_2[Sn(OH)_4]$ 溶液必须配现用。 注意： 1. 此反应不能加浓碱和加热； 2. $Na_2[Sn(OH)_4]$ 放置也会变化	强碱性	0.1	2	Ag^+，Hg^{2+}，Pb^{2+} 等的存在会慢慢地被 $[Sn(OH)_4]^{2-}$ 还原而析出黑色金属，干扰 Bi^{3+} 离子的检出	取 1~2 滴试液于点滴板上，加 2~3 滴新配制的 $Na_2[Sn(OH)_4]$ 溶液，如有黑色沉淀，示有 Bi^{3+}。若试液中有干扰离子存在，如 Cu^{2+} 和 Cd^{2+}，应先加浓 $NH_3 \cdot H_2O$，使 Bi^{3+} 以 $Bi(OH)_3$ 沉淀，离心分离，洗涤沉淀，在沉淀中加少量新配制的 $Na_2[Sn(OH)_4]$ 溶液，如有黑色沉淀，示有 Bi^{3+}

离子	试剂	鉴定反应	介质条件	反应的灵敏度		主要干扰离子	鉴定方法
				检出限 μg	最低浓度 10^{-6}		
Cr^{3+}	（1）$NaOH$，H_2O_2，HNO_3，戊醇（或乙醚）萃取	$Cr^{3+} + 4OH^- \longrightarrow$ $[Cr(OH)_4]^-$ $2[Cr(OH)_4]^- + 3H_2O_2$ $+ 2OH^- \xrightarrow{\Delta} 2CrO_4^{2-} +$ $8H_2O$ $2CrO_4^{2-} + 2H^+ \Longrightarrow$ $Cr_2O_7^{2-} + H_2O$ $Cr_2O_7^{2-} + 4H_2O_2 + 2H^+$ $\xrightarrow{冷却} 2H_2CrO_6（蓝，不稳）$ $+ 3H_2O$ 当 $pH < 1$ 时 $4H_2CrO_6 + 12H^+ \Longrightarrow$ $4Cr^{3+} + 12O_2 + 10H_2$ 过铬酸在戊醇（或乙醚）中稳定，此鉴定反应酸化后应在较低温度进行	碱性介质 酸性介质 $pH = 2 \sim 3$	5	50	—	取 $1 \sim 2$ 滴试液于试管中，加 2.0 $mol \cdot L^{-1}$ $NaOH$ $3 \sim 4$ 滴至沉淀溶解，再多加 $1 \sim 2$ 滴，然后加 3% H_2O_2 $6 \sim 8$ 滴，微热至溶液由绿变黄色，先冷却（稍冷后用冰水冷却）后加 10 滴戊醇（或乙醚），5 滴 3% H_2O_2，再缓慢滴加 6.0 $mol \cdot L^{-1}$ HNO_3，每加 1 滴必须充分振荡，如戊醇层呈蓝色，示有 Cr^{3+}
	（2）H_2O_2，$Pb(NO_3)_2$（或 $AgNO_3$，$BaCl_2$），HAc	$Cr^{3+} + 4OH^- \longrightarrow$ $[Cr(OH)_4]^-$ $2[Cr(OH)_4]^- +$ $3H_2O_2 + 2OH^- \xrightarrow{\Delta}$ $2CrO_4^{2-} + 8H_2O$ $Pb^{2+} + CrO_4^{2-} \longrightarrow$ $PbCrO_4\downarrow（黄）$ $2Ag^+ + CrO_4^{2-} \longrightarrow$ $Ag_2CrO_4\downarrow（砖红）$ $Ba^{2+} + CrO_4^{2-} \longrightarrow$ $BaCrO_4\downarrow（黄）$	碱性介质或弱酸性介质	—	—	凡能与 CrO_4^{2-} 反应形成有色沉淀的 M^{n+} 均干扰 Cr^{3+} 的检出	取 $1 \sim 2$ 滴试液于试管中，加 4 滴 6.0 $mol \cdot L^{-1}$ $NaOH$ 至沉淀溶解，再多加 $1 \sim 2$ 滴，然后加 3% H_2O_2 $6 \sim 8$ 滴，微热至溶液由绿变黄色冷却（稍后用冷水冷却）后，加 6.0 $mol \cdot L^{-1}$ HAc 至酸性，加 0.1 $mol \cdot L^{-1}$ $Pb(NO_3)_2$，若有黄色沉淀产生，示有 Cr^{3+}
Fe^{2+}	$K_3[Fe(CN)_6]$	$pH > 7$ 时，$xK^+ + xFe^{2+}$ $+ x[Fe(CN)_6]^{3-} \longrightarrow$ $[KFe(III)(CN)_6Fe(II)]_x\downarrow$ （深蓝色） 又称滕氏蓝，沉淀能被 $NaOH$、KOH 分解生成 $Fe(OH)_2$	酸性介质	0.1	2	—	取 1 滴试液于点滴板上，加 1 滴 2 $mol \cdot L^{-1}$ HCl 酸化，加 1 滴 0.1 $mol \cdot L^{-1}$ $K_3[Fe(CN)_6]$，如有蓝色沉淀，示有 Fe^{2+}

离子	试剂	鉴定反应	介质条件	反应的灵敏度		主要干扰离子	鉴定方法
				检出限 μg	最低浓度 10^{-6}		
Fe^{3+}	(1)$K_4[Fe(CN)_6]$	$xK^+ + xFe^{3+} +$ $x[Fe(CN)_6]^{4-} \longrightarrow$ $[KFe(II)(CN)_6Fe(III)]_x \downarrow$ 深蓝色沉淀不溶于稀酸但能被浓 HCl 分解,也能被强碱分解生成$Fe(OH)_3$	酸性介质	0.05	1	—	取 1 滴试液于点滴板上,加 1 滴 $2.0\ mol \cdot L^{-1}$ HCl 酸化,加 1 滴 $0.1\ mol \cdot L^{-1}\ K_4[Fe(CN)_6]$, 如有蓝色沉淀,示有 Fe^{3+}
	(2)KSCN 或 NH_4SCN	$Fe^{3+} + nSCN^- \longrightarrow$ $[Fe(NCS)_n]^{3-n}$ $(n=1 \sim 6)$血红色 反应不能在碱性介质中进行 $[Fe(NCS)_n]^{3-n} +$ $3OH^- \Longrightarrow Fe(OH)_3 +$ $3SCN^-$浓酸使试剂分解	酸性介质	0.25	5	Fe^{3+} 与 SCN^- 形成红色 $[FeSCN]^{2-}$。H_3PO_4, $H_2C_2O_4$, HIO_3, HBO_3, HAc,氟化物、酒石酸、柠檬酸等均与 Fe^{3+} 形成稳定的配合离子,干扰鉴定。Fe^{2+}, Cr^{3+}, Co^{2+}, Ni^{2+} 降低反应的灵敏度	取 1 滴试液于点滴板上,加 1 滴 $2.0\ mol \cdot L^{-1}$ HCl 酸化及 1 滴 $0.1\ mol \cdot L^{-1}$KSCN,如溶液呈血红色,示有 Fe^{3+}
Co^{2+}	KSCN 或 NH_4 SCN 丙酮或戊醇	$Co^{2+} + 4SCN^- \xrightarrow{\text{丙酮}}$ $[Co(NCS)_4]^{2-}$(蓝色) $[Co(NCS)_4]^{2-}$ 在水中不稳定,在丙酮或戊醇中稳定	弱酸性或中性	0.5	10	Fe^{3+} 和大量 Ni^{2+} 都会干扰 Co^{2+} 的检出	取 3 滴试液于试管中,加 5 滴丙酮,再加入饱和 KSCN 5 滴,充分振荡后(可用冰水冷却片刻),若出现鲜艳的蓝色,示有 Co^{2+}。若有 Fe^{3+} 存在可加 NH_4F 掩蔽
Ni^{2+}	丁二酮肟	$Ni^{2+} + 2(CH_3C=$ $NOH)_2 \Longrightarrow Ni(丁二肟)_2$ $\downarrow$(鲜红色)	弱碱性	0.1	3	大量 Fe^{2+}, Fe^{3+}, Co^{2+}, Cu^{2+}, Mn^{2+}, Cr^{3+} 与 $NH_3 \cdot H_2O$ 或试剂产生有色沉淀或可溶性物质干扰 Ni^{2+} 的检出	取 1 滴试液于点滴板上,加 1 滴 $2.0\ mol \cdot L^{-1}$ $NH_3 \cdot H_2O$ 及 $1 \sim 2$ 滴1% 丁二酮肟,若有鲜红色沉淀生成,示有 Ni^{2+}

离子	试剂	鉴定反应	介质条件	反应的灵敏度		主要干扰离子	鉴定方法
				检出限 μg	最低浓度 10^{-6}		
Cu^{2+}	$K_4[Fe(CN)_6]$	$2Cu^{2+} + [Fe(CN)_6]^{4-}$ $\longrightarrow Cu_2[Fe(CN)_6]\downarrow$ 红褐色沉淀难溶于稀 HCl、HAc 及 $NH_3 \cdot H_2O$, 但溶于液 NH_3 $Cu_2[Fe(CN)_6] +$ $8NH_3 \longrightarrow$ $2[Cu(NH_3)_4]^{2+} +$ $[Fe(CN)_6]^{4-}$ 沉淀易被 $NaOH$ 溶液转化为 $Cu(OH)_2$ $Cu_2[Fe(CN)_6] +$ $4OH^- \longrightarrow 2Cu(OH)_2$ $+[Fe(CN)_6]^{4-}$	中性或弱酸性	0.02	0.4	Fe^{3+}干扰 Cu^{2+}的检出	取 1 滴试液于点滴板上,加 2 滴 $0.1 \, mol \cdot L^{-1}$ $K_4[Fe(CN)_6]$,若有红棕色沉淀,示有 Cu^{2+}。若有干扰离子,可先加 NH_4F 掩蔽 Fe^{3+},或加 $6.0 \, mol \cdot L^{-1} NH_3 \cdot H_2O/$ $1.0 \, mol \cdot L^{-1} NH_4Cl$,使 Fe^{3+}先沉淀除去再检验 Cu^{2+}
Ag^+	HCl	$Ag^+ + Cl^- \Longrightarrow AgCl\downarrow$ (白色) 沉淀溶于过量 $2.0 \, mol \cdot L^{-1}NH_3 \cdot H_2O$ 及浓 HCl, 而 $[Ag(NH_3)_2]Cl$ 溶液加 HNO_3 后又会出现 $AgCl$ 沉淀。 $[Ag(NH_3)_2]Cl + 2H^+$ $\Longrightarrow AgCl\downarrow + 2NH_4^+$	酸性介质	0.5	10	Pb^{2+}、Hg_2^{2+} 也与 Cl^- 形成白色沉淀干扰其检出,但 $PbCl_2$ 难溶于氨水故可分离	取 2 滴试液于试管中,加 2 滴 $2.0 \, mol \cdot L^{-1}$ HCl,若有白色沉淀,水浴加热 1~2 min,离心分离。沉淀用热蒸馏水洗涤一次,若沉淀加 $6 \, mol \cdot L^{-1}$ $NH_3 \cdot H_2O$ 溶解,再加 $2 \, mol \cdot L^{-1} HNO_3$,振荡,若有白色沉淀,示有 Ag^+。若加 $NH_3 \cdot H_2O$ 后仍有不溶物,则表示有干扰离子。此时应分离取上清液,加 $2.0 \, mol \cdot L^{-1}$ HNO_3,振荡,若有白色沉淀,示有 Ag^+ 或加 $0.1 \, mol \cdot L^{-1} KI$,若有黄色沉淀,示有 Ag^+

离子	试剂	鉴定反应	介质条件	检出限 μg	最低浓度 10^{-6}	主要干扰离子	鉴定方法
Cd^{2+}	(1) Na_2S, HCl, NH_4Ac	$Cd^{2+} + H_2S \rightleftharpoons CdS\downarrow$（黄）$+2H^+$ $Cd^{2+} + S^{2-} \rightleftharpoons CdS\downarrow$（黄） 沉淀溶于 6 mol·$L^{-1}$ HCl 和稀 HNO_3，而不溶于 Na_2S,（NH_4）$_2S$, NaOH, KCN 和 HAc	酸性介质	5	100	凡能与 H_2S 或 Na_2S 生成有色沉淀的 M^{n+} 均对 Cd^{2+} 的检出有干扰。可控制酸度使之与干扰离子分离	取 1~2 滴试液于试管中，加 5 滴 2.0 mol·L^{-1} HCl、2 滴 0.1 mol·L^{-1} Na_2S，或在试液中加入饱和 H_2S 或硫代乙酰胺，若有黄色沉淀，示有 Cd^{2+}。若溶液中含有其他干扰离子，应控制溶液酸度（使干扰离子生成沉淀），离心分离，在清液中加 NH_4Ac 溶液（30%）使酸度降低，如有黄色沉淀，示有 Cd^{2+}
	(2) 试镉灵 2B	Cd(OH)$_2$ 同试剂形成红色沉淀，试剂本身呈现蓝色	—	0.025	0.8	Ag^+，Cu^{2+}，Hg^{2+}，Ni^{2+}，Co^{2+}，Fe^{3+}，Cr^{3+}，Mg^{2+} 干扰，先用 HCl 除去 Ag^+，加入酒石酸钾钠掩蔽	放 1 滴试剂在反应纸上，加 1 滴试液（先调成微酸性，并含有少量酒石酸钾钠）然后加 1 滴 2.0 mol·L^{-1} KOH，产生一个红色斑点并被蓝色围绕，示有 Cd^{2+}。也可在离心试管中鉴定，离心后有红色沉淀示有 Cd^{2+}
Hg^{2+}	(1) $SnCl_2$	同 Sn^{2+} 的反应	酸性介质	—	—		取 2 滴试液，加入 2~3 滴 0.1 mol·L^{-1} $SnCl_2$，如有白色沉淀并逐渐变成黑色，示有 Hg^{2+}
	(2) $CuSO_4$、KI、Na_2SO_3	$Hg^{2+} + 4I^-$（过量）$\rightleftharpoons$ $[HgI_4]^{2-}$（无色） $2Cu^{2+} + 4I^- \rightleftharpoons$ $2CuI\downarrow$（白）$+ I_2$ $2CuI(s) + [HgI_4]^{2-}$ $\rightleftharpoons Cu_2(HgI_4) + 2I^-$（橙红色） $SO_3^{2-} + I_2 + H_2O \rightleftharpoons$ $SO_4^{2-} + 2H^+ + 2I^-$（目的是消除 I_2 的黄棕色）	中性或微酸性介质中	0.003	0.1	WO_4^{2-},MoO_4^{2-} 干扰	取 2 滴试液于试管中，加 0.1 mol·L^{-1} KI 至沉淀溶解后，加 3~4 滴 0.1 mol·L^{-1} $CuSO_4$，再加入 Na_2SO_3(s) 少许，边振荡边观察至出现橙红色沉淀，示有 Hg^{2+} 注：Cu_2(HgI_4) 与 HgI_2 颜色相似，为证实此沉淀不是 HgI_2，可加 KI，不溶证实是 Cu_2(HgI_4)

离子	试剂	鉴定反应	介质条件	反应的灵敏度		主要干扰离子	鉴定方法
				检出限 μg	最低浓度 10^{-6}		
Zn^{2+}	二苯硫腙(俗名大萨宗)	$1/2Zn^{2+}$ + $\begin{matrix}HN—NHPh\\C=S\\N=NPh\end{matrix}$ $\rightleftharpoons$ $\begin{matrix}HN—NHPh\\C=S\\N=NPh\end{matrix} \rightarrow Zn^{2+}/2(s)$ + H^+ 紫红色溶于 CCl_4 为棕色	弱碱性	—	—	在中性或弱酸性条件下,很多重金属离子都能和二苯硫腙形成有色的配合物,因而必须在强碱性介质中	取 2 滴试液于试管中,加入 5 滴 6.0 mol·L^{-1} NaOH,10 滴 CCl_4,加 2 滴 0.01% 二苯硫腙振荡,如水层呈粉红色,CCl_4 层由绿色变成棕色,示有 Zn^{2+}
Mn^{2+}	$NaBiO_3(s)$,HNO_3 或 H_2SO_4	$2Mn^{2+}$ + $14H^+$ + $5NaBiO_3(s) \longrightarrow 2MnO_4^-$ + $5Bi^{3+}$ + $5Na^+$ + $7H_2O$ (紫红色) 此反应在常温下即可进行	强酸性介质	0.8	16	Cr^{3+} 浓度大时稍有干扰,Cl^-、Br^-、I^-、H_2O_2 等还原性离子的存在影响此鉴定反应	取 3~5 滴试液于试管中,加入 3~5 滴 6.0 mol·L^{-1} HNO_3,加 $NaBiO_3(s)$ 少许,振荡后,静置片刻,如溶液呈紫色,示有 Mn^{2+} 注:Mn^{2+} 的检出也可用 PbO_2、$(NH_4)_2S_2O_8$ 试剂氧化 Mn^{2+} 为 MnO_4^-。但此方法最简单
Cl^-	$AgNO_3$	Cl^- + Ag^+ $=\!=\!=$ $AgCl\downarrow$ (白色) 沉淀溶于过量稀 $NH_3·H_2O$ 及 $(NH_4)_2CO_3$ 中 $AgCl$ + $2NH_3$ $=\!=\!=$ $[Ag(NH_3)_2]^+$ + Cl^- 加 HNO_3 或 I^- 得到白色 $AgCl$ 或黄色 $AgI\downarrow$。	酸性介质	0.05	—	SCN^- 也能生成白色沉淀 $AgSCN$,故 SCN^- 对 Cl^- 有干扰,但 $AgSCN$ 不溶于 $NH_3·H_2O$	取 2 滴试液于试管中,加 1 滴 2.0 mol·L^{-1} $AgNO_3$,若有白色沉淀生成,则加过量的 2.0 mol·L^{-1} $NH_3·H_2O$,若沉淀溶解再加 6.0 mol·L^{-1} HNO_3,振荡,若沉淀复现,示有 Cl^-。若有干扰离子应先分离再进行鉴定
Br^-	Cl_2水 CCl_4(或苯)	$2Br^-$ + Cl_2 $=\!=\!=$ $2Cl^-$ + $Br_2(l)$ Br_2 易溶于 CCl_4 或苯中呈黄或红棕色	中性或酸性介质	50	100	—	取试液于试管中,加 1 滴 2.0 mol·L^{-1} H_2SO_4 酸化,加 CCl_4 和 2 滴 Cl_2 水,充分振荡,若 CCl_4 层呈黄色或棕色,示有 Br^-

离子	试剂	鉴定反应	介质条件	反应的灵敏度		主要干扰离子	鉴定方法
				检出限 μg	最低浓度 10^{-6}		
I^-	Cl_2水 CCl_4(或苯)	$2I^- + Cl_2 \Longrightarrow 2Cl^- + I_2(s)$ I_2易溶于CCl_4呈紫红色	中性或酸性介质	—	—	—	同上。若CCl_4层呈紫红色,示有I^-。若溶液为Br^-、I^-混合液,加Cl_2水后CCl_4层出现紫红色,继续加Cl_2水,紫色褪去后CCl_4层出现黄棕色
SO_4^{2-}	$BaCl_2$	$SO_4^{2-} + Ba^{2+} \Longrightarrow BaSO_4 \downarrow$(白色) 沉淀不溶于 HCl 及 HNO_3	酸性介质	5	100	CO_3^{2-},SO_3^{2-}与Ba^{2+}也产生白色沉淀而干扰SO_4^{2-}的检出	取2~3滴试液于试管中,加 2~3 滴 6.0 mol·L^{-1} HCl,再加 1~2 滴 0.1 mol·L^{-1} $BaCl_2$,若有白色沉淀生成示有SO_4^{2-}。若有干扰离子应多加 HCl,至无气体产生后再加 $BaCl_2$
SO_3^{2-}	$Na_2[Fe(CN)_5NO]$ $ZnSO_4$ $K_4[Fe(CN)_6]$	SO_3^{2-}与$Na_2[Fe(CN)_5NO]$、$ZnSO_4$、$K_4[Fe(CN)_6]$三种溶液反应生成红色沉淀,其组成尚不清楚,在酸性介质红色沉淀消失	中性介质	3.5	71	S^{2-}干扰SO_3^{2-}的检出	在点滴板上,加1滴饱和$ZnSO_4$,1 滴 0.1 mol·L^{-1} $K_4[Fe(CN)_6]$及 1 滴 1% $Na_2[Fe(CN)_5NO]$(亚硝酰铁氰化钠),若有红色沉淀生成,示有SO_3^{2-}。如有干扰离子,应取 5~10 滴试液,加 $PbCO_3(s)$直至除净后离心分离,取清液鉴定
$S_2O_3^{2-}$	$AgNO_3$	$S_2O_3^{2-} + 2Ag^+ \Longrightarrow Ag_2S_2O_3 \downarrow$(白) $Ag_2S_2O_3$不稳定,易水解 $Ag_2S_2O_3(s, 白) + H_2O \Longrightarrow Ag_2S(s, 黑) + 2H^+ + SO_4^{2-}$ 故颜色变化为白→黄→棕→黑	中性介质	—	—	S^{2-}干扰$S_2O_3^{2-}$的检出	取 1 滴试液于点滴板上,加 2 滴 0.1 mol·L^{-1} $AgNO_3$,若有白色沉淀,并很快变为黄→棕→黑色沉淀,示有$S_2O_3^{2-}$。若试液中含有S^{2-},必须除净(用$PbCO_3$)后才能进行鉴定

207

离子	试剂	鉴定反应	介质条件	反应的灵敏度		主要干扰离子	鉴定方法
				检出限 μg	最低浓度 10^{-6}		
S^{2-}	$Na_2[Fe(CN)_5NO]$	$S^{2-} + [Fe(CN)_5NO]^{2-}$ $== [Fe(CN)_5NOS]^{4-}$ (紫红色)	碱性介质	1	20	—	取 1 滴试液于点滴板上，加 1 滴 2.0 mol·L^{-1} NaOH 或 NH$_3$·H$_2$O 和 1 滴 1% Na$_2$[Fe(CN)$_5$NO]，若溶液呈紫红色，示有 S^{2-}
NO_2^-	(1) FeSO$_4$(s)，HAc	$Fe^{2+} + NO_2^- + 2HAc$ $== Fe^{3+} + NO\uparrow +$ $2Ac^- + H_2O$ $Fe^{2+} + NO ==$ $[Fe(NO)]^{2+}$(棕色)	—	—	—	Br$^-$，I$^-$ 及其他能与 Fe^{2+} 形成有色化合物的无色阴离子均干扰 NO$_2^-$ 的检出	取 5 滴试液于试管中，在试管中加入少许 FeSO$_4$ 振荡，使之溶解后，加入 10 滴 2.0 mol·L^{-1}HAc，若有棕色出现，示有 NO$_2^-$
	(2) 对氨基苯磺酸，α-萘胺	—	中性或乙酸介质	0.01	0.2	—	于点滴板上加 1 滴试液，用 2.0 mol·L^{-1}HAc 酸化，再依次加入对氨基苯磺酸及 α-萘胺各 1 滴，产生红色染料，表示示有 NO$_2^-$
NO_3^-	FeSO$_4$(s)，浓 H$_2$SO$_4$	$3Fe^{2+} + NO_3^- + 4H^+$ $== 3Fe^{3+} + NO\uparrow$ $+2 H_2O$ $Fe^{2+} + NO ==$ $[Fe(NO)]^{2+}$ 在试液与浓 H$_2$SO$_4$ 分层处呈棕色环	酸性介质	2.5	40	Br$^-$，I$^-$，CrO$_4^{2-}$，MnO$_4^-$，SO$_3^{2-}$，S$_2$O$_3^{2-}$ 干扰，NO$_2^-$ 有同样的反应，故上述离子均干扰反应	取 5 滴试液于试管中，加入少许 FeSO$_4$ 振荡，使之溶解，将试管斜持，沿试管壁缓慢滴入 10 滴浓 H$_2$SO$_4$，若浓 H$_2$SO$_4$ 与试液交界有棕色环出现，示有 NO$_3^-$。若试液中含干扰离子，取 10 滴试液，先加 5 滴 2.0 mol·L^{-1} H$_2$SO$_4$，加 20 滴 0.02 mol·L^{-1} Ag$_2$SO$_4$ 振荡，离心分离，在清液中加尿素，并微热，然后进行上述鉴定实验

离子	试剂	鉴定反应	介质条件	反应的灵敏度		主要干扰离子	鉴定方法
				检出限 μg	最低浓度 10^{-6}		
PO_4^{3-}	(1) $(NH_4)_2MoO_4$, 浓 HNO_3	$PO_4^{3-} + 3NH_4^+ + 12MoO_4^{2-} + 24H^+$（过量）$\xrightarrow[\triangle]{水浴} (NH_4)_3 PO_4 \cdot 12MoO_3 \cdot 6H_2O(s,黄) + 6H_2O$ 注:A. 加 HNO_3 加热的目的是除去还原性离子。 $SO_3^{2-} + 2NO_3^- + 2H^+ \Longrightarrow SO_4^{2-} + 2NO_2(g) + H_2O$ $3S^{2-} + 2HNO_3 + 6H^+ \Longrightarrow 3S(s) + 2NO(g) + 4H_2O$ $S_2O_3^{2-} + 2NO_3^- + 2H^+ \Longrightarrow SO_4^{2-} + 2NO(g) + SO_2(g) + H_2O$ 若无还原性干扰离子，不必加 HNO_3 B. 产物能溶于过量磷酸盐生成配合物	HNO_3介质	1	20	（1）SO_3^{2-}，$S_2O_3^{2-}$，S^{2-}，I^-，Sn^{2+} 等还原性物质存在时，$(NH_4)_2MoO_4$ 还原为低价钼的化合物——钼蓝，使溶液呈蓝色 （2）SiO_3^{2-}，AsO_4^{3-} 与 $(NH_4)_2MoO_4$ 也可形成类似的黄色沉淀 （3）大量 Cl^- 可与 Mo(Ⅵ)形成配合物，降低灵敏度	取5滴试液于试管中，加入10滴 HNO_3，振荡，并水浴加热 1~2 min。稍冷后，加入 20 滴 $(NH_4)_2MoO_4$ 溶液，水浴加热(50~60 ℃)，若有黄色沉淀出现，示有 PO_4^{3-}
	(2)$AgNO_3$	$3Ag^+ + PO_4^{3-} \Longrightarrow Ag_3PO_4 \downarrow (黄)$	中性或弱酸性介质	—	—	CrO_4^{2-}，S^{2-}，I^-，$S_2O_3^{2-}$，AsO_4^{3-}，AsO_3^{3-} 等能与 Ag^+ 生成有色沉淀，干扰 PO_4^{3-} 的检出	取2滴试液于试管中，加入 2~3 滴 $0.1\ mol \cdot L^{-1}$ $AgNO_3$，振荡，若有黄色沉淀出现，表示有 PO_4^{3-}。若有干扰离子，可用方法(1)鉴定

离子	试剂	鉴定反应	介质条件	反应的灵敏度		主要干扰离子	鉴定方法
				检出限 μg	最低浓度 10^{-6}		
CO_3^{2-}	稀 HCl（或稀 H_2SO_4）、$Ba(OH)_2$	$CO_3^{2-} + 2H^+ \!=\!=\! CO_2\uparrow + H_2O$ CO_2 使饱和 $Ba(OH)_2$ 溶液变浑浊 $CO_2 + 2OH^- + Ba^{2+} \!=\!=\! BaCO_3\downarrow(白) + H_2O$	—	—	—	SO_3^{2-} 和 $S_2O_3^{2-}$ 与酸作用后产生 SO_2 也能使 $Ba(OH)_2$ 溶液变浑浊,应在加酸前加 H_2O_2 或 $KMnO_4$ 溶液,使之氧化为 SO_4^{2-} 而消除干扰	取 10 滴试液于试管中,加入 10 滴 6.0 mol·L^{-1} HCl 并立即用带有滴管（滴管中盛 2～3 滴澄清的饱和 $Ba(OH)_2$ 溶液）的软木塞（或胶塞）塞紧管口,若有气泡产生并使 $Ba(OH)_2$ 溶液变浑浊,表示有 CO_3^{2-}。若含有干扰离子,可在加 HCl 前先加 H_2O_2,水浴加热 2～3 min 除去干扰离子后再加酸进行鉴定

附录 12　常用基准物质及其干燥条件与应用

基准物	标定对象	干燥温度及时间
$Na_2B_4O_7 \cdot 10H_2O$	酸	NaCl 蔗糖饱和溶液干燥器在室温下保存
邻苯二甲酸氢钾	NaOH	105～110 ℃干燥 1 h
$Na_2C_2O_4$	$KMnO_4$	105～110 ℃干燥 2 h
$K_2Cr_2O_7$	$Na_2S_2O_3$、$FeSO_4$	130～140 ℃加热 0.5～1 h
$KBrO_3$	$Na_2S_2O_3$	120 ℃干燥 1～2 h
KIO_3	$Na_2S_2O_3$	105～120 ℃干燥
As_2O_3	I_2	硫酸干燥器中干燥至恒重
$(NH_4)_2Fe(SO_4)_2 \cdot 6H_2O$	氧化剂	室温下空气干燥
NaCl	$AgNO_3$	250－350 ℃加热 1～2 h
$AgNO_3$	卤化物、硫氰酸盐	120 ℃干燥 2 h
$CuSO_4 \cdot 5H_2O$	—	室温下空气干燥
$KHSO_4$	—	750 ℃以上灼烧
ZnO	EDTA	约 800 ℃灼烧至恒重
Na_2CO_3	HCl、H_2SO_4	260～279 ℃加热 0.5 h
$CaCO_3$	EDTA	105～110 ℃干燥

附录 13　试样的分解

溶解法分解试样

溶剂		适用对象	附注
单一溶剂	水	碱金属盐类、铵盐、无机硝酸盐及大多数碱土金属盐、无机卤化物等	若溶液浑浊时加少量酸
	稀盐酸	铍、钴、锰、镍、铬、铁等金属,铝合金、铍合金、铬合金、硅铁,含钴、镍的钢,含硼试样,碱金属为主成分的矿物、碱土金属为主成分的矿物(菱苦土矿、白云石)、菱铁矿	还原性溶解,天然氧化物不溶,试样中挥发性物质须注意
	浓盐酸	二氧化锰、二氧化铅,锑合金、锡合金、橄榄石、含锑铅矿、沸石、低硅含量硅酸盐及碱性炉渣	—
	稀硝酸	金属铀、银合金、镉合金、铅合金、汞齐、铜合金、含铅矿石	—
	浓硝酸	汞、硒,硫化物、砷化物、碲化物,铋合金、钴合金、镍合金、钒合金、锌合金、银合金,铋、镉、铜、铅、锡、镍、钼等硫化物矿物	氧化物溶解,注意发生钝态
	发烟硝酸	砷化物、硫化物矿物	—
	稀硫酸	铍及其氧化物,铬及铬钢,镍铁、铝、镁、锌等非铁合金	—
	浓硫酸	砷、钼、镍、铼等金属,砷合金、锑合金,含稀土元素的矿物	—
	磷酸	锰铁、铬铁,高钨、高铬合金钢,锰矿、独居石、钛铁矿	—
	氢氟酸	铌、钽、钛、锆金属,氧化铌,锆合金,硅铁、钨铁,石英岩、硅酸盐	需用白金器皿或聚四氟乙烯器皿
	氢碘酸	汞的硫化物,钡、钙、铬、铅、锶等硫酸盐、锡石	—
	高氯酸	镍铬合金、高铬合金钢、不锈钢,汞的硫化物,铬矿石、氟矿石	—
	氢氧化钠或氢氧化钾水溶液	钼、钨的无水氧化物,铝、锌等两性金属及合金	—
	氨水	钼、钨的无水氧化物,氯化银、溴化银	—
	乙酸铵溶液	硫酸铅等难溶硫酸盐	—
	氰化钾溶液	氯化银、溴化银	—

溶剂		适用对象	附注
混合溶剂	**1. 混合酸**		
	王水	金、钼、钯、铂、钨等金属,铋、铜、镓、铟、镍、铅、铀、钒等合金,铁、钴、镍、钼、铜、铋、铅、锑、汞、砷等硫化物矿物,硒、碲矿物	王水为 $HNO_3:HCl$(1:3体积比),用于分解金、钯、铂时,用 $HNO_3:HCl:H_2O$ (1:3:4),不可用白金器皿
	逆王水	银、汞、钼等金属,锰铁、锰钢、锗的硫化物	—
	浓硫酸+浓硝酸+浓盐酸(硫王水)	含硅多的铝合金及矿物	用于硅定量
	硫酸+磷酸	高合金钢、普通低合金钢,铁矿、锰矿、铬铁矿、钒钛矿及含铌、钽、钨、钼的矿物	—
	氢氟酸+硫酸	碱金属盐类、硅酸盐、钛矿石,高温处理过的氧化铍	使用白金器皿或聚四氟乙烯器皿
	氢氟酸+硝酸	铪、钼、铌、钽、钍、钛、钨、锆等金属,氧化物、氮化物、硼化物、钨铁、锰合金、铀合金、含硅合金及矿物	使用白金器皿或聚四氟乙烯器皿
	2. 酸+氧化剂		
	浓硝酸+溴	砷化物,硫化物矿物	—
	浓硝酸+过氧化氢	金属汞	—
	浓盐酸+氯酸钾	含砷、硒、碲矿物,硫化物矿物	—
	浓硝酸+氯酸钾	砷化物矿物、硫化物矿物	—
	浓硫酸+高氯酸	镓金属、铬矿石	—
	磷酸+高氯酸	金属钨粉末、铬铁、铬钢	—
	3. 酸+还原剂		
	浓盐酸+氯化亚锡	磁铁矿、赤铁矿、褐铁矿等氧化物矿物	以铁为测定对象
其他	三氯化铝溶液(或二氯化铍溶液)	氟化钙	形成配合物
	酒石酸+无机酸	锑合金	形成配合物
	草酸	铌、钽氧化物	形成配合物
	EDTA 二钠溶液	硫酸钡、硫酸铅	形成配合物

熔融法分解试样

熔剂		熔剂配法及操作时间	温度（K）	使用坩埚	适用对象
碱性熔剂	碳酸钠（或碳酸钾）	试样的 6～8 倍量,徐徐升温(40～50 min)	1 173～1 473	铁、镍、白金	铌、钽、钛、锆等氧化物,酸不溶性残渣,硅酸盐,不溶性硫酸盐,铍、铁、镁、锰等矿物
	碳酸钠＋碳酸钾(2:1)	试样的 5～8 倍用量	—	白金	钒合金、铝及碱土金属的矿物、氟化物矿物
	氢氧化钠	试样的 10～20 倍用量(30 min)	＜773	铁、镍、银	锑、铬、锡、锌、锆等矿物,两性元素氧化物、硫化物(测硫)
	碳酸钙＋氯化铵	与试样等量氯化铵与 8 倍量碳酸钙混合(60 min)	1 173	镍、白金	硅酸盐、岩石中碱金属定量。对含硫多的试样,氯化铵可用氯化钡代替
	氢氧化钾	—	—	镍	碳化硅
	碳酸钠,三氧化二硼,碳酸钾	三者等量混合,试样的 10～15 倍用量(30～60 min)	缓和分解	白金	铬铁矿、钛矿、铝硅酸盐矿物
酸性熔剂	硫酸氢钾（或焦硫酸钾）	试样的 8～10 倍用量,徐徐升温,形成焦硫酸盐(40～60 min)	573	白金、石英、瓷	铝、铍、铁、镓、铟、钽、钛、锆等氧化物,硅酸盐,铬铁矿、锰矿,冶炼炉渣,稀土元素含量多的矿物,白金坩埚清洗
	氟氢化钾	试样的 8～10 倍用量	低温	白金	硅酸盐稀土和钍的矿物
	氧化硼（熔融后研细备用）	试样的 5～8 倍用量	853	白金	硅酸盐,许多金属氧化物
	铵盐熔剂（可用氟化铵、氯化铵、硝酸铵、硫酸铵及它们的混合物）	试样的 10～20 倍用量	383～623	瓷	铜、铅、锌的硫化物矿物,铁矿、镍矿、锰矿、硅酸盐
还原性熔剂	氢氧化钠＋氰化钾(3:0.1)	—	673	镍、银、铁	锡石
	碳酸钠＋硫(0.4:0.4)	试样的 8～12 倍用量	573	瓷	砷、汞、锑、锡的硫化物
氧化性熔剂	过氧化钠	试样的 10 倍用量(先在坩埚内壁粘上一层碳酸钠,可防止腐蚀)(15 min)	873～973	银、铁、镍	铬合金、铬矿、铬铁矿,钼、镍、锑、锡、钒、铀等矿石,硅铁、硫化物矿物、砷化物矿物、铼矿,锇、铱等金属
	氢氧化钠＋过氧化钠	试样:氢氧化钠:过氧化钠(1:2:5)	＞873	铁、镍、银	铂族合金、钒合金、铬矿、钼矿、闪锌矿
	碳酸钠＋过氧化钠	试样的 10 倍用量(以氧化钠为准)	773		砷矿物、铬矿物、硫化物矿物、硅铁
	碳酸钠＋硝酸钾(4:1)	试样的 10 倍用量	973		钒合金、铬矿、铬铁矿、钼矿、闪锌矿,含硒、碲矿物

熔剂		熔剂配法及操作时间	温度(K)	使用坩埚	适用对象
半熔性熔剂	碳酸钠 + 氧化锌 (2:1)	试样的 10~14 倍用量	—	铁、镍、瓷	铁合金和铬铁矿
	碳酸钠 + 氧化镁 (1:2)	试样的 4~10 倍用量	—		铁合金、测定煤中的硫
	碳酸钠 + 氧化锌 (2:1)	试样的 8~10 倍用量	—		硫化物矿物中硫的测定

附录 14　原子量表

原子序数	元素	符号	拉丁文名	原子量
1	氢	H	Hydrogenium	1.007 94(7)
2	氦	He	Helium	4.002 602(2)
3	锂	Li	Lithium	6.941(2)
4	铍	Be	Beryllium	9.012 182(3)
5	硼	B	Borium	10.811(7)
6	碳	C	Carbonium	12.010 7(8)
7	氮	N	Nitrogenium	14.006 74(7)
8	氧	O	Oxygenium	15.999 4(3)
9	氟	F	Fluorum	18.998 403 2(5)
10	氖	Ne	Neonum	20.179 7(6)
11	钠	Na	Natrium	22.989 770(2)
12	镁	Mg	Magnesium	24.305 0(6)
13	铝	Al	Aluminium	26.981 538(2)
14	硅	Si	Silicium	28.085 5(3)
15	磷	P	Phosphorum	30.973 761(2)
16	硫	S	Sulphur	32.066(6)
17	氯	Cl	Chlorum	35.452 7(9)
18	氩	Ar	Argonium	39.948(1)
19	钾	K	Kalium	39.098 3(1)
20	钙	Ca	Calcium	40.078(4)
21	钪	Sc	Scandium	44.955 910(8)
22	钛	Ti	Titanium	47.867(1)
23	钒	V	Vanadium	50.941 5(1)
24	铬	Cr	Chromium	51.996 1(6)
25	锰	Mn	Manganum	54.938 049(9)
26	铁	Fe	Ferrum	55.845(2)

原子序数	元素	符号	拉丁文名	原子量
27	钴	Co	Cobaltum	58.933 200(1)
28	镍	Ni	Niccolum	58.693 4(2)
29	铜	Cu	Cuprum	63.546(3)
30	锌	Zn	Zincum	65.39(2)
31	镓	Ga	Gallium	69.723(1)
32	锗	Ge	Germanium	72.61(2)
33	砷	As	Arsenium	74.921 60(2)
34	硒	Se	Selenium	78.96(3)
35	溴	Br	Bromium	79.904(1)
36	氪	Kr	Kryptonum	83.80(1)
37	铷	Rb	Rubidium	85.467 8(3)
38	锶	Sr	Strontium	87.62(1)
39	钇	Y	Yttrium	88.905 85(2)
40	锆	Zr	Zirconium	91.224(2)
41	铌	Nb	Niobium	92.906 38(2)
42	钼	Mo	Molybdanium	95.94(1)
43	锝	Tc	Technetium	(97,907)
44	钌	Ru	Ruthenium	101.07(2)
45	铑	Rh	Rhodium	102.905 50(2)
46	钯	Pd	Palladium	106.42(1)
47	银	Ag	Argentum	107.868 2(2)
48	镉	Cd	Cadmium	112.411(8)
49	铟	In	Indium	114.818(3)
50	锡	Sn	Stannum	118.710(7)
51	锑	Sb	Stibium	121.760(1)
52	碲	Te	Tellurium	127.60(3)
53	碘	I	Iodium	126.904 47(3)
54	氙	Xe	Xenonum	131.29(2)
55	铯	Cs	Caesium	132.905 45(2)
56	钡	Ba	Baryum	137.327(7)
57	镧	La	Lanthanum	138.905 5(2)
58	铈	Ce	Cerium	140.116(1)
59	镨	Pr	Praseodymium	140.907 65(3)
60	钕	Nd	Neodymium	144.24(3)
61	钷	Pm	Promethium	144.91
62	钐	Sm	Samarium	150.36(3)

原子序数	元素	符号	拉丁文名	原子量
63	铕	Eu	Europium	151. 964(1)
64	钆	Gd	Gadolinium	157. 25(3)
65	铽	Tb	Terbium	158. 925 34(2)
66	镝	Dy	Dysprosium	162. 50(3)
67	钬	Ho	Holmium	164. 930 32(2)
68	铒	Er	Erbium	167. 26(3)
69	铥	Tm	Thulium	168. 934 21(2)
70	镱	Yb	Ytterbium	173. 04(3)
71	镥	Lu	Lutecium	174. 967(1)
72	铪	Hf	Hafnium	178. 49(2)
73	钽	Ta	Tantalum	180. 947 9(1)
74	钨	W	Wolfram	183. 84(1)
75	铼	Re	Rhenium	186. 207(1)
76	锇	Os	Osmium	190. 23(3)
77	铱	Ir	Iridium	192. 217(3)
78	铂	Pt	Platinum	195. 078(2)
79	金	Au	Aurum	196. 966 55(2)
80	汞	Hg	Hydrargyrum	200. 59(2)
81	铊	Tl	Thallium	204. 383 3(2)
82	铅	Pb	Plumbum	207. 2(1)
83	铋	Bi	Bismuthum	208. 980 38(2)
84	钋	Po	Polonium	208. 98
85	砹	At	Astatium	209. 99
86	氡	Rn	Radon	222. 02
87	钫	Fr	Francium	223. 02
88	镭	Ra	Radium	226. 03
89	锕	Ac	Actinium	227. 03
90	钍	Th	Thorium	232. 038 1(1)
91	镤	Pa	Protactinium	231. 035 88(2)
92	铀	U	Uranium	238. 028 91(3)
93	镎	Np	Neptunium	237. 05
94	钚	Pu	Plutonium	244. 06
95	镅	Am	Americium	243. 06
96	锔	Cm	Curium	247. 07
97	锫	Bk	Berkelium	247. 07
98	锎	Cf	Californium	251. 08

原子序数	元素	符号	拉丁文名	原子量
99	锿	Es	Einsteinium	252.08
100	镄	Fm	Fermium	257.10
101	钔	Md	Mendelevium	258.10
102	锘	No	Nobelium	259.10
103	铹	Lr	Lawrencium	260.11
104	𬬻	Rf	Rutherfordium	261.11
105	𬭊	Db	Dubnium	262.11
106	𬭳	Sg	Seaborgium	263.12
107	𬭛	Bh	Bohrium	264.12
108	𬭶	Hs	Hassium	265.13
109	𬭁	Mt	Meitnerium	266.13

附录15　化合物的摩尔质量

化合物	M ($g \cdot mol^{-1}$)	化合物	M ($g \cdot mol^{-1}$)	化合物	M ($g \cdot mol^{-1}$)
Ag_3AsO_4	462.52	$FeSO_4 \cdot 7H_2O$	278.01	$(NH_4)_2C_2O_4$	124.10
$AgBr$	187.77	$Fe(NH_4)_2(SO_4)_2 \cdot 6H_2O$	392.13	$(NH_4)_2C_2O_4 \cdot H_2O$	142.11
$AgCl$	143.32	H_3AsO_3	125.94	NH_4SCN	76.12
$AgCN$	133.89	H_3AsO_4	141.94	NH_4HCO_3	79.06
$AgSCN$	165.95	H_3BO_3	61.83	$(NH_4)_2MoO_4$	196.01
$AlCl_3$	133.34	HBr	80.91	NH_4NO_3	80.04
Ag_2CrO_4	331.73	HCN	27.03	$(NH_4)_2HPO_4$	132.06
AgI	234.77	$HCOOH$	46.03	$(NH_4)_2S$	68.14
$AgNO_3$	169.87	CH_3COOH	60.05	$(NH_4)_2SO_4$	132.13
$AlCl_3 \cdot 6H_2O$	241.43	H_2CO_3	62.02	NH_4VO_3	116.98
$Al(NO_3)_3$	213.00	$H_2C_2O_4$	90.04	Na_3AsO_3	191.89
$Al(NO_3)_3 \cdot 9H_2O$	375.13	$H_2C_2O_4 \cdot 2H_2O$	126.07	$Na_2B_4O_7$	201.22
Al_2O_3	101.96	$H_2C_4H_4O_4$ (丁二酸)	118.09	$Na_2B_4O_7 \cdot 10H_2O$	381.37
$Al(OH)_3$	78.00	$H_2C_4H_4O_6$ (酒石酸)	150.09	$NaBiO_3$	279.97
$Al_2(SO_4)_3$	342.14	$H_3C_6H_5O_7 \cdot H_2O$ (柠檬酸)	210.14	$NaCN$	49.01
$Al_2(SO_4)_3 \cdot 18H_2O$	666.41	$H_2C_4H_4O_5$ (DL-苹果酸)	134.09	$NaSCN$	81.07
As_2O_3	197.84	$HC_3H_6NO_2$ (DL-α-丙氨酸)	89.10	Na_2CO_3	105.99
As_2O_5	229.84	HCl	36.46	$Na_2CO_3 \cdot 10H_2O$	286.14
As_2S_3	246.03	HF	20.01	$Na_2C_2O_4$	134.00

化合物	M ($g \cdot mol^{-1}$)	化合物	M ($g \cdot mol^{-1}$)	化合物	M ($g \cdot mol^{-1}$)
$BaCO_3$	197.34	HI	127.91	CH_3COONa	82.03
BaC_2O_4	225.35	HIO_3	175.91	$CH_3COONa \cdot 3H_2O$	136.08
$BaCl_2$	208.24	HNO_2	47.01	$Na_3C_6H_5O_7$（柠檬酸钠）	258.07
$BaCl_2 \cdot 2H_2O$	244.27	HNO_3	63.01	$NaC_5H_8NO_4 \cdot H_2O$（DL-谷氨酸钠）	187.13
$BaCrO_4$	253.32	H_2O	18.015	$NaCl$	58.44
BaO	153.33	H_2O_2	34.02	$NaClO$	74.44
$Ba(OH)_2$	171.34	H_3PO_4	98.00	$NaHCO_3$	84.01
$BaSO_4$	233.39	H_2S	34.08	$Na_2HPO_4 \cdot 12H_2O$	358.14
$BiCl_3$	315.34	H_2SO_3	82.07	$Na_2H_2C_{10}H_{12}O_8N_2$（EDTA 二钠盐）	336.21
$BiOCl$	260.43	H_2SO_4	98.07	$Na_2H_2C_{10}H_{12}O_8N_2 \cdot 2H_2O$	372.24
CO_2	44.01	$Hg(CN)_2$	252.63	$NaNO_2$	69.00
CaO	56.08	$HgCl_2$	271.50	$NaNO_3$	85.00
$CaCO_3$	100.09	Hg_2Cl_2	472.09	Na_2O	61.98
CaC_2O_4	128.10	HgI_2	454.40	Na_2O_2	77.98
$CaCl_2$	110.99	$Hg_2(NO_3)_2$	525.19	$NaOH$	40.00
$CaCl_2 \cdot 6H_2O$	219.08	$Hg_2(NO_3)_2 \cdot 2H_2O$	561.22	Na_3PO_4	163.94
$Ca(NO_3)_2 \cdot 4H_2O$	236.15	$Hg(NO_3)_2$	324.60	Na_2S	78.04
$Ca(OH)_2$	74.09	HgO	216.59	$Na_2S \cdot 9H_2O$	240.18
$Ca_3(PO_4)_2$	310.18	HgS	232.65	Na_2SO_3	126.04
$CaSO_4$	136.14	$HgSO_4$	296.65	Na_2SO_4	142.04
$CdCO_3$	172.42	Hg_2SO_4	497,24	$Na_2S_2O_3$	158.10
$CdCl_2$	183.82	$KAl(SO_4)_2 \cdot 12H_2O$	474.38	$Na_2S_2O_3 \cdot 5H_2O$	248.17
CdS	144.47	KBr	119.00	$NiCl_2 \cdot 6H_2O$	237.70
$Ce(SO_4)_2$	332.24	$KBrO_3$	167.00	NiO	74.70
$Ce(SO_4)_2 \cdot 4H_2O$	404.30	KCl	74.55	$Ni(NO_3)_2 \cdot 6H_2O$	290.80
$CoCl_2$	129.84	$KClO_3$	122.55	NiS	90.76
$CoCl_2 \cdot 6H_2O$	237.93	$KClO_4$	138.55	$NiSO_4 \cdot 7H_2O$	280.86
$Co(NO_3)_2$	182.94	KCN	65.12	$Ni(C_4H_7N_2O_2)_2$（丁二酮肟合镍）	288.91
$Co(NO_3)_2 \cdot 6H_2O$	291.03	$KSCN$	97.18	P_2O_5	141.95
CoS	90.99	K_2CO_3	138.21	$PbCO_3$	267.21
$CoSO_4$	154.99	K_2CrO_4	194.19	PbC_2O_4	295.22
$CoSO_4 \cdot 7H_2O$	281.10	$K_2Cr_2O_7$	294.18	$PbCl_2$	278.10
$CO(NH_2)_2$（尿素）	60.06	$K_3Fe(CN)_6$	329.25	$PbCrO_4$	323.19
$CS(NH_2)_2$（硫脲）	76.116	$K_4Fe(CN)_6$	368.35	$Pb(CH_3COO)_2 \cdot 3H_2O$	379.30

化合物	M ($g \cdot mol^{-1}$)	化合物	M ($g \cdot mol^{-1}$)	化合物	M ($g \cdot mol^{-1}$)
C_6H_5OH	94.113	$KFe(SO_4)_2 \cdot 12H_2O$	503.24	$Pb(CH_3COO)_2$	325.29
CH_2O	30.03	$KHC_2O_4 \cdot H_2O$	146.14	PbI_2	461.01
$C_{14}H_{14}N_3O_3SNa$ （甲基橙）	327.33	$KHC_2O_4 \cdot H_2C_2O_4 \cdot H_2O$	254.19	$Pb(NO_3)_2$	331.21
$C_6H_5NO_3$ （硝基酚）	139.11	$KHC_4H_4O_6$（酒石酸氢钾）	188.18	PbO	223.20
$C_4H_8N_2O_2$ （丁二酮肟）	116.12	$KHC_8H_4O_4$（邻苯二甲酸氢钾）	204.22	PbO_2	239.20
$(CH_2)_6N_4$ （六亚甲基四胺）	140.19	$KHSO_4$	136.16	$Pb_3(PO_4)_2$	811.54
$C_7H_6O_6S \cdot 2H_2O$ （磺基水杨酸）	254.22	KI	166.00	PbS	239.30
C_9H_6NOH （8-羟基喹啉）	145.16	KIO_3	214.00	$PbSO_4$	303.30
$C_{12}H_8N_2 \cdot H_2O$ （邻菲罗啉）	198.22	$KIO_3 \cdot HIO_3$	389.91	SO_3	80.06
$C_2H_5NO_2$ （氨基乙酸、甘氨酸）	75.07	$KMnO_4$	158.03	SO_2	64.06
$C_6H_{12}N_2O_4S_2$ （L-胱氨酸）	240.30	$KNaC_4H_4O_6 \cdot 4H_2O$	282.22	$SbCl_3$	228.11
$CrCl_3$	158.36	KNO_3	101.10	$SbCl_5$	299.02
$CrCl_3 \cdot 6H_2O$	266.45	KNO_2	85.10	Sb_2O_3	291.50
$Cr(NO_3)_3$	238.01	K_2O	94.20	Sb_2S_3	339.68
Cr_2O_3	151.99	KOH	56.11	SiF_4	104.08
$CuCl$	99.00	K_2SO_4	174.25	SiO_2	60.08
$CuCl_2$	134.45	$MgCO_3$	84.31	$SnCl_2$	189.60
$CuCl_2 \cdot 2H_2O$	170.48	$MgCl_2$	95.21	$SnCl_2 \cdot 2H_2O$	225.63
$CuSCN$	121.62	$MgCl_2 \cdot 6H_2O$	203.30	$SnCl_4$	260.50
CuI	190.45	MgC_2O_4	112.33	$SnCl_4 \cdot 5H_2O$	350.58
$Cu(NO_3)_2$	187.56	$Mg(NO_3)_2 \cdot 6H_2O$	256.41	SnO_2	150.69
$Cu(NO_3) \cdot 3H_2O$	241.60	$MgNH_4PO_4$	137.32	SnS_2	150.75
CuO	79.54	MgO	40.30	$SrCO_3$	147.63
Cu_2O	143.09	$Mg(OH)_2$	58.32	SrC_2O_4	175.64
CuS	95.61	$Mg_2P_2O_7$	222.55	$SrCrO_4$	203.61
$CuSO_4$	159.06	$MgSO_4 \cdot 7H_2O$	246.47	$Sr(NO_3)_2$	211.63
$CuSO_4 \cdot 5H_2O$	249.68	$MnCO_3$	114.95	$Sr(NO_3)_2 \cdot 4H_2O$	283.69
$FeCl_2$	126.75	$MnCl_2 \cdot 4H_2O$	197.91	$SrSO_4$	183.69
$FeCl_2 \cdot 4H_2O$	198.81	$Mn(NO_3)_2 \cdot 6H_2O$	287.04	$ZnCO_3$	125.39
$FeCl_3$	162.21	MnO	70.94	$UO_2(CH_3COO)_2 \cdot 2H_2O$	424.15
$FeCl_3 \cdot 6H_2O$	270.30	MnO_2	86.94	ZnC_2O_4	153.40

化合物	M ($g \cdot mol^{-1}$)	化合物	M ($g \cdot mol^{-1}$)	化合物	M ($g \cdot mol^{-1}$)
$FeNH_4(SO_4)_2 \cdot 12H_2O$	482.18	MnS	87.00	$ZnCl_2$	136.29
$Fe(NO_3)_3$	241.86	$MnSO_4$	151.00	$Zn(CH_3COO)_2$	183.47
$Fe(NO_3)_3 \cdot 9H_2O$	404.00	$MnSO_4 \cdot 4H_2O$	223.06	$Zn(CH_3COO)_2 \cdot 2H_2O$	219.50
FeO	71.85	NO	30.01	$Zn(NO_3)_2$	189.39
Fe_2O_3	159.69	NO_2	46.01	$Zn(NO_3)_2 \cdot 6H_2O$	297.48
Fe_3O_4	231.54	NH_3	17.03	ZnO	81.38
$Fe(OH)_3$	106.87	CH_3COONH_4	77.08	ZnS	97.44
FeS	87.91	$NH_2OH \cdot HCl$（盐酸羟氨）	69.49	$ZnSO_4$	161.54
Fe_2S_3	207.87	NH_4Cl	53.49	$ZnSO_4 \cdot 7H_2O$	287.55
$FeSO_4$	151.91	$(NH_4)_2CO_3$	96.09		

附录 16　酸碱指示剂

指示剂名称	变色 pH 范围	颜色变化	溶液配制方法
甲基紫（第一变色范围）	0.13~0.5	黄－绿	0.1% 或 0.05% 的水溶液
苦味酸	0.0~1.3	无色－黄	0.1% 水溶液
甲基绿	0.1~2.0	黄－绿－浅蓝	0.05% 水溶液
孔雀绿（第一变色范围）	0.13~2.0	黄－浅蓝－绿	0.1% 水溶液
甲酚红（第一变色范围）	0.2~1.8	红－黄	0.04 g 指示剂溶于 100 mL 50% 乙醇中
甲基紫（第二变色范围）	1.0~1.5	绿－蓝	0.1% 水溶液
百里酚蓝（麝香草酚蓝）（第一变色范围）	1.2~2.8	红－黄	0.1 g 指示剂溶于 100 mL 20% 乙醇中
甲基紫（第三变色范围）	2.0~3.0	蓝－紫	0.1% 水溶液
茜素黄 R（第一变色范围）	1.9~3.3	红－黄	0.1% 水溶液
二甲基黄	2.9~4.0	红－黄	0.1 g 或 0.01 g 指示剂溶于 100 mL 90% 乙醇中
甲基橙	3.1~4.4	红－橙黄	0.1% 水溶液
溴酚蓝	3.0~4.6	黄－蓝	0.1 g 指示剂溶于 100 mL 20% 乙醇中
刚果红	3.0~5.2	蓝紫－红	0.1% 水溶液
茜素红 S（第一变色范围）	3.7~5.2	黄－紫	0.1% 水溶液
溴甲酚绿	3.8~5.4	黄－蓝	0.1 g 指示剂溶于 100 mL 20% 乙醇中
甲基红	4.4~6.2	红－黄	0.1 g 或 0.2 g 指示剂溶于 100 mL 60% 乙醇中
溴酚红	5.0~6.8	黄－红	0.1 g 或 0.04 g 指示剂溶于 100 mL 20% 乙醇中

指示剂名称	变色 pH 范围	颜色变化	溶液配制方法
溴甲酚紫	5.2~6.8	黄–紫红	0.1 g 指示剂溶于 100 mL 20% 乙醇中
溴百里酚蓝	6.0~7.6	黄–蓝	0.05 g 指示剂溶于 100 mL 20% 乙醇中
中性红	6.8~8.0	红–亮黄	0.1 g 指示剂溶于 100 mL 60% 乙醇中
酚红	6.8~8.0	黄–红	0.1 g 指示剂溶于 100 mL 20% 乙醇中
甲酚红	7.2~8.8	亮黄–紫红	0.1 g 指示剂溶于 100 mL 50% 乙醇中
百里酚蓝(麝香草酚蓝)(第二变色范围)	8.0~9.0	黄–蓝	参看第一变色范围
酚酞	8.2~10.0	无色–紫红	(1)0.1 g 指示剂溶于 100 mL 60% 乙醇中; (2)1 g 酚酞溶于 100 mL 90% 乙醇中
百里酚酞	9.4~10.6	无色–蓝	0.1 g 指示剂溶于 100 mL 90% 乙醇中
茜素红 S(第二变色范围)	10.0~12.0	紫–淡黄	参看第一变色范围
茜素黄 R(第二变色范围)	10.1~12.1	黄–淡紫	0.1% 水溶液
孔雀绿(第二变色范围)	11.5~13.2	蓝绿–无色	参看第一变色范围
达旦黄	12.0~13.0	黄–红	0.1% 水溶液

混合酸碱指示剂

指示剂溶液的组成	变色点 pH	颜色		备注
		酸色	碱色	
1 份 0.1% 甲基黄乙醇溶液 1 份 0.1% 次甲基蓝乙醇溶液	3.25	蓝紫	绿	pH 3.2 蓝紫色 pH 3.4 绿色
4 份 0.2% 溴甲酚绿乙醇溶液 1 份 0.2% 二甲基黄乙醇溶液	3.9	橙	绿	变色点黄色
1 份 0.2% 甲基橙溶液 1 份 0.28% 靛蓝(二磺酸)乙醇溶液	4.1	紫	黄绿	调节两者的比例,直至终点敏锐
1 份 0.1% 溴百里酚绿钠盐水溶液 1 份 0.2% 甲基橙水溶液	4.3	黄	蓝绿	pH 3.5 黄色 pH 4.0 黄绿色 pH 4.3 绿色
3 份 0.1% 溴甲酚绿乙醇溶液 1 份 0.2% 甲基红乙醇溶液	5.1	酒红	绿	—
1 份 0.2% 甲基红乙醇溶液 1 份 0.1% 次甲基蓝乙醇溶液	5.4	红紫	绿	pH 5.2 红紫色 pH 5.4 暗蓝 pH 5.6 绿
1 份 0.1% 溴甲酚绿钠盐水溶液 1 份 0.1% 氯酚红钠盐水溶液	6.1	黄绿	蓝紫	pH 5.4 蓝绿色 pH 5.8 蓝色 pH 6.2 蓝紫
1 份 0.1% 溴甲酚紫钠盐水溶液 1 份 0.1% 溴百里酚蓝钠盐水溶液	6.7	黄	蓝紫	pH 6.2 黄紫色 pH 6.6 紫 pH 6.8 蓝紫

指示剂溶液的组成	变色点 pH	颜色		备注
		酸色	碱色	
1 份 0.1% 中性红乙醇溶液 1 份 0.1% 次甲基蓝乙醇溶液	7.0	蓝紫	绿	pH 7.0 蓝紫
1 份 0.1% 溴百里酚蓝钠盐水溶液 1 份 0.1% 酚红钠盐水溶液	7.5	黄	紫	pH 7.2 暗绿 pH 7.4 淡紫 pH 7.6 深紫
1 份 0.1% 甲酚红 50% 乙醇溶液 6 份 0.1% 百里酚蓝 50% 乙醇溶液	8.3	黄	紫	pH 8.2 玫瑰色 pH 8.4 紫色 变色点微红色

附录 17　金属指示剂

指示剂名称	解离平衡和颜色变化	溶液配制方法
铬黑 T（EBT）	$\underset{\text{紫红}}{H_2In^-} \xrightarrow{pK_{a2}=6.3} \underset{\text{蓝}}{HIn^{2-}} \xrightarrow{pK_{a1}=11.5} \underset{\text{橙}}{In^{3-}}$	0.5% 水溶液，与 NaCl 按 1∶100（质量比）混合
二甲酚橙（XO）	$\underset{\text{紫红}}{H_3In^{4-}} \xrightarrow{pK_a=6.3} \underset{\text{红}}{H_2In^{5-}}$	0.2% 水溶液
K-B 指示剂	$\underset{\text{红}}{H_2In} \xrightarrow{pK_{a1}=8} \underset{\text{蓝}}{HIn^-} \xrightarrow{pK_{a2}=13} \underset{\text{紫红}}{In^{2-}}$	0.2 g 酸性铬蓝 K 与 0.3 g 萘酚绿 B 溶于 100 mL 水中。配制后需调节 K-B 的比例，使终点变化明显
钙指示剂	$\underset{\text{酒红}}{H_2In^-} \xrightarrow{pK_{a2}=7.4} \underset{\text{蓝}}{HIn^{2-}} \xrightarrow{pK_{a3}=13.5} \underset{\text{酒红}}{In^{3-}}$	0.5% 的乙醇溶液
吡啶偶氮萘酚（PAN）	$\underset{\text{黄绿}}{H_2In^+} \xrightarrow{pK_{a2}=1.9} \underset{\text{黄}}{HIn} \xrightarrow{pK_{a3}=12.2} \underset{\text{淡红}}{In^-}$	0.1% 或 0.3% 的乙醇溶液
Cu-PAN（CuY-PAN 溶液）	$\underset{\text{浅绿}}{CuY} + PAN + \underset{\text{无色}}{M^{n+}} \rightleftharpoons MY + \underset{\text{红色}}{Cu-PAN}$	取 0.05 mol·L^{-1}Cu^{2+}液 10 mL，加 pH 为 5~6 的 HAc 缓冲液 5 mL，1 滴 PAN 指示剂，加热至 60 ℃左右，用 EDTA 滴至绿色，得到约 0.025 mol·L^{-1}的 CuY 溶液。使用时取 2~3 mL 于试液中，再加数滴 PAN 溶液
磺基水杨酸	$\underset{}{H_2In} \xrightarrow{pK_{a2}=2.7} \underset{\text{无色}}{HIn^-} \xrightarrow{pK_{a3}=13.1} \underset{}{In^{2-}}$	1% 或 10% 的水溶液
钙镁试剂（Calmagite）	$\underset{\text{红}}{H_2In^+} \xrightarrow{pK_{a2}=8.1} \underset{\text{蓝}}{HIn^{2-}} \xrightarrow{pK_{a3}=12.4} \underset{\text{红橙}}{In^{3-}}$	0.5% 的水溶液
紫脲酸铵	$\underset{\text{红紫}}{H_4In^-} \xrightarrow{pK_{a2}=9.2} \underset{\text{紫}}{H_3In^{2-}} \xrightarrow{pK_{a3}=10.9} \underset{\text{蓝}}{H_2In^{3-}}$	与 NaCl 按 1∶100 质量比混合

注：EBT、钙指示剂、K-B 指示剂等在水溶液中稳定性较差，可以配成指示剂与 NaCl 之比为 1∶100 或 1∶200 的固体粉末。

附录 18　氧化还原指示剂

指示剂名称	$E^\circ(V)[H^+]=1\ mol\cdot L^{-1}$	颜色变化		溶液配制方法
		氧化态	还原态	
中性红	0.24	红	无色	0.05% 的 60% 乙醇溶液
亚甲基蓝	0.36	蓝	无色	0.05% 水溶液
变胺蓝	0.59(pH=2)	无色	蓝色	0.05% 水溶液
二苯胺	0.76	紫	无色	1% 的浓 H_2SO_4 溶液
二苯胺磺酸钠	0.85	紫红	无色	0.5% 水溶液,如溶液浑浊,可滴加少量盐酸
N–邻苯氨基苯甲酸	1.08	紫红	无色	0.1 g 指示剂加 20 mL 5% 的 Na_2CO_3 溶液,用水稀释至 100 mL
邻二氮菲–Fe(Ⅱ)	1.06	浅蓝	红	1.485 g 邻二氮菲加 0.965 g $FeSO_4$,溶于 100 mL 水中(0.025 $mol\cdot L^{-1}$ 水溶液)
5–硝基邻二氮菲–Fe(Ⅱ)	1.25	浅蓝	紫红	1.608 g 5–硝基邻二氮菲加 0.965 g $FeSO_4$,溶于 100 mL 水中(0.025 $mol\cdot L^{-1}$ 水溶液)

附录 19　沉淀指示剂

指示剂	被测离子	滴定剂	滴定条件	溶液配制方法
荧光黄	Cl^-	Ag^+	pH 7~10(一般 7~8)	0.2% 乙醇溶液
二氯荧光黄	Cl^-	Ag^+	pH 4~10(一般 5~8)	0.1% 水溶液
曙红	Br^-,I^-,SCN^-	Ag^+	pH 2~10(一般 3~8)	0.5% 水溶液
溴甲酚绿	SCN^-	Ag^+	pH 4~5	0.1% 水溶液
甲基紫	Ag^+	Cl^-	酸性溶液	0.1% 水溶液
罗丹明 6G	Ag^+	Br^-	酸性溶液	0.1% 水溶液
钍试剂	SO_4^{2-}	Ba^{2+}	pH 1.5~3.5	0.5% 水溶液
溴酚蓝	Hg_2^{2+}	Cl^-,Br^-	酸性溶液	0.1% 水溶液

附录 20　无机及分析化学实验报告(二维码)

附录 20　无机
及分析化学
实验报告

参考文献

[1] 南京大学《无机及分析化学实验》编写组. 无机及分析化学实验[M]. 4 版. 北京：高等教育出版社,2006.

[2] 陈虹锦. 实验化学：上册[M]. 北京：科学出版社,2003.

[3] 郭伟强. 大学化学基础实验[M]. 2 版. 北京：科学出版社,2010.

[4] 陆旋,张星海. 基础化学实验指导[M]. 北京：化学工业出版社,2007.

[5] 蔡炳新,陈贻文. 基础化学实验[M]. 2 版. 北京：科学出版社,2007.

[6] 刘约权,李贵深. 实验化学[M]. 2 版. 北京：高等教育出版社,2005.

[7] 仝克勤. 基础化学实验[M]. 北京：化学工业出版社,2007.

[8] 郑春生,杨南,李梅,等. 基础化学实验：无机及化学分析实验部分[M]. 天津：南开大学出版社,2001.

[9] 方国女,王燕,周其镇. 大学基础化学实验（Ⅰ）[M]. 2 版. 北京：化学工业出版社,2005.

[10] 李巧云,徐肖邢,汪学英. 基础化学实验：无机及分析化学部分[M]. 南京：南京大学出版社,2007.

[11] 朱竹青,朱荣华. 无机及分析化学实验[M]. 北京：中国农业大学出版社,2008.

[12] 杭州大学化学系分析化学教研室. 分析化学手册（第二分册）[M]. 2 版. 北京：化学工业出版社,1997.